Frithjof Hallman

Das Rätsel der Labyrinthe

Frithjof Hallman

DAS RÄTSEL DER LABYRINTHE

Woher kommen sie? - Wie alt sind sie? - Was bedeuten sie?
Wo liegen sie?

Verlag Michael Damböck
Ardagger

ISBN 3-900589-15-1

Verlag Michael Damböck
A-3321 Ardagger 86
Österreich

Einbandgestaltung: Johannes Markus Weselka
Druck: Druckerei Kreiner, Amstetten
Bindearbeit: Buchbinderei Salzburg

Printed in Austria

Seliges Wandern!
Stumm, schweigend, dem Weltgeist nahe.
Der Wind singt in den Bäumen.
Das uralte Lied der Erde.

INHALTSVERZEICHNIS

VI.

VII.

VIII.

IX.

X.

XI.

XII.

XIII.

XIV.

XV.

* * *

Vorwort

DIE WELT DER SYMBOLE

Symbole verkörpern oft ungeahnte Kräfte, aufbauende wie auch zerstörende. Sie können uns zu großen Taten anspornen, aber auch Chaos, Revolutionen und Kriege zur Folge haben. So hat ein Symbol wie das christliche Kreuz zu Menschenliebe, Aufopferung und auch zu Kunstwerken in Form von Gemälden, Skulpturen und mächtigen in den Himmel ragenden Kathedralen führen können, andererseits jedoch Intoleranz, Haß, Inquisition und blutige, ganze Länder und Völker verheerende Kriege hervorzurufen vermocht. - Mit dem Zeichen von Hammer und Sichel und mit dem des Hakenkreuzes, der jahrtausendealten indischen Swastika, verhält es sich ähnlich. Alle diese Symbole verkörperten magische Kräfte. Auch die Standarten der Römer, die mittelalterlichen Ritterwappen und - in moderner Zeit - die Nationalfahnen der Völker der Welt fallen in diese Betrachtung. Ein weiteres, von Dichtern oft romantisiertes Sinnbild, das des Mondes, lebt in zahlreichen Staats- und Machtemblemen fort. Der Islam führt es heute noch als Zeichen seiner *'heiligen Kriege'* gegen alle Ungläubigen einerseits, andererseits ist es - neben dem Fünfzack - tragendes und göttliches Symbol aller Flaggen der arabischen Völker. Also: auch der Mond wirkt wie sein Zu- und Abnehmen einmal aufbauend und dann wieder zerstörend.

Es gibt aber auch Symbole, die in der Geschichte des Menschen keine - wie Kreuz, Hammer und Sichel u. a. - zerstörerische Wirkung hatten. Dazu zählen die Sonne, das Zeichen des Mandalas und das Labyrinth. Die Sonne finden wir z. B. schon im Reiche Pharao Echnatons des 14. Jhdts. v. d. Ztr. in Ägypten, in zahlreichen zum Teil noch älteren Felsritzungen Englands und Skandinaviens sowie bei den Inkas in Peru vor der Eroberung ihres Reiches im Jahre 1533 durch die Spanier. - Das indische Mandala, das an zahlreiche uralte Mythen anknüpft, soll als Spiegelung einer Ganzheit harmonisch auf den Menschen wirken, der in unserer Zeit in hohem Grade sein inneres Gleichgewicht verloren hat. In der *'christlichen'* Kunst ist dieses Zeichen in Form der mächtigen Rosetten in den Fenstern vieler Kathedralen und Dome zu sehen. Das Mandala ist aber auch oft als ein Bild der '*Welt im Ganzen'* - einer '*imago mundi'* - dargestellt worden und dient als solches, besonders im Buddhismus, zur Meditation und Selbstversenkung, wobei der Anblick desselben zum Eindringen in ein heiliges Zentrum und zur Integration mit diesem geleiten soll. Jenen Mittelpunkt versinnbildlicht dann oft die Sonne, bzw. eine Himmelspforte, d. h. die Möglichkeit eines Vordringens in höhere, himmlische Sphären.

Carl G. Jung hat in seinen Schriften das Mandala als die Projektion einer archetypischen Vorstellung erkannt, deren Wurzeln im Unbewußtsein des Menschen liegen. Bei ihm stellt ja auch der ganze Kosmos oft ein potentielles Symbol dar, während der Zirkel seinerseits eine Ganzheit und die Vollendung verkörpert. Kein Wunder also, daß im Buddhismus der Kreis als Lebensrad dargestellt wird.

Bei den Atlantern Europas sind ebenfalls Kreis und Sonne Bilder der höchsten Gottheit des Himmels. Der 'Dyaus pitar' ist der Himmelsvater. - Bei den alten Ägyptern zeigte der beschwingte Kreis die aufgehende Sonne - Ra - und damit den Lebensanfang, ähnlich wie bei den Indianern der Zirkel mit davon ausgehenden Strahlen den Lebensquell und die Gottheit selbst versinnbildlicht. Auch die Chinesen pflegten ihren Himmel mit dem Kreis zu zeichnen, die Quadrate in diesem Kreis zeigen die Erde, wobei der Zirkel mit einem Quadrat im Zentrum dann die göttliche Vereinigung von Himmel und Erde symbolisiert. Damit stellt dieses Bild in vollendeter Weise gleichzeitig den Grundsinn des Mandalas dar.

Das zweite in allem positiv auf den Menschen wirkende Symbol - das nachweisbar nie zerstörerische Kräfte entfaltete - ist das Labyrinth. Es zählt, wie das Sonnenrad und die Spirale, zu den ältesten Zeichen der Menschheit. Die *'Spiralnebel'* im All und die sich *'in Spiralen'* zum Licht wendende Pflanze spiegeln dieses Kraftzeichen. Es ist, wie sich der ungarische Symbolforscher Karl Kerényi ausdrückt, „jede Spirale ein Labyrinth", wobei eine Spielart derselben den 'Spiralmäander' bildet, eine Grundform des Labyrinthsymbols, dem man oft auf antiken Darstellungen begegnet.

Wir wollen uns nun in diesem Buch mit den verschiedenen Aspekten dieses Labyrinthsymboles befassen und den Versuch machen, diese aus ältesten Zeiten bis herauf in unsere Tage geschaffenen Zeichen und Formen zu deuten und ihnen in unseren so chaotischen und destruktiven Tagen des ausgehenden 20. Jahrhunderts wieder zur Ausstrahlung verhelfen, damit sie harmonisierend vor allem auf den seelischen Bereich der Menschen wirken und Kraft spenden können, wo immer es notwendend sein mag.

In Europa stehen heute ca. 750 Labyrinthe aller Art und Größe, die überragende Mehrzahl davon - in Steinkreisen eines uralten Musters angelegt im Norden unseres Erdteiles. Dazu gesellt sich eine Anzahl von Labyrinthen in Amerika und Asien. Die in den letzten Jahren angelegten, bzw. sich im Bau befindlichen etwa 350 modernen 'Design-Labyrinthe', die oft in Kolossalformaten in Form von Irrgärten für Supermärkte, Parkanlagen und Erholungszentren konstruiert sind, schließen täglich Hunderttausende von Besuchern ein, während immer noch neue Projekte, u. a. auch in dreidimensionaler Form, im Entstehen sind.

Das Symbol des Labyrinths, mit heute weit über eintausend stehenden Anlagen in aller Welt, das sich die Jahrtausende hindurch trotz aller Zerstörungen durch Kriege, Revolutionen und durch religiöse Intoleranz bis in unser Jahrhundert herauf erhalten hat und jetzt eine ungeahnte Wiedergeburt erlebt, möge gerade dem Menschen unserer so hektischen Zeit nicht nur zur ästhetischen Erbauung, sondern - alten Traditionen gemäß - in erster Linie zur Meditation, Besinnung und schöpferischen Selbstverwirklichung verhelfen.

* * *

I.

LABYRINTHENWANDERUNGEN...

1. Der Faden der Ariadne

Eine Urlaubsreise an das Mittelmeer brachte mich zum ersten Mal in Kontakt mit einem Labyrinth, und zwar auf der Insel Kreta. Da ich vor vielen Jahren während meiner Schulzeit von meinem Geschichtslehrer schon von einem mythischen Labyrinth auf jener Insel der Minoer hatte reden hören, war ich natürlich neugierig und wollte mir dort jenes uralte Symbol einmal persönlich ansehen. Auch von meinem Religionslehrer war mir noch gut in Erinnerung, daß er uns in seinem Unterricht die Legende um den Königssohn Theseus und der Ariadne erzählte, die im Labyrinth von Knossos den athenischen Prinzen vor einem Ungeheuer, dem Minotauros, gerettet haben sollte.

Theseus, der Sohn von König Ägeus - von dem die 'Ägäis', das 'Ägäische Meer' seinen Namen bekam - hatte nämlich von seinem Vater den Auftrag erhalten, sieben Athener Jünglinge und Jungfrauen als Kriegstribut auf seinem Schiff zu König Minos nach Kreta zu bringen. Solche Reisen sollten, nach den Bedingungen des Friedensvertrages zwischen den beiden Königen, alle neun Jahre durchgeführt werden und waren auch vom Orakel in Delphi gutgeheißen worden.

Vor Antritt der bevorstehenden Reise mit den jugendlichen Sühneopfern hatte aber, so berichtet die Sage, Prinz Theseus erfahren, daß diese nach ihrer Ankunft auf Kreta dort in ein unterirdisches Labyrinth eingeschlossen werden, das Dädalus, der große Baumeister der Antike, errichten ließ. Es war dies, so heißt es, ein Bauwerk mit einer Reihe derart verschlungener Gänge, daß kein Mensch, der dort einmal hineingelangt war, jemals wieder den Weg aus ihm herausfinden konnte. Dazu kam, wie Theseus erfuhr, daß die Jugendlichen, die in dieses Labyrinth geführt wurden, dort einem Ungeheuer, dem Minos-Stier - auch Minotauros genannt - zum Opfer und Fraß ausgeliefert wurden. Der Prinz bot sich daher freiwillig an, einen der Jünglinge auszulösen und den Versuch zu wagen, die Bestie der Unterwelt zu besiegen. Daß dieses kühne Unterfangen die Bevölkerung Athens in hohem Maße erfreute, läßt sich verstehen, da der Prinz, trotz seines den anderen Jugendlichen entsprechenden Alters, bisher als Sühneopfer von seinem Vater ausgenommen worden und nicht der Verlosung durch die allgemeine Volksversammlung anheimgefallen war.

Nun war es bis dahin Sitte gewesen, daß das Schiff stets, da es sich bei den Athenern um einen Trauer- und Sühneakt handelte, unter schwarzen Segeln fuhr. Auch dieses Mal sollte es so geschehen. Da jedoch der Prinz als tüchtiger Schwertkämpfer bekannt war, hoffte indessen der König wie auch das Volk, daß Theseus das Ungeheuer bewältigen würde, so daß man dem Steuermann auch weiße Segel für die Fahrt mitgab, die im Falle eines Sieges bei der Heimkehr gesetzt werden sollten.

Um die Götter noch um deren Schutz für sein Unternehmen zu bitten, besuchte Theseus noch vor seiner Abfahrt das Orakel von Delphi. Dort gab ihm Pythia, die berühmte Weissagerin, den Rat, Aphrodite - der Göttin der Liebe - noch ein Opfer zu bringen. Sicherheitshalber opferte er dabei auch gleich dem Lichtgott Apollon, einem der Höchsten in der griechischen Götterwelt. Das Ergebnis dieser Opferungen war, daß Aphrodite Ariadne, die minoische Königstochter, sich in Theseus schon beim ersten Anblick verlieben ließ, und diese ihm dann insgeheim bei der Landung ein gefeites Schwert und einen Knäuel Garn überreichte - das Schwert, um den Minosstier zu töten und die Garnrolle, damit er nach Überwältigung der Bestie auch wieder den Weg aus dem Labyrinth finden sollte, wobei ihm Dädalus - der Architekt der Irrgänge - voll und ganz zur Seite stand.

Als nun am folgenden Tag die Schar der Jünglinge in das finstere Verlies geführt wurde, folgte Theseus ganz dem ihm erteilten Rat und entrollte beim Passieren der unheimlichen Gemächer den Faden. Nach seinem Kampf mit dem gewaltigen, drachenartig fauchenden Ungeheuer fand so Theseus mit seinen jungen Begleitern leicht den Weg aus der Finsternis zum Eingang und Licht zurück. Dort erwartete sie schon Ariadne, um die Männer wieder zu ihrem Schiff zu geleiten. Nachdem man gemeinsam dann um eine Verfolgung zu verhindern in die übrigen am Strande liegenden Schiffe Löcher geschlagen hatte, konnten sie glücklich entfliehen.

Bedauerlicherweise hatte aber der Steuermann, der jetzt nur noch schnell nach Athen zurückzukommen trachtete, vergessen, die schwarzen Segel gegen die weißen einzutauschen, so daß die Athener mit König Ägeus an der Spitze, auf dem hohen Felsen der Akropolis stehend, annahmen, daß alles schiefgelaufen sei und der König sich bei diesem Anblick - von tiefem Schmerze über den vermeintlichen Verlust des Sohnes erfüllt - vom Felsen stürzte, während die Athener in große Trauer sanken.

Ariadne selbst war, so heißt es in der berühmten Mythe, unterwegs nach Athen bei einer Zwischenlandung auf höheres Geheiß auf der Insel Naxos an Land gegangen, wo Gott Dionysos sich ihrer annahm. (Hugo von Hofmannsthal hat jenen Teil der Mythe in poetischer Form gestaltet und Richard Strauß dann seinerseits die Oper „Ariadne auf Naxos" geschrieben, wenn auch hierbei in jüngerer Zeit die Handlung verlegt wurde und Dionysos nun Bacchus heißt.)

Dädalus selbst, ein gebürtiger Athener und Baumeister des Labyrinthes der Kreter, der Ariadne und damit auch Theseus von der Konstruktion desselben insgeheim unterrichtet hatte und deswegen beim König in Ungnade fiel, wurde zur Strafe dafür samt seinem Sohne Ikaros im Labyrinthe eingesperrt. Sein technisches Können aber - es heißt, daß er der erste war, der in Griechenland einen Tempel erbaut und unter anderem auch die Axt, die Säge und den Bohrer erfunden hatte - war so hervorragend, daß er sich nicht allzu lange dort festhalten ließ. Er baute sich nämlich aus Wachs und den Garnfäden Flügel, mit deren Hilfe Vater und Sohn als erste Menschen den Vögeln gleich himmelwärts flogen und so entfliehen konnten. So konnten die beiden - noch vor Leonardo da Vincis Erfindung - der Sage nach die Schwerkraft überwinden.

Ikaros war über diesen Flug mit seinem Vater so erfreut, daß er immer höher der Sonne entgegen steigen wollte. Das aber hatte zur Folge, daß das Wachs allmählich zu schmelzen begann und er damit auch zum ersten Menschen wurde, der einen Absturz in die Tiefe, das Meer, erlebte und dabei den Tod fand; ein Motiv, das später in unzähligen Gedichten, Gemälden und auch Skulpturen verewigt werden sollte.

Während einige Forscher nun in der Tötung des Minosstieres die Überwindung des Tierischen im Menschen erblicken wollten - womit der Weg zu einem höheren Menschentum freigegeben werden würde - sahen andere dagegen zunächst eine kosmische Mythe darin. Ariadne wird dabei einerseits als eine Königin der Unterwelt, andererseits jedoch auch als eine Verkörperung lichter Mächte angesehen und oft mit Aphrodite selbst gleichgestellt. Nachdem sie sich, nach der Errettung des Theseus, mit Dionysos auf Naxos vereinigte, war sie in der Mythe zu Ariadne, der 'weithin Sichtbaren', also zu einer ausgeprägten Verkörperung der Sonne, geworden.

Nach einer anderen Schreibart der Mythe hatte Ariadne nach dem Opfer für Apoll von ihm einen mit Edelsteinen geschmückten Kranz erhalten und es sei jener Kranz - nicht der Zwirnfaden - gewesen, der dann Theseus im Labyrinth leuchtete und ihm den Weg ins Freie wies. - Wie dem auch sei, es liegt auch hier durchaus ein Vergleich und eine Ähnlichkeit mit der babylonischen Mythe von Ischtar (Astarte) - der assyrischen Liebesgöttin - und Ariadne-Aphrodite auf der Hand. Und Ischtar war in Babylon ihrerseits bemüht, ihren Geliebten, den Sonnengott Tamuz, wieder aus der Hölle heraufzuholen - wie Ariadne, die Theseus befreite.

Hier spiegelt sich somit das Verhaftetsein der Sonne an die Unterwelt - ihr Verschwinden in der dunklen Jahreszeit sowie ihre frühlingshafte Neugeburt, d. h. ihren Tief- und Todespunkt mit ihrem Wiederaufstieg, ein Grundelement aller tiefsten und ältesten Mythen der Menschheit.

Auf diese Weise zeigt das Labyrinth den Weg Theseus', des Sonnensymbols, aus der Tiefe jenes knossos'schen Irrganges an das Licht, während das finstere Ungeheuer, der Minotauros - die Verkörperung des Winters - dabei erschlagen wird. Der 'Faden der Ariadne' ist somit ein Sinnbild des spiralhaften Sonnenweges des mythischen Labyrinthes, wenn auch jener kretische Irrweg keineswegs, wie man als Besucher der alten Palastanlage annehmen möchte, dem entspricht, was man im Symbol der nordischen Trojaburgen unter einem Labyrinth versteht. Dort ist nämlich bei hunderten von heute noch stehenden aus Steinen aller Größe gelegten Anlagen das Labyrinth keine Sonnenfalle, aus der man nicht wieder herausfindet, da bei dieser Form der Hin- und Rückweg von sich aus gegeben ist.

Als ich den von Sir Arthur Evans rekonstruierten Palast mit all seinen größeren und kleineren Schatzkammern durchschritt, konnte ich in den Hallen und Badeanlagen, im Thronsaal, im Theater, in den Propyläen, an den Prozessionswegen und in den achtzehn weiteren Sälen sowie entlang der zahlreichen Treppen insgesamt 55 Räume zählen. Betrachtet man dabei den architektonischen Grundplan derselben, kann man durchaus von einem rechteckigen Mosaikgebilde sprechen, jedoch nur mit einiger Phantasie darin ein dem Muster der knossischen Münzen aus dem 5. und 2. Jhdt. v. d. Ztr. entsprechendes sogenanntes 'klassisches' Labyrinth erkennen.

„Soviel erscheint sicher," sagt hierzu Hermann Kern in seiner Enzyklopädie 'Labyrinthe', „daß wir in dieser unerklärten und wohl unerklärbaren dreidimensionalen Struktur nicht das Labyrinth vor uns haben, das des Mythos." - Ein solches könne dagegen, meint Kern, einst hier gestanden haben, da ja auch einige antike Schriftsteller, u. a. Diodor (1. Jhdt. n. d. Ztr.), Plinius d. Ä. (23 - 79 n. d. Ztr.) sowie Philostratos (160 - 245 n. d. Ztr.) von einem solchen gesprochen, jedoch dabei zugeben mußten, es nicht mehr mit eigenen Augen gesehen zu haben. - Kein Wunder, daß daher ein moderner Forscher wie Kern feststellen konnte, daß es hier in älterer Zeit nie ein Labyrinth gegeben hätte, ein solches aber durchaus nach der Zerstörung des alten Palastes, als 'touristische Sehenswürdigkeit' errichtet sein könnte, wovon uns heute auch die verschiedenen knossischen Münzen Kunde geben.

Die knossischen Münzen aus dem 5. bis 2. Jhdt. v. d. Ztr., die man heute im Museum von Iraklion, aber auch in London und Berlin, sehen kann, zeigen hauptsächlich rechteckige Labyrinthe mit 7 bis zu 3 Umgängen. Diese sind teils mit Hakenkreuz-Mustern, teils auch mit Motiven wie dem Kopf der Demeter oder Persephone, der antiken Göttin der Unterwelt, aber auch mit jenem der Pallas Athene, Hera, mit dem des Zeus, Apoll und Minos - mit oder ohne dem Minosstier - versehen. Auf einer solchen Münze aus dem 2. Jhdt. liegt jedoch ebenfalls und erstaunlicherweise ein rundes Labyrinth mit 7 Umgängen - dem Eingang oben rechts und dem Kopf des Apoll auf der Kehrseite - vor, das jetzt im 'British Museum' in London ausgestellt ist.

2. Woher stammt die Bezeichnung 'Labyrinth'?

Um eine Antwort auf die Frage nach der Bedeutung des Wortes 'Labyrinth' erhalten zu können, müssen wir uns nach Gortyn - im Südosten von Kreta - begeben, ein Ort, der ebenfalls eine überaus wichtige Beziehung zu diesem Symbol hat.

Die unweit von Knossos an der Straße nach Phaistos gelegene antike Stadt ist auch heute noch reich an Altertümern aller Art. Neben Teilen einer Stadtmauer aus der Epoche der griechischen Herrschaft über die Insel im 15. Jhdt. v. d. Ztr. gibt es hier noch eine Menge Fundstücke aus der Zeit, als Gortyn noch eine römische Provinzhauptstadt war bis zur Zerstörung durch die Araber (826 n. d. Ztr.).

Nach dem Besuch des Amphitheaters, des 374 m langen Circus, in dem die Römer ihre Wagenrennen veranstalteten, der Thermen und der Ruinen der Basilika des Hl. Titus, interessiert den Touristen unserer Tage vor allem auch das Odeion, das römische Konzerthaus aus der frühen Kaiserzeit. Auf dessen Mauern ist uns die umfassendste griechische Inschrift, ein Teil des Gortyn'schen Stadtrechts, aus der Zeit um 450 v. d. Ztr. erhalten. Dieses Recht schützte - damals schon - den 'kleinen Bürger' vor willkürlichen Urteilen der Schiedsrichter in der Festlegung von Bußen und Strafen bei Gesetzesüberschreitungen.

Was uns hier jedoch - in Zusammenhang mit der Frage nach dem Labyrinth - zunächst an sich locken dürfte, sind die etwa eine Wegstunde entfernt liegenden Bergwerke von Ambelutsos nahe dem Dorfe Aji Deka. Es ist dies ein System unterirdischer Gänge, die heute, wie der Irrgang von Knossos, ebenfalls „das Labyrinth des Minotauros" genannt werden. Wenn auch die moderne Archäologie bereits seit langem die Unkorrektheit jener Bezeichnung nachweisen konnte, wird trotzdem das hier vorliegende System von Grubenschächten immer wieder in touristischen Handbüchern als ein berühmtes Labyrinth der Antike dargestellt. Sowohl der aus der Weltliteratur bekannte Catull (85 - 54 v. d. Ztr.), als auch sein Nachfolger Claudius Claudianus (um das Jahr 404 n. d. Ztr.) hatten ihrerseits bereits von einer Burg des Königs Minos hier in Gortyn geschrieben, während Vergil in Zusammenhang mit Gortyn von Pasiphae und einem weißen Stier berichtete, so daß es nicht wunder nimmt, daß diese dann auch mit der Mythe von Theseus und dem Minosstier verknüpft wurden.

„Es verbietet sich jedoch bereits aus grundsätzlichen Erwägungen," betont hierzu Hermann Kern, „das Labyrinth in einer Höhle zu sehen," da eine solche Vorstellung erst viel später, in hellenistischer Zeit, „als eine Vermengung des Irrgang-Motivs mit Zügen alter Höhlenkulte denkbar wurde." - „Und," fragt er abschließend in jenem Zusammenhang, „wie kann die Zufälligkeit der Gangführung in einer Höhle vereinbart werden mit den präzise beschriebenen Gesetzmäßigkeiten des Labyrinth-Tanzes?"[1)]

Auch ein anderer hervorragender deutscher Mythenforscher, Julius Schwabe, hat sich in ähnlicher Weise wie Kern dazu geäußert: „Die Idee von zahllosen Irrgängen in der Erdtiefe," sagt er, „aus denen man nicht herausfindet, dürfte mythisch sein." - Das Labyrinth in seiner ältesten Form entspreche nämlich einer Spirale, die wir in unzähligen Spielarten, an Säulen, Kapitellen wie auch an Gewändern und Tonvasen finden können. „Nein," unterstreicht Schwabe dann diesbezüglich und hebt damit ein wesentliches Grundelement des Labyrinths hervor, „die Idee zahlloser Irrgänge, aus welchen der Ausweg nicht mehr zu finden ist, war durch den Anblick des Sonnenweges selbst eingegeben. Als der Mensch den Lauf der Sonne systematisch zu verfolgen begann, mußte es seine höchste Bewunderung erregen, wie unfehlbar sicher der feurige Ball durch die hundertzweiundachtzig Windungen des Jahreslaufes hinab- und wieder hinauffand... Die Sonne sieht in jedem Augenblick ihre gestrige Bahn nicht nur wieder, sie streift sie fortwährend, sie zieht ihr heutiges Gleis unmerklich neben dem gestrigen."[2)]

Abb. 1: Knossische Münzen, 4. u. 5. Jhdt. v. d. Ztr.; Kern, Seite 66

Was indessen in der Verquickung eines Labyrinths mit der uralten kretischen Stadt Gortyn von entscheidender Bedeutung ist, ist die von einigen Altertumsforschern gemachte Herleitung des Wortes 'Labyrinth' von den erwähnten Bergwerken jenes Ortes. So vertrat der ungarische Mythenforscher Karl Kerényi, einer der führenden Hellenisten unserer Tage, die Ansicht, daß das Wort „labyrinthos" ursprünglich in der griechischen Sprache einen Steinbruch selbst, eine Bergwerksanlage mit vielen Schächten, Grotten und Steinhöhlen bedeutet hätte, d. h. die berühmte kretische Doppelaxt „labrys". Auch in den unterirdischen Gängen des Heiligtums von Cumae in Italien sei, meinte er, diese Doppelaxt als Werkzeug der Steinbrucharbeiter verwendet worden, aus welchem Grunde das Labyrinth somit mit einer unterirdischen Anlage bzw. der Unterwelt selbst identisch sei. Kein Wunder, wenn angesichts so vielartiger Deutungen, Unübersichtlichkeiten und Widersprüche schon Vergil „die verschlungenen Gänge" des Labyrinths einfach als „einen ununterbrochenen Irrweg" charakterisierte.

In Zusammenhang mit dem Fund einer altkretischen Tontafel hat man neuerdings jedoch das Wort 'Labyrinth' weniger von den Wörtern 'labrys', 'labrus' bzw. 'lapirisa' als Ausdrücke für einen Stein herleiten wollen. Da auf einer knossischen Tafel das Wort 'da-pu-ri-to-jo', auf einer anderen 'da-da-re-jo' als Kennzeichnung für einen Daidaleion, d. h. ein Werk des Daedalus, stand, der ja - wie wir oben sahen - der sagenhafte Baumeister des Labyrinths von Knossos gewesen sein soll, wird insbesonders vom italienischen Labyrinthenforscher Paolo Santarcangeli die Bezeichnung 'Labyrinth' gerade darauf zurückgeführt. Jenes 'da-pu-ri-to-jo' ist hier in der altgriechischen Linear-B-Schrift niedergeschrieben worden, in der man - neben Kreta - auch Tontäfelchen im peloponnesischen Pylos sowie in Kleinasien bei Ausgrabungen gefunden hat. Santarcangeli hat dabei auch auf die Aussprache des Wortes 'da-pu-ri-to-jo' bzw. 'da-pu-ri-to' hingewiesen und betont, daß zu jener Zeit der Buchstabe 'p' als 'b' ausgesprochen wurde, so daß dies ein 'da-bu-ri-to' bzw. - da auch das 'i' als 'u' ausgesprochen wurde - ein 'daburunto' wurde, und der Austausch eines 'd' und 'b' mit einem 'l' kennzeichnend für die Aussprache in Kleinasien wurde. Dieses ergäbe dann, meint er, eine deutliche Parallele zum 'Labyrinth' oder - mit der prähellenischen Schreibart - 'labyrinthos'.

3. Auf Labyrinthensuche in Grabkammern der Pharaonen

Da ich auf Kreta von einem Archäologen über ägyptische Labyrinthe reden hörte, entschloß ich mich kurzerhand dorthin aufzubrechen, zumal es ja nicht mehr gar so weit bis Ägypten war. Zunächst ging es per Schiff von Iraklion nach Alexandria und von dort aus mit dem Auto - an den Pyramiden von Giza vorbei - nach Memphis, dem heutigen Mit Ra Hina. - Hier wurde vor etwa 5000 Jahren (2.950 v. d. Ztr.) Imhotep, der berühmteste Baumeister Ägyptens, von König Dschoser beauftragt, ein imposantes Grabmal für diesen zu errichten, die erste steinerne Stufenpyramide der Welt mit einer Höhe von 50 Metern. Der vielseitige Imhotep gilt heute auch als der erste Weise, Arzt und Schriftsteller, dessen Sprüche noch Jahrhunderte später im Volke weiterlebten.

Wir wollen hier jedoch weder von den bemerkenswerten Parallelen zwischen Dschosers Stufenpyramide und einer Reihe eindrucksvoller zentralamerikanischer Heiligtümer in Pyramidenform noch von der benachbarten ersten Pyramide König Snofrus in Dahschur sprechen, sondern Pharao Perabsens interessante Grabkammer aus dem Jahre 3.400 v. d. Ztr. besuchen. - Hier liegt nämlich, wie im Fall des Palastes von Knossos, ebenfalls eine Reihe von Gängen und Räumen vor, ausgesprochene Irrgänge, die es eventuellen Grabplünderern erschweren sollten, den Sarkophag des Königs zu finden, ebenso wie dies im Fall des nunmehr für alle Ägyptenfahrer weltberühmten Grabes von Tutanchamon bekannt ist, aber kein Labyrinth, wie wir es von knossischen Münzen oder den Trojaburgen Nordeuropas her zu bezeichnen pflegen.

Nicht viel anders verhielt es sich, von Memphis nach Faiyum weiterfahrend, bei einer zweiten auf ägyptischem Boden als Labyrinth bezeichneten Anlage, von der die antiken Historiker Herodot, Strabo, Diodor und Plinius berichtet haben. Plinius hatte sogar die Behauptung aufgestellt, es liege kein Zweifel darüber vor, daß Dädalus, der Baumeister des knossischen Labyrinths, diese berühmte Anlage nach dem Muster desjenigen von König Amenemhet III. kopiert hätte, der 1.797 v. d. Ztr. hier am Moerisee begraben wurde. - Auch bei diesem imposanten Bauwerk, von dem schon der deutsche Polyhistor Athanasius Kircher vor etwa dreihundert Jahren berichtet hatte, kann jedoch, wie auch sein Landsmann Hermann Kern später unterstrich, „weder von einem Labyrinth noch von einem Irrgarten," sondern lediglich von einem Totentempel des genannten größten Pharaos der 12. Dynastie Ägyptens die Rede sein.

Es muß allerdings, betont Kirchner, eine geradezu phantastische Anlage gewesen sein, deren Zentrum ein mächtiger labyrinthenhafter Mäander bildete. Dieser war von den Häusern der zwölf Nomen, d. h. den Verwaltungseinheiten des Landes, eingerahmt, während das Ganze ringsherum von je zwölf, also insgesamt achtundvierzig Skulpturen der ägyptischen Götterwelt umgeben war.

Abb. 2: Das ägyptische Labyrinth gem. Athanasius Kircher (1602 - 1680); Kern, Seite 75

„Jenes Labyrinth," sagte der Grieche Herodot (484 - 430 v. d. Ztr.) in seinen 'Historien', der selbst die Anlage besucht hatte, die ein wenig oberhalb des Moierisees bei der sogenannten Stadt der Krokodile liegt, „ist kaum zu beschreiben. Nimmt man sämtliche Mauerbauten und andere Bauwerke der Hellenen zusammen, so steckt in ihnen noch nicht soviel Arbeit und Geld wie in diesem einen Labyrinth. Dabei sind doch auch der Tempel in Ephesos - eines der sieben Weltwunder der Antike - und der in Samos - gemeint ist der dortige Hera-Tempel - recht ansehnliche Bauwerke. Schon die Pyramiden sind ungeheuer, und jede von ihnen wiegt viele große Werke der Hellenen auf; aber das Labyrinth übertrifft noch die Pyramiden."

Daß es jedoch ein ausgesprochener Irrgang war, betonte späterhin Diodor, der sich zwischen den Jahren 60 und 57 v. d. Ztr. in Ägypten aufhielt, und sagte, daß das Labyrinth da nicht seiner Größe wegen Verwunderung verdient, als wegen der künstlichen, schwer nachzubildenden Einrichtung „ein königliches Grabmal ist, aus dem man nämlich, wenn man hineingeht, nicht mehr leicht den Ausweg findet, sofern man nicht einen ganz erfahrenen Wegweiser hat."

Leider kann der moderne Tourist auf der Suche nach den ältesten Labyrinthen im Mittelmeerraum heute keine Spur von jener beeindruckenden Konstruktion mehr finden, wenn man von ein paar kümmerlichen Steinreihen vor der Pyramide Amenemhet III., wo jenes sagenhaft schöne Labyrinth einst gelegen haben soll, absieht. Auch dieses für unsere europäischen Begriffe vorgeschichtliche Labyrinth war somit, wie Hermann Kern dies unterstrichen hat, nach dem was wir von alten Zeichnungen her wissen, in Wirklichkeit - wie der Palast von Knossos und die gortynsche Bergwerksanlage, schließlich nichts anderes als „ein Irrgangs-System, in dem man sich verlieren konnte. Wenn aber diese späten Autoren von Irrgängen berichten, handelt es sich also nicht um den seriösen Bericht eigener Wahrnehmungen, sondern nur um die Entfaltung der nunmehr mit dem Begriff 'Labyrinth' verbundenen Vorstellungen," fügt er dem hinzu.

Jenes von den antiken Reisenden und Verfassern als eines der Wunder Ägyptens bezeichnete Labyrinth wurde hier 'Lampares', 'Lamares' und 'Labaris' genannt, was sich jedoch nur teilweise mit dem Namen des Labyrinths deckt, während hierbei der Name 'Lamares' nur eine andere damalige Bezeichnung für den Erbauer der Anlage, König Amenemhet III., darstellte. Nach Angaben des britischen Historikers J. H. Breasted betrugen die Maße jenes bepriesenen Labyrinths 250 x 300 Meter.

Ein anderer Brite, der Prähistoriker und Mythenforscher John Layard, vertrat über die kretischen und ägyptischen Labyrinthe die Ansicht, daß es sich bei ihnen um ausgeprägt archetypische Symbole handelte und diese sich stets auf den Tod und eine Wiedergeburt beziehen, sowie daß sie so gut wie immer mit der Unterwelt bzw. Höhlen zu tun gehabt hätten, wofür ja dann auch die unterirdischen Gemächer des Palastes von Knossos, die Grubenschächte von Gortyn und die genannten Grabkammern von Memphis und Faiyum Kunde geben. Diese Meinung vertritt ebenfalls der Amerikaner John C. Montegu, der seinerseits behauptete, daß das Wort 'Labyrinth' meistens mit einem verzwickten System von Gängen verbunden war, die in der Antike zur Ehrung unterirdischer (chtonischer) Gottheiten dienten.

Während einige Funde von ägyptischen Siegeln aus der Zeit um 2.400 v. d. Ztr. typische Irrgänge darstellen, zeigt uns dagegen ein solches aus der Periode des sonnengläubigen Erneuerers der Religion, Amenhotep IV. - Echnaton genannt - das Muster eines rechteckigen Labyrinths von sieben Gängen, wie wir dieses in ähnlicher Gestalt auch von knossischen Münzen her kennen. Ob dann jenes Grundmuster des Mäanders aus Ägypten bzw. aus Kleinasien nach Kreta gelangt ist, ist eine Frage, die die Forschung bisher noch nicht definitiv hat beantworten können.

Ägypten ist in Hinsicht auf seine uralten Priesterkulte oft kulturhistorisch und religiös und überwiegend als ein ausgesprochenes Reich des Todes dargestellt worden. Sowohl die Pyramiden Mastabas, als auch die Hügelgräber der verschiedensten Größe sind alles ausgeprägte Verkörperungen jenes Totenreiches - ganz so wie die Irrgänge der Labyrinthe.

Der österreichische Kulturhistoriker Egon Friedell hat in seiner Betrachtung der ägyptischen Totenkulte einsichtsvollerweise sagen können, daß für jene alten Ägypter der Tod als das wahre Leben galt, so daß bei ihnen daher das Totenreich auch 'Lebensland' hieß, während in ihren Grabkammern (Labyrinthen) religiöse Tänze und Opferschmäuse veranstaltet wurden.

Ich hatte auf meiner Fahrt zu den ägyptischen Labyrinthen großes Glück, nicht auch selbst von den Tentakeln der Totengötter Seth, Anubis bzw. Osiris ergriffen zu werden, wenn auch mein Schicksal nur noch an einem dünnen Faden zu hängen schien. In einem Falle war ich nämlich auf einem Höhenrücken von einer Wüstenpatrouille mehrfach unter Beschuß genommen worden, so daß ich hinter einem Felsbrocken - von Stein zu Stein laufend, Schutz und Deckung suchen mußte. - Ein Reiseführer konnte mich dann abends darüber aufklären, daß Patrouillen dieser Art ganz legal oft auf Menschen zu schießen pflegen, da das Betreten der Wüste, ausgenommen natürlich die stark von Touristen frequentierten Orte mit den Sehenswürdigkeiten, wegen des regen Rauschgiftschmuggels streng verboten sei.

Ein andermal ritt ich, nach dem Besuch der Gräber im Tale der Könige von Theben, über einen Gebirgsrücken, der diese vom prächtigen Terrassentempel der Königin Hatschepsut (1504 - 1450 v. d. Ztr.) in Deir-el-Bahri trennt, auf einem Maulesel, dessen Sattelriemen plötzlich platzte, so daß ich im Sturz am Rande der einige hundert Meter steilen Felswand liegenblieb. Der Esel selbst lag auf mir drauf. Glücklicherweise war ein einheimischer Touristenführer neben mir geritten, der sich jetzt ebenso vorsichtig wie erschrocken an mich heranarbeitete und versuchte, meinen mich schier erdrückenden Maulesel auf die Beine zu bekommen. Es gelang auch, und ich konnte nach der Reparatur des Sattels meinen Ritt zum wohl schönsten Felsentempel der Welt fortsetzen.

In Deir-el-Bahri habe ich dann am nächsten Tag, auf Grund der Bekanntschaft mit einem der Ausgrabungsleiter bei den Felsengräbern unterhalb des Terrassentempels, nicht nur die Gelegenheit gefunden, den archäologischen Grabungen selbst beizuwohnen, sondern auch den letzten großen Fund, die Mumien des einst so allmächtigen Reichsmarschalls des Pharaonenreiches unter König Thutmosis III. und seiner Gemahlin, der ersten großen Herrscherin und Frau der Weltgeschichte, Königin Hatschepsut, in die Arme gelegt zu bekommen und damit noch einen persönlichen Kontakt mit einem der wohl berühmtesten Potentaten der Geschichte zu erleben.

Der Fund jenes großen Toten wurde dann am folgenden Tag in der ägyptischen Presse groß herausgestrichen und die Mumien in die Totensammlung des Ägyptischen Museums von Kairo überführt. - 'Sic transit gloria mundi!' - So vergeht der Ruhm der Welt! - waren meine Gedanken... - Und wie wenig wog jener einst so starke Machthaber in meinen Armen, vor dessen Heeren vor etwa 3.500 Jahren die Völker der Länder erzitterten. - Wie wenig hat sich seitdem die Welt und der Mensch selbst geändert! - Auch heute in unseren Tagen werden noch blutige Kriege gegen den Irak, das alte Babylon, geführt! - Und stimmt es nicht nachdenklich, wenn man das Profil Ramses II., eines der größten Herrscher des Pharaonenreiches, der heute auch in einer Kammer des Kairoer Ägyptischen Museums liegt, vergleicht mit dem des großen Preußenkönigs Friedrich II., deren Züge sich so ähneln, daß man sie für Zwillingsbrüder halten könnte? - Ja, auch das menschliche Antlitz selbst hat sich in den Tausenden von Jahren kaum geändert.

* * *

II.

KLASSISCHE LABYRINTHE

1. In Lydien und Karien

Bei der Lektüre einer Kulturchronik fand ich während meiner ersten längeren Fahrt auf der Suche nach den Spuren der Labyrinthe noch ein Land vor, in dem ich - neben Kreta und Ägypten - den Ursprung des Begriffes 'Labyrinth' suchen müßte. Es war das alte Karien und seine Nachbarprovinz Lydien auf kleinasiatischem Boden. Hier finden wir in Milas, dem antiken Labranda (Labraynda, bzw. Labraunda), auf einer Terrasse, neben einem Tempel, der zum Vorbild eines der sieben Wunder der antiken Welt, dem Mausoleum von Halikarnassos, diente, u. a. die Reste eines Zeustempels aus dem 5. vorchristlichen Jahrhundert. - Und mit dem griechischen Göttervater Zeus wurde hier - sonderbarerweise - wie auf dem minoischen Kreta, neben der Axt auch das Doppelbeil zum heiligen Symbol der Gottheit - 'Zeus Labrayndos', bzw. 'Zeus Labrandeus' genannt.

Während Sir Arthur Evans, der Ausgräber des Palastes von Knossos, diesen selbst mit einem Labyrinth identifizierte und der römische Historiker Strabon seinerseits, offenbar von den Bergwerken von Gortyn ausgehend, ein Labyrinth mit natürlichen Höhlen gleichstellte, hat die englische Antikenforscherin Sybille Haynes ihrerseits den Ortsnamen 'Labraynda' mit dem Axtsymbol von Zeus wie mit dem kretischen Namen der Doppelaxt 'labrys' und somit ebenfalls mit dem Worte 'Labyrinth' selbst gekennzeichnet.

Zur Frage nach der Herleitung des Begriffes 'Labyrinth' sei abschließend noch John C. Montegu genannt, der in Zusammenhang mit dem prachtvollen hellenischen Tempel des karischen Didyma (Didymaion) darauf hinweist, daß dort zwei weite steinerne Treppen, deren hohe Innendecke mit Mäandern geschmückt ist, als ein Labyrinth bezeichnet werden, während im Falle eines anderen berühmten kleinasiatischen Heiligtums, des Apollontempels von Klaros, auf zwei Seiten der Pronaos (Vorhalle) Treppenstufen in eine unterirdische Passage führen, die zunächst parallel verlaufen und dann rechte Winkel bilden, um daraufhin in einem einzigen Korridor zur Mitte des Tempels zu führen. Hier wird dieser Gang dann erneut zweigeteilt und läuft wieder in rechten Winkeln aus, die zuletzt - zu einem heiligen Quell weisend - wieder vereinigt werden. Dieser in allem mäanderhafte Verlauf der Treppen und Gänge bildet, betont Montegu, schließlich ein Labyrinth, das laut Tacitus hier einst eine bedeutende Rolle im Dienste des Gottes Apollo-Klarios gespielt hatte.

Als ich diesen imposanten Apollontempel von Didyma besuchte, ein Bauwerk, das nicht nur durch seine Monumentalität unwillkürlich Ähnlichkeiten zu den gewaltigen Tempelanlagen der Pharaonen von Karnak erkennen läßt, führten mich meine Schritte - wie bei der Erkundung der kretischen und ägyptischen Labyrinthe - zunächst nach unten, in die Regionen der Finsternis. Da in diesem in seinen Fundamenten bis in das 7. Jhdt. v. d. Ztr. zurückreichende Heiligtum auch ein berühmtes Orakel - wie in Delphi - , sowie ein heiliger Quell vorlagen, so vermutete ich, daß auch hier die 'Unterwelt' und möglicherweise auch ein mit dieser verbundenes Labyrinth einst eine zentrale Bedeutung hatte.

Ekrem Akurgal, einer der führenden türkischen Altertumsforscher unserer Tage, vertritt in seinen Werken die Ansicht, daß Labyrinthe vor allem zu kultischen Zwecken bei Zeremonien gedient hätten. - Ich suchte hier unten aber vergebens nach einem irgendwo verborgenen Labyrinth, mein Blick fiel aber, als ich die Treppen vom inneren Tempel nach oben schritt, auf die Decken der Vorhalle, wo sich heute noch gut erkennbar prächtige Mäander ineinander schlingeln, ähnlich denen von Faiyum und Knossos.

John C. Montegu stellte sich wohl die Frage, ob es nicht möglich sein könnte, daß hier in Kleinasien, in den Tempeln von Klaros und Didyma, eine tiefsinnigere Synthese des Labyrinthbegriffes zu gewinnen wäre, wobei sowohl die Unter- wie die Oberwelt miteinander verknüpft werden könnten - die unterirdischen mäanderhaften Gänge von Klaros und das Deckenlabyrinth von Didyma, ein deutlich für uns komponierter Mäander?

„So wie der Prophet Apollo Klarios in die unterirdische Galerie stieg, um zum orakelhaften Quell zu kommen und dessen Wasser zu trinken, mag ja auch dann," unterstreicht Montegu, „die Prophetin des Apollo Didymeus die Treppen des Labyrinths emporgestiegen sein, um in das Licht des oberen Stockwerkes zu gelangen... Dies können dann somit zwei einander kontrastierende Konzeptionen der Wahrheit gewesen sein. Der Idee einer Wahrheit als einem Verborgenen und Mystischen, die man in der Finsternis sowie in geheimnisvollen Schichten der Erde suchen müßte, widersprachen die Griechen mit ihrer eigenen Einsicht: Für sie war die Wahrheit etwas Offenbares und Klares, worüber sie im lichten Himmel des Phoibus Apollon grübelten." [3)]

Montegu hat damit eine wichtige Brücke zur hinter dem Labyrinthsymbol liegenden Grundidee geschlagen, die wir, wie weiterhin in unserer Betrachtung zu sehen sein wird, auch als Fundament einer Reihe bedeutender antiker wie auch nordisch-germanischer Mythen und Sagen, neben der oben genannten kretischen Mythe von Theseus, Ariadne und dem Minotauros, errichten können. - Theseus hatte ja auch das symbolisch Sonnenhafte und der Minosstier die finsteren Mächte - die Unterwelt - verkörpert.

Der Mäander selbst, dem wir u. a. im Apollontempel von Didyma begegneten, sollte späterhin in hunderten von klassischen, über den ganzen Mittelmeerraum vorliegenden Fußbodenlabyrinthen - sehr oft in Verbindung mit dem Minotauros und Theseus - gespiegelt werden. Und dieses Mäandermuster ist nach Ansicht des deutschen Mythen- und Symbolforschers Oswald Claassen die Jahrhunderte hindurch nichts anderes als ein eindeutiges und vielseitig gestaltetes Tarnbild des Hakenkreuzes gewesen. Für Claassen bildete der Mäander, kombiniert mit Stieren, Drachen und Labyrinth selbst, einen synonymen Begriff, wenn dieser auch - wie das Hakenkreuz (die uralte indische Swastika) - sich sowohl nach links wie auch nach rechts drehen konnte, während das Labyrinth für ihn, in der Form der nordischen Trojaburg, einen vollkommenen Doppelmäander ergab. Claassen betrachtete jedoch den Mäander sowie das Labyrinth gleichzeitig als ein solares wie auch lunares Symbol, d. h. als eine Spiegelung kosmischer Mächte, der Sonne wie auch des Mondes. Tausende von im Schliemann'schen Troja ausgegrabene Scherben und Tafeln zeigen das Hakenkreuz als ein sowohl nach links wie auch nach rechts drehendes Sonnenzeichen. Hier wird eindeutig auch die Rückläufigkeit der Planeten- und Mondphasen dokumentiert.

Die berühmte altgriechische Schale von Vulci im British Museum von London zeigt uns zweifelsfrei Theseus als Symbol des Sonnenhaften, den Minosstier und einen aus der Swastikaform gestalteten einrahmenden Mäander in Verbindung mit drei linksdrehenden Hakenkreuzen. Theseus hat hier den minoischen Stier getötet und schleift ihn aus dem Labyrinth, wobei die Zyklen des Mondes - in 81 Schachbrettbildern - den ganzen Vorgang umsäumen und die drei Viertelmonde gleichzeitig den ganzen Mond andeuten. Es handelt sich also um eine vollkommene symbolische Darstellung der kretischen Labyrinthenmythe.

Claassen gibt eine Reihe von Beispielen, wo der Mäander und das Hakenkreuz direkt miteinander kombiniert waren. Dies gilt dann besonders von der Zeit der Aufklärung an, als die christliche Kirche intensiver als früher daranging, das Hakenkreuz, soweit dies in ihrer Macht stand, zu zerstören. Das kretische Labyrinth selbst ergibt nach Oswald Claassens Ansicht, linear aufgerollt, die eindeutige Grundfigur des Mäanders, eine für die Kunstgeschichte und Symbolforschung bemerkenswerte Feststellung. „Das Versteck des Mäander ist das Labyrinth," heißt es.

Im folgenden versuche ich dem Leser eine Reihe der bekanntesten Mosaiklabyrinthe, größtenteils auf altrömischem bzw. italienischem Boden, vorzustellen, und auch Ort und Lage anzugeben, so daß man diese - vielleicht bei einer der nächsten Kulturreisen in den Süden Europas - leichter selbst finden und besuchen kann. Gleichzeitig möchte ich den Blick auf die seltsamen Verknüpfungen lenken, die sich zwischen der Welt der Mythen und Labyrinthe des Südens und dem germanisch-nordischen Raum mit dessen zahlreichen Trojaburgen erkennen lassen.

2. Das Labyrinth von Epidauros als Heilquell?

Auf meiner ersten Reise in den Spuren der Labyrinthe des Mittelmeergebietes wollte ich es keinesfalls versäumen, auch Epidauros - auf der peloponnesischen Halbinsel gelegen - und das von Homer und anderen antiken Schriftstellern mit dem rätselhaften Labyrinthsymbol verwobene alte Troja zu besuchen. Epidauros - Heiligtum und eine der berühmtesten Wirkstätten des großen Arztes Asklepios - war das 'Kurzentrum' der Antike. Heilende Quellen, Badehäuser und ein Stadion sollten Körper, Geist und Seele heilen. In einem 14.000 Zuschauer fassenden Theater wurden die Meisterwerke eines Aischylos und Sophokles geboten.

Von dem hier seit jener Zeit in verschiedenen klassischen Werken erwähnten Labyrinth ist bekannt, daß über diesem ein runder Tempel stand, Tholos genannt, dessen Schönheit immer wieder hervorgehoben wurde, von dem aber heute leider nur noch die Grundmauern erhalten sind. Vom Labyrinth selbst zeugen noch drei aus groben Steinblöcken geformte Rundkreise, es war unter die Erde verlegt und wurde etwa zwischen 360 und 320 v. d. Ztr. angelegt. Es wird jedoch aufgrund architektonischer Grundrisse angenommen, daß jenes Labyrinth ehemals aus sechs konzentrischen Ringen bestand und der Weg durch diese, nach Hermann Kern, einen Ariadnefaden darstellte. „Im Fundament," sagt er, „haben wir das einzige Bauwerk der Antike vor uns, das mit Recht als Labyrinth im eigentlichen Sinn bezeichnet werden darf." - Moderne Rekonstruktionen zeigen hier eine ober- und keine unterirdische Anlage, die von einer 'Außentür' - mit der Öffnung im dritten Ring von innen - zugänglich war, während bei einem Umbau schon in der Antike der Weg durch das Labyrinth noch um eine zusätzliche Windung erweitert wurde, so daß es jetzt sieben Umgänge hatte, eine der heiligen Zahlen der Antike, die dann auch in vielen anderen späteren Mosaiklabyrinthen verkörpert wurde. - „Vielleicht," meint Hermann Kern, „gab es über dem zentralen Kreis eine aufhebbare Bodenplatte, so daß man vom Zentrum der Cella in das Zentrum des darunterliegenden Labyrinths hinabsteigen konnte." Der Hellenist Karl Kerényi ergänzt Kerns Ansichten noch und glaubt, daß man gezwungen gewesen sei, einen jeden Gang dieser konzentrischen Kreise zu Ende zu gehen, um den äußersten Mittelpunkt desselben zu erreichen. „Es galt den rituellen Rundgang zu durchschreiten, um zum Zentrum, dem Heiligsten, zu gelangen." [4)]

Kerényi setzt den Kultplatz mit Gott Dionysos in Verbindung, da eine Anzahl von Kinder- und Frauenfiguren sowie ein entsprechender Altar darauf hindeuten.

Das Labyrinth von Epidauros scheint also wirklich seinen bedeutenden Zweck für den Heilungsprozeß der Menschen gehabt zu haben. Gleichzeitig ist berichtet worden, daß in einem Teile desselben Schlangen gehaust hätten. Hat man von ihnen möglicherweise 'heilende Gifte' gewonnen? - Der Stab Asklepios' war ja bekanntlich auch mit einer sich um ihn windenden Schlange geschmückt, ein Symbol übrigens, das bis herauf in unsere Tage als Zeichen der Ärzte und Apotheker geblieben ist.

3. Troja

Da jene legendenumsponnene Stadt Homers besonders auf skandinavischem Boden zahlreichen zumeist aus größeren Steinen gelegten Labyrinthen den Namen 'Trojaburg' geschenkt hat, entschloß ich mich, von Lydien und Karien kommend, auch ihr noch einen Besuch abzustatten. Ich wollte vor allem sehen, ob auch heute noch etwas von dem berühmten Mauerwerk bestand, von dem Homer in seinen Epen berichtet hatte und über das es bei einigen Schriftstellern heißt, daß sie 'labyrinthisch' gewesen sein sollen. Homer hatte, wie ich in 'Ilias' und 'Odyssee' feststellen konnte, wohl nicht direkt selbst von einem Labyrinth berichtet, sondern von einem 'labyrinthischen Tanz', der - wie auf Delos - dort von der Jugend veranstaltet wurde und sich bis in unsere Zeit in Schweden und Finnland bei Frühlingsfesten erhalten hat. Homer sagt den Schild beschreibend, den der Schmied Hephaistos für den trojanischen Helden Achill angefertigt hatte, auf dem ein 'Labyrinthtanz' abgebildet gewesen sein soll:

„Ferner schuf er darauf einen Reigen, der rühmliche Künstler,
Jenem ähnlich, der einstens in Knossos, der weiten Feste,
Daidalos hätte gefügt für die lockige Maid Ariadne.
Blühende Jünglinge dort und reichbegüterte Mädchen
Tanzten den Reigen und hielten einander gefaßt bei den Händen.
Duftige Schleier trugen die Mädchen und Hemden die Knaben,
Schöngewebt und sanft erglänzend vom schimmerndem Öle.
Zierliche Kränze trugen die einen, den anderen hingen
Goldene Dolche herab an silbernen Riemengehängen.
Kreisend liefen sie bald mit wohlbemessenen Tritten
Leicht umher, so wie wenn ein Töpfer die passende Scheibe
Sitzend mit prüfenden Händen erprobt, wie schnell sie sich drehe;
Bald auch tanzten sie wieder in Reihen einander entgegen
Dicht aber stand das Volk um den reizenden Reigen versammelt,
Froh sich ergötzend; und unter der Menge ein göttlicher Sänger
Rührte die Saiten und sang, indes zwei springende Gaukler
Räder schlugen, sobald er zu singen begann, in der Mitte.
Endlich schuf er darauf die Gewalt des Okeanosstromes
Rings um den äußersten Rand des festgebildeten Schildes."

Der Labyrinthtanz, den Homer hier vor etwa 2.800 Jahren beschrieben hat, lebte bis in die dreißiger Jahre unseres Jahrhunderts in Schweden in den 'Trojaburgen' weiter, ein Zeichen dafür, wie lange Traditionen solcher Art sich zu erhalten vermögen.

Wenn sich auch die Forscher bis heute nicht ganz darüber einig sind, ob der Dichter mit 'choros' eine Tanzbewegung oder einen Tanzplatz selbst besungen hat - hier mit 'Reigen' übersetzt - so hat doch die Mehrzahl der Etymologen die Ansicht vertreten, daß dieses Wort beide

Begriffe in sich schloß. Ein deutscher Maler, Ludwig Weniger, hatte seinerseits im Jahre 1912 den Versuch gemacht, jenen homerischen Reigentanz bildlich darzustellen. Die heute in der Bayerischen Staatsbibliothek in München vorliegende Zeichnung zeigt uns fünf schön dekorierte Ringe, in deren Windungen sich zahlreiche Tänzer und Tänzerinnen an den Händen halten und die Gänge entlang bewegen.

Plutarch hat von einer 'hochaltertümlichen' Tanzweise gesprochen. Von Theseus sagt er: „Theseus legte auf seiner Fahrt von Kreta in Delos an. Hier opferte er dem Gott und tanzte mit den Knaben einen Chorreigen, den, wie man sagt, die Delier noch jetzt aufführen; in Nachahmung der Umgänge und Durchgänge des Labyrinths vollzog sich der Reigen in einem Rhythmus mit Abwechslungen und Evolutionen."

Theseus, der Ariadne aus dem unterirdischen knossischen Labyrinth und ebenso Persephone mit Hilfe seines Freundes Peirithonos aus der Unterwelt errettet hatte, sollte, - wie man vielleicht noch aus dem Unterricht in 'Griechischer Mythologie' weiß - auch Helena, die Lichte Zeustochter, aus Sparta befreien. - Helena wurde später nach ihrer Entführung nach Troja überhaupt zur Hauptgestalt des Trojanischen Krieges. Theseus befreite somit jene drei Verkörperungen des Lichten: Ariadne, Persephone und Helena aus ihren finsteren Verliesen und führte sie zurück ans Licht. (D. h., die Sonne, die über die dunkle Jahreszeit in der Unterwelt verschwand, verließ ihr Gefängnis und kehrte zurück an den Tag, den Menschen und der Natur eine Wiedergeburt spendend.)

Auch der Hintergrund des Trojanischen Krieges selbst ist ein Kampf zwischen den Mächten des Lichtes und der Finsternis. Helena wird von Paris entführt und durch den heldenhaften Einsatz des lichtvollen Odysseus und seiner Gefährten nach langem Kampfe befreit. Die Stadt, um welche der Kampf stattfindet, heißt bei Homer Ilion. (Auf Griechisch wird bekanntlich 'Helion' als 'Ilion' ausgesprochen, der Name, den Homer in seinen Epen für Troja verwendete, und Helion seinerseits entspricht wiederum der Sonne, während Helios der Sonnengott selbst war.)

Später werden wir noch in anderem Zusammenhang auf die Labyrinthentänze zurückkommen. Hier sei noch, von Delos sprechend, auf einen überraschenden Fund hingewiesen, der auf der Apollo-Insel vor einigen Jahren von Archäologen gemacht wurde. Es wurde eine 'Labyrinthenritzung', ein Sgraffito, entdeckt, die offensichtlich ein sehr hohes Alter hat. Wenn auch jene Ritzung im dortigen „Maison des tritons" nur die geringen Maße von 4,5 x 4,5 cm im Quadrat an einer Hauswand aufweist, zu der möglicherweise eine der gleichaltrigen Münzen von Knossos als Muster diente, kann diese jedoch kaum als Vorlage für die delischen Labyrinthentänze gedient haben, da ja jene sich in runden Windungen des Symbols abgespielt haben. Die Zeit der Entstehung derselben wird in die zweite Hälfte des ersten Jahrtausends v. d. Ztr., aber auch direkt in den Zeitpunkt der Zeitenwende datiert. Das Sgraffito ist nichtsdestoweniger ein eindeutiges Zeugnis dafür, daß hier einst eine labyrinthische Tradition - wie auf Kreta - vorgelegen zu haben scheint.

Der deutsche Forscher 'alter Schule', Dr. Ernst Krause (Pseud.: Carus Sterne), der vor etwa hundert Jahren einige bemerkenswerte Schriften über das Labyrinth veröffentlichte, hat interessante Parallelen zwischen nordisch-germanischen Labyrinthenkulten skandinavischer Prägung, insbesondere in Tanzform, und Delos gezogen. Wir werden später noch darauf zu sprechen kommen. Die Frage, woher denn das Symbol nun stammt - aus Nord oder Süd? - ist noch immer offen.

Auf altgriechischem Boden befindet sich noch eine weitere Ritzung in quadratischer Form ähnlicher Art in Athen, und zwar auf der Akropolis. Dieses Sgraffito wird in das 4. Jhdt. v. d. Ztr. datiert und hat auch nur einen Durchmesser von 10 Zentimetern. Es wird auf die 'Spielerei eines Handwerkers' zurückgeführt. Wer Athen besucht, kann es im Akropolis-Museum sehen. Bemerkenswert ist jedenfalls das Zusammenfallen der berechneten Entstehungszeit, ziemlich genau mit jener von verschiedenen im Palast von Knossos gefundenen Münzen mit ähnlichen Labyrinthenmustern.

4. Ein geheimnisvoller Krug

Im Kapitolinischen Museum zu Rom ist ein faszinierender Krug ausgestellt mit einer Zeichnung, die auch ein Labyrinth aufweist und in diesem auch noch das Wort 'Troja' zu erkennen ist. Dies ergibt wiederum einen eindeutigen Hinweis auf den Zusammenhang zwischen 'Symbol' und 'Troja', wie er im Altertum bestanden haben muß. Auf jener die Oinochoe von Tragliatella genannten Weinkanne etruskischer Herkunft - sie wird auf 620 v. d. Ztr. datiert - ist außer dem Labyrinthe selbst noch eine Anzahl von Menschen und Tieren eingeritzt worden. Experten haben das Ganze als eine Darstellung des sogenannten 'Trojaspieles' gedeutet, das entweder in tänzerischer Form oder in der Art von Reiterspielen in Rom stattzufinden pflegte. Da auf dieser Krugabbildung jedoch auch ein Liebespaar in Kopulation gezeigt wird, wobei zu bemerken ist, daß die Erotik in der etruskischen Kunst durchgehend eine eminente Rolle spielte, wird die Deutung noch um einen Aspekt schwieriger. - Versuchen wir anhand der Thesen einiger Kunsthistoriker das Rätsel jener geheimnisvollen Ritzungen zu ergründen.

Abb. 3: Motiv vom Krug von Tragliatella, Rom; Kern, Seite 105

Warum hat der Zeichner hier anstatt eines Labyrinthentanzes ein sog. 'Trojaspiel' (ludus Trojae) darstellen wollen? Welche Zusammenhänge mögen dazu mit dem kretischen Theseus- und Ariadnemythos vorliegen? Hermann Kern hat diesbezüglich die Frage gestellt: „... zeigt sich im Trojaspiel ein Hinweis auf eine der ursprünglichen Bedeutungen des Labyrinthen-Tanzes, also eine Bedeutung, die der Labyrinth-Vorstellung zukam, bevor die Sage vom Minotauros mit ihr verknüpft wurde?" Er antwortet selbst darauf: „Ich halte solche Zusammenhänge für wahrscheinlich, sehe aber in den bisher vorliegenden literarischen und archäologischen Zeugnissen keine Möglichkeit zur Bestätigung oder Widerlegung dieser Vermutungen. Von größtem Interesse ist das Labyrinth, das als 'Truia' bezeichnet wird, in dem die Bewaffneten zu Fuß und zu Pferd offensichtlich getanzt haben und aus dem sie soeben heraustanzen. Es handelt sich um die klassische kretische Form; die Linien stellen also nicht die Bewegungsfigur dar, sondern säumen den Labyrinth-Weg. Mir scheint von großer Bedeutung zu sein, daß tatsächlich das Labyrinth gezeichnet wurde, nicht nur - wie z. B. bei einigen Felsritzungen - der zwischen den Begrenzungslinien kreuzungsfrei verlaufende Ariadnefaden (als Linie). Dieser könnte - müßte - als Materialisierung der soeben beendeten Reitfigur gelesen werden; wenn aber neben dem Ariadnefaden (als beiderseits begrenztes weißes Band) auch noch die Begrenzungsmauern gegeben werden, so bedeutet dies nicht nur einen Hinweis auf die Bewegungsfigur, sondern zusätzlich noch einen Hinweis auf eine Hilfszeichnung am Boden. Ich gehe also davon aus, daß die Labyrinth-Figur zunächst in großem Maßstab auf dem Boden aufgezeichnet (vielleicht nach Art der skandinavischen Trojaburgen mit Steinen ausgelegt) und anschließend nachgeritten wurde. Dies erscheint mir nicht nur im Hinblick auf die Trojaburgen als Tanzanlagen, sondern auch aus den oben erwähnten praktischen Gründen plausibel." [5)]

Jenes etruskische Krugbild zeigt uns außer dem Labyrinthe noch zwei Pferde, die dieses hinter sich herziehen, mit zwei Kriegern, die beide gleiche Schilde tragen und auf denen wir Vögel abgebildet sehen, während ein affenähnliches Tier hinter dem ersten Reiter sitzt und der zweite außerdem mit einer Lanze bewaffnet ist. Vor den Reitern sehen wir sieben mit zahlreichen Lanzen Bewaffnete, auf deren Schilden Eber dargestellt sind, während ein nackter, lanzen- bzw. keulentragender Mann den Abschluß des Zuges bildet. Vor diesem Zuge steht - nur undeutlich erkennbar - eine Frau, die einem Mann, offenbar der Anführer der Prozession, einen Apfel (oder Knäuel?) reicht. Zwischen den beiden steht ein Kind, das dem Anführer ebenfalls einen Apfel (?) entgegenstreckt. Den Schluß dieser sonderlichen Prozession bildet dann, wie bereits erwähnt, ein Liebespärchen, offensichtlich auf einem Bette liegend, und eine Priestergestalt in fußlangem Gewande.

Im obersten Bildfeld des Kruges ist ein nackter Mann (Jüngling?) abgebildet, der einen Ziegenbock an der Leine führt. Dahinter sind zwei größere Vögel, Schnabel an Schnabel, und eine weitere Priestergestalt in langer Kleidung, mit einer Leier in der Hand, zu sehen, die einen lendenbeschurzten Mann anspricht, neben dem ebenfalls ein Ziegenbock steht. Dieser Bildreichtum macht es jedem Mythenforscher schwer, das Dargestellte zu entziffern. Auch Fachleute werden sich nur mit Deutungsversuchen begnügen müssen. Alle Forscher, die sich seit der Entdeckung des Kruges im Winter 1877/1878 in einem etruskischen Grab bei Tragliatella in der Nähe der antiken Etruskerstadt Caere (Cerveteri) mit der Entschlüsselung dieser Bilder befaßten, haben daher auch eine Reihe der unterschiedlichsten Thesen präsentiert.

Nach Ansicht der meisten von ihnen liegt aber mit ziemlicher Sicherheit in erster Linie entweder die Darstellung eines berittenen Trojaspieles, bzw. mytholgischer Szenen vor, die auf die kretische Theseus- oder die trojanische Paris- und Helenamythe hinweisen. Arnold von Salis, der eine Studie über die Theseussage publiziert hat, vertrat bereits 1930 die Meinung, daß hier Ariadne in Gegenwart ihrer Amme Theseus ein Knäuel reiche, mit dessen Hilfe er dann den Weg aus dem Labyrinth finden konnte, eine - wie es scheint - durchaus einleuchtende Deutung. Theseus stehe, nach der Auffassung von Salis, hier gerade im Begriff, aus Athen nach Kreta

Abb. 3a: Krug von Tragliatella (Gesamtansicht); Kern, Seite 104

aufzubrechen, während Clara Gallini, eine italienische Forscherin, davon spricht, daß die hier abgebildete Ziege von Theseus den Göttern zum Opfer gebracht werde und sich das Tier unter seinen Händen zu einem Bock verwandle. Ferner sehe man die Begegnung zwischen Theseus und Ariadne nach der Ankunft des Prinzen auf Kreta auf einem Schiff, das hier zwischen den beiden Ziegenböcken angedeutet sei, wobei die kopulierenden Paare neben dem Labyrinth die 'Heilige Hochzeit' zwischen Theseus und Ariadne - nach dem Erlebnis des Labyrinthen-Durchgangs - symbolisieren. Die berühmte antike 'Francois-Vase' - im Archäologischen Museum von Florenz - aus den Jahren zwischen 570 - 560 v. d. Ztr. bringt dazu noch die Ergänzung mit den Bildern des Minotauros und des Tanzes der befreiten athenischen Geiseln, wobei Ariadne auch mit einem Fadenknäuel gezeigt wird, das sie Theseus reicht.

In diesem Zusammenhang ist der Hinweis des Briten Arthur B. Cook von großem Interesse, der ein Labyrinthenfresko in einem der Gänge des Palastes von Knossos nennt, von dem auch Homer gesprochen hat, und das er als ein Bild des wirklichen Tanzplatzes der Ariadne darstellte. Es soll die Maße von 12,94 x 9,89 m gehabt haben und wurde bei Sir Arthur Evans' Ausgrabungen im Gang des 'Saales der Doppeläxte' entdeckt. Es hätte sich jedoch dabei, meint Hermann Kern hierzu, in Wirklichkeit weniger um ein Mäandermuster als vielmehr um ein Labyrinth kretischen Typs gehandelt. Es sind jedenfalls merkwürdige Zusammenhänge, wenn man die Darstellungen ein und desselben Motivs - einmal von 570 v. d. Ztr. in Athen, und dann auf dem etruskischen Krug etwa aus 620 v. d. Ztr., mit lediglich fünfzig Jahren Altersunterschied - vergleicht.

Da Pferde und Jünglinge stets zum alten Trojaspiel gehörten und wir beides auf dem Krug von Tragliatella vorfinden, wobei Ariadne und Theseus mit dem Labyrinth den Hintergrund bilden, dürfte auch hier von einer - zumindest - Andeutung des Spieles die Rede sein. Die Bewaffneten, zu Pferde und zu Fuß, steigen offensichtlich gerade aus dem Labyrinth heraus. - „Mir scheint," hat Kern dazu betont, „von größter Bedeutung zu sein, daß tatsächlich das Labyrinth gezeichnet wurde, nicht nur - wie z. B. bei einigen Felsritzungen - der zwischen den Bewegungslinien kreuzungsfrei verlaufende Ariadnefaden (als Linie)." [6)]

Es leuchtet durchaus ein, daß ein eigentliches Labyrinth, durch das man entweder schreiten, tanzen oder reiten wollte, auch in entsprechender Größe konstruiert gewesen sein muß, wie wir es heute noch im Norden Europas oft in Durchmessern von fünfzehn, achtzehn und sogar fünfundzwanzig Metern vorfinden können. In Finnland heißen diese Anlagen oft auch 'Jungferntanz', eine Bezeichnung, die wiederum an die griechische Ariadne erinnert. - Da Vergil von einem Betreten römischer Labyrinthe in zwei Linien nebeneinander gesprochen hat, muß es daher dort Trojaspiele gegeben haben, die auch die heute noch bestehenden nordischen Trojaburgen noch stark in ihren Maßen übertroffen haben dürften. Und Vergil hat ja ebenfalls einwandfrei in seiner 'Aeneis' auf den Zusammenhang zwischen dem alten Troja und den römischen Trojaspielen, wie es im Text des Kruges mit 'TRUIA' geschrieben steht, hingewiesen. Aeneas, der Sohn des Trojaners Anchises, ein direkter Nachkomme des Gründers jener berühmten Stadt, König Tro, aber auch von Dardanus und Priamos, kam nach der Zerstörung derselben nach Italien, wo dann sein Sohn Ascanus - später Julus genannt - die Stadt Alba Longa und dessen Nachkomme Romulus schließlich Rom gegründet hat. Julus wurde somit auch zum Stammvater des Cäsarengeschlechtes der Julier, dem sowohl ein Augustus wie Cäsar entstammten.

Wir haben hier einen kurzen Blick in die römische Geschichte getan, unser Hauptaugenmerk bleibt aber auf die Parallelen zwischen den 'labyrinthisch' genannten Mauern, dem berühmten trojanischen Pferd und den trojanischen Reiterspielen von Rom gerichtet. Vergil selbst hat besonders zwei Anlässe für das Trojaspiel vermerkt - die Gründung der Stadt Rom wie die Ehrung der Toten an bestimmten Tagen. In beiden Fällen spielen die labyrinthischen Umkreisungen die Hauptrolle.

Auch Plutarch verdanken wir Hinweise zu den römischen Trojaspielen, ebenso dem Historiker Dion Cassius (um 163 - 230 n. d. Ztr.), der von einem solchen Reigentanz in Verbindung mit der Bestattung der Ehefrau Kaiser Caligulas, Julia Drusilia, um deren Grab herum, sprach, nach Kern eine mythische Versiegelung des Grabes und 'Wegleitung der Seele' der Verstorbenen. Dabei war die Rechtsdrehung - mit der Sonnenbahn - von Bedeutung im Sinne des Lebens, und die linke Bahn im Sinne des Todes. Der Tote sollte auf diese Weise von einem magischen Schutzkreis umzogen werden. Das Labyrinth und der Tanz dienten somit als Kennzeichen von Leben und Tod.

Abgesehen von diesem Aspekt gibt es noch eine Möglichkeit, das Phänomen des Labyrinthes zu erklären. So seltsam dies auch klingen mag, es ist durchaus auch wahrscheinlich, daß dieses Sinnbild mit der Gründung von Städten zu tun hat. Ascanus, der Sohn des Trojaners Aeneas, hatte ja nach Berichten der römischen Geschichte einst die Stadt Alba Longa mit Mauern umgürtet, sie in einen Innen- wie auch Außenbereich geteilt, wobei ein feierliches Trojaspiel stattgefunden hat, das die Stadtmauer in magischer Weise noch verstärken sollte. Die den Menschen behindernden Mauern sollten somit einen höheren, göttlichen Schutz verkörpern und wurden daher - nach Plutarch - zu jener Zeit als heilig angesehen. Die verschiedenen 'labyrinthisch' genannten Mauern Trojas gaben ja das Beispiel. - Kein Wunder also, wenn eine Reihe römischer Mosaiken das Labyrinth oft als eine Stadt mit Mauern und Toren zeigt.

Dazu interessant ist, daß ein erst vor kurzem in Amerika, in einer Geländekuppe des Erp'schen Landgutes bei Arkville, New York, errichtetes Labyrinth durch Mauern aus rotem Backstein dargestellt wird, so wie das obengenannte Labyrinth des griechischen Epidauros ja auch ganz aus Mauerwerk bestand. Das Labyrinth von Arkville wurde vom britischen Bildhauer Michael Ayrton entworfen und hat eine hohe Statue des Minotauros in seinem Zentrum, um an die Theseusmythe zu erinnern. Auf britischem Boden gibt es heute ebenfalls einige altherkömmliche Rasenlabyrinthe, deren Namen „Walls of Troy“ (Mauern von Troja) sinngemäß dasselbe bezeichnen.

Daß ein enger Zusammenhang zwischen dem Symbol der Sonne und dem Pferd in Troja bestanden hatte, geht - neben der Parallelität des Trojanischen Pferdes und der Helena (als Verkörperung der Sonne) - ebenfalls aus der schönen Heliosmetope hervor, die man in Troja ausgrub, und auf der Helios (die Sonne) von einem Viergespann gezogen wird. Wie fest die Verbindung zwischen der Sonne und der Stadt Helios (Ilion-Troja) gewesen sein muß, ersehen wir ferner aus der in Rom, wahrscheinlich seit der Zeit der Etrusker, herrschenden Tradition, die dortigen Trojaspiele (den Troja-Tanz) zum Frühlingsbeginn stets mit dem Ancile, einem Sonnenschilde, durchzuführen.

Im alten Rom gab es zwar ein Trojanerlager (Castra Troiana), jedoch keinen römischen Ort mit dem Namen Troja selbst. Nach Ernst Krause soll es aber eine Steinsetzung gegeben haben, die Troja hieß. Er gibt leider nicht näher an, ob es sich um eine Trojaburg im nordischen Sinne dieser Labyrinthe handelte. Eine deutlichere Parallele zwischen dem Sagengut Nordeuropas und dem der alten Griechen bietet uns dagegen die Gestalt der Helena. Sie ist nämlich auch in der nordischen Sage eine in die Unterwelt entführte Jungfrau, die dann zu einem bestimmten Zeitpunkt befreit wird.

Plutarch hat (in: 'Cato minor III') davon berichet, daß Troja einst als „iera ippodamia“, ein heiliges Hippodrom, bezeichnet worden war, was uns zeigt, daß hier offenbar das Pferd als etwas Heiliges gegolten hatte. Das Wort 'ieros' hat aber in seiner früheren etymologischen Bedeutung noch mehr als nur 'heilig' ausgedrückt. Man verband damit auch eine magische Kraft, die 'mana'.

Galenus, der große Arzt der Antike, hatte schließlich Troja als 'ein Mysterium' bezeichnet, und in den Mysterien der Antike war ja das Heilige etwas, von dem nur die Eingeweihten zu künden wußten. Das Ritual des Labyrinthes, sagt hierzu der Brite W. F. Knight, ist aber mit Mysterien verbunden gewesen. „Auch bei den Eleusinischen Mysterien mußte der Adept seinen Weg durch etwas Labyrinthisches bahnen, womit er eine Assoziation zum ältesten Orakel der Antike zieht, zu einem Kult, der rund 1000 Jahre lang am Leben erhalten wurde. Kein Wunder, daß in der Antike das Labyrinth oft als etwas Geheimnisvolles angesehen wurde."

5. Troja-Städte

Die nach dem Ende des Trojanischen Krieges Fliehenden haben jedoch nicht nur Alba Longa, sondern - laut Mythenforschung - auch eine Reihe weiterer Niederlassungen bis in den keltischen und germanischen Raum gegründet. Nicht nur Paris und die französische Stadt Troyes, sondern auch Bonn am Rhein wird auf sie zurückgeführt. Nach Stephanus von Byzanz hieß das in der Nähe von Rom gelegene Ardea, wo man in einem hohen Grabhügel vor einiger Zeit vermutete, das Grab des Aeneas' gefunden zu haben, früher Troja. Auch bei Patavium soll nach den Ausführungen des Historikers Wormstall ein Troja gelegen haben, das dieser geradezu als ein 'Ur-Troja' bezeichnete, und wo Trojaspiele geritten worden seien. So begegnen wir weiter dem Ortsnamen Troja in einigen österreichischen Alpengebieten und - im Namen eines Baches - in Süddeutschland. Auch Hainburg, das alte Carnuntum, hieß früher Troja.

Ernst Krause erwähnt neben den mit Hagen von Tronje verknüpften Xanthen auf deutschem Boden noch eine Stadt Troeye, die nach der Königshofer Chronik einst von König Dagobert erbaut worden sei, eine Merowinger Pfalz, die zwischen den Orten Marlenheim und Kirchheim an der Eisenbahnlinie Schlettstadt-Zabern gelegen hat. Nach ihr hätte der Nibelungenheld Hagen auch seinen Beinamen bekommen. Sein Name wird, kombiniert mit Tronia, Thronie und Troninyi, in Chroniken von 723 und 817 genannt, während sein Beiname 'Tronje' als eine Zusammenfassung von Troja und nova, das 'Neue Troja', gesehen wird.

Weiters leiten noch die Städte Saint Trond (Truyes) in Limburg und Tourney (Doornick) in Belgien - früher Tornacum - , sowie die Hennegauer selbst ihre Herkunft aus 'trojanischem Ursprung' her, wie der um 1.400 gestorbene Jakob von Guisa berichtet hat. Einige trojanische Flüchtlinge, die nicht den Weg nach Italien eingeschlagen hatten, sollen sich - nach Ernst Krause - an den Ufern der Donau niedergelassen haben. Wieder einige andere waren unter König Francio bis an den Rhein gelangt. So verwundert es nicht, wenn Bonn selbst als eine ausgeprägte trojanische Gründung verzeichnet worden ist, so wie der Franzose Raoul de Presles behauptete, daß die Trojaner auch Paris gegründet hatten. Dem Ort selber gaben sie ursprünglich wegen des vielen Schmutzes, den sie auf den Straßen vorfanden, den Namen 'Lutetia' (vom lateinischen lutum = Kot), erst später wurde diese unsympathische Erstbezeichnung nach dem trojanischen Helden in Paris umgetauft. Und Paris war - wie wir wissen - eine der tragenden Gestalten des Trojanischen Krieges.

'Troja' hat sich auch in einer Reihe von Familiennamen erhalten; die 'Trojer' kommen vor allem in deutschsprachigen Gemeinden in Friaul, in Krain und in Kärnten vor. Orts-, Berg- und Hofnamen wie 'Troimburg', 'Troyborg', 'Troyaeborg', 'Troyborgh', 'Trojenborg' und 'Trojaborg' gibt es in Skandinavien in Fülle neben den Namen hunderter von Labyrinthen, die man auch

'Trojaborg' nennt. Dies alles ist ein untrügliches Zeichen, wie sich Traditionen und Mythen bis über 3.200 Jahre zurück in die Zeit erstrecken.

Was England betrifft, wo zahlreiche Labyrinthe mit dem Namen 'Troja' verbunden sind - 'Walls of Troy', 'City of Troy' und 'Caer Droia' in Wales - , hat, neben Shakespeare, auch der Dichter Spenser (in: 'Faerie Queene') von der trojanischen Abstammung der Briten gesprochen:

> *„For noble Britons sprang from Trojans bold*
> *And Troy-novent was built of old Troyes ashes cold...,"*

womit er London ebenfalls als eine trojanische Gründung erachtete.

> *„Denn noble Briten stammten von tapferen Trojanern*
> *her und Neu-Troja war aus kalter Asche des alten entstanden...,"*

Der Name 'Caerdroia' ist nach dem britischen Historiker E. O. Gordon, zitiert nach 'Prehistoric London': „...ohne jeden Zweifel ein Beweis für eine antike trojanische Kolonisation in England...," zudem wurden - als ein weiteres Beispiel - die Königlichen Gärten von Kensington früher 'Siäge de Troie', an den trojanischen Krieg erinnernd, 'die Belagerung von Troja' genannt. Neben einer Reihe von Londoner Straßen und Gassen, die heute noch ausgeprägt 'labyrinthische' Namen tragen, hieß auch einst der Hügel, auf dem die mächtige St. Pauls-Kathedrale errichtet wurde, 'Maze-Hill', d. h. 'Labyrinthenhügel'. Auch dies läßt erkennen, daß auch hier einst, wie an so vielen Orten, wo heute Kirchen stehen, ein Labyrinth vorgelegen zu haben scheint.

6. Woher stammt das Wort Troja?

Die Herkunft des Begriffes 'Labyrinth' haben wir auf ägyptisch-kretisch-kleinasiatische Ursprünge zurückgeführt und versuchen nun, die Wortbedeutung von 'Troja' zu ergründen. Gehen wir beim 'Labyrinth' bzw. bei der 'Trojaburg' von der Annahme aus, daß diese auf ein kosmisches Denken basiert sind, d. h., daß die Windungen hier der Bahn der Sonne entsprechen, dann verkörpern die kleinsten Windungen die winterlichen Bahnen bis hin zu dem Punkt, da die Sonne sich hinter dem Horizont zur Ruhe begeben hat, oder - anders ausgedrückt - von der Unterwelt gefangen genommen worden ist.

Dieses Gefängnis der Wintersonne wird auch oft in der Mythologie als Falle oder Schlinge dargestellt. Vom Gesichtspunkt der Sonnenfalle ausgehend treffen wir in der Etymologie auf das Sanskritwort 'Druh', das 'Fallensteller' und 'Trug' bedeutet. In der indischen Mythologie begegnen wir einem dreiköpfigen Drachen 'Druja', bzw. 'Draogha' als dem Symbol eines Schlingers, der im Altnordischen 'Draugr' und im Norwegischen 'Drou' oder 'Droug' entspricht. Ein Beiname Odins lautet in Norwegen 'Drauga Drottin', der 'Herr der Gespenster'.

Die Druiden - auch dieses Wort ist mit aller Wahrscheinlichkeit mit dem Sanskritischen 'Druh' verwandt - hatten einen 'Drehungsgeist', der 'Draugh' hieß und das 'Drachenauge' bedeutete, da jenes 'Dra-ugh' ein Drehen und Einkreisen kennzeichnet. Von den Urworten 'Dra', 'Thru', 'Thri' und 'Dri' ausgehend, kommen wir zum gotischen 'Thraian', dem altarischen 'Drajan' und zum keltischen 'Trojan', die alle ein Drehen und Wenden zum Sinninhalt haben und dem Begriff 'Troja' zugrunde liegen dürften.

Über diese Urworte kommen wir dann ohne größere Schwierigkeiten zum dreiköpfigen Drachen 'Druja', zum Fallensteller 'Dru' und seiner Fallenburg 'Druja-Burg', unserer gesuchten 'Trojaburg'. Wir stoßen auch auf das persische Wort 'Drujs', auf das altdeutsche 'Dru' oder

'Drugh' für eine Tierfalle, dann auf das gotische 'Drausjan', was 'zu Falle bringen' bedeutet und auf den ebenfalls dreiköpfigen Drachen 'Trojan' bei den sogenannten 'Slawen'[7)], den finsteren Dämon, der die Sonne scheut. In den altindischen Veden heißt das dreiköpfige Ungeheuer 'Druh'.

Oswald Claassen will die Worte 'Troi' und 'Troy' als kosmische Bewegungen verstanden wissen, die aber gleichzeitig mit dem Zahlbegriff 'drei' lautgleich sind, während Ernst Krause die Ansicht vertritt, daß sowohl die Trojasage als auch der Name jener Stadt aus dem Nordraum stammen, indem er darauf hinweist, daß Troja auch in der altdeutschen Dichtung die dunkle Unterwelt bedeutet.

Wir wollen hier noch den 'Maha-Druh' der altindischen 'Rigveda' erwähnen, den Winterdrachen, der den Sonnengott bezwingt und Windischmanns 'Zoroastrische Studien' nennen, in denen er den dreiköpfigen Drachen 'Druja' (Trojan) als 'Repräsentanten des Winters' und als eine große Schlange darstellt, damit die Synonymität Trojas mit dem winterlichen Gefängnis und den Windungen der 'großen Schlange' festhaltend. Olof Rudbeck, der Verfasser der berühmten 'Atlantica' und Linnés Vorgänger als Professor der Botanik an der Universität Uppsala, identifizierte seinerseits schon bereits vor beinahe dreihundert Jahren das Wort 'Troja' mit einer festen Burg.

In Anbetracht dieser Vielfalt von Deutungsversuchen ist es also nicht verwunderlich, daß W. F. Knight meinte, daß das Wort 'Troia' in der Vorzeit als undeutbar galt, von einem Geheimnis umwoben war und magische Kräfte besaß.

Auch Galenus nannte 'Troia' ein 'Mysterium', da es seines Erachtens 'ein Ausschließen der Nicht-Eingeweihten' bedeutete, etwas, das man mit den Mysterien von Eleusis zu verknüpfen pflegte, in die eine Reihe von führenden Herrschern der Antike eingeweiht worden waren. Hier können im Denken der Menschen somit durchaus Parallelen zwischen berühmten Mysterienspielen und dem tiefen Sinn des Labyrinths vorgelegen haben. Wer, wie ich selbst einmal, bei einem Besuch von Eleusis außerhalb von Athen, an Hand antiker Wegweiser den Versuch unternommen hat, selbst in jenen Mysterienkult einzudringen, wird zugeben müssen, daß hierbei sehr wohl Gemeinsamkeiten vorliegen können.

7. Die eleusinischen Mysterien

Das Demeterheiligtum in Eleusis - der Geburtsort des großen Dramatikers Aischylos - ist heute von hämmernden Schiffswerften, rauchenden Fabrikschloten und lärmenden Autostraßen umgeben, von denen die Kohlenoxyddünste als Weihrauch des neuen Industriezeitalters über die altehrwürdigen Stätten wehen. Man muß schon einige Willenskraft aufbringen, um in dieser Atmosphäre über den tieferen Sinn der eleusinischen Mysterien meditieren zu können. Daß Eleusis - wie Delphi - einer der heiligsten Mittelpunkte der antiken Welt gewesen ist, dafür legt die tausendjährige Geschichte des Kultes ein beredtes Zeugnis ab. Moderne Ausgrabungen haben bewiesen, daß die Vorgeschichte des Ortes sich 3.500 Jahre zurück in die Zeit erstreckt. Der Demeterkult wurde nach einer parischen Chronik zur Zeit von König Erechtheus eingeleitet, das war etwa im Jahre 1.409 v. d. Ztr.

Es gibt kaum eine große Gestalt der Antike, die nicht hierher gekommen ist, um unter Anleitung von Göttern und Priestern in die Mysterien des äußersten Sinnes von Leben und Tod eingeweiht zu werden. Homer hat uns in seiner 'Hymne an Demeter', um 700 v. d. Ztr., den Kult geschildert. Auch Aristoteles, Hesiod, Bachylides, Pindar, Dionysos Laertius und Cicero haben uns tiefe Einblicke in diese Weisheiten überlassen.

Um nach ihren Schilderungen als Neophyt durch die einzelnen Teile des Heiligtums zu wandeln, benötigt man mindestens einige Stunden, will man etwas tiefer gehen, braucht man einen ganzen Tag zum Kennenlernen der Örtlichkeiten. Sehr hilfreich dabei ist die kleine Schrift von George Themistocles Maltesos „Eleusis and the Mysteries“ und Waldemar von Uxkülls ebenso kurzgefaßtes Buch „Die Eleusinischen Mysterien“. Noch besser wäre natürlich, wenn man die Zeit hat, sich vor einem Besuch gründlicher in das Thema einzulesen und erst dann die Reise anzutreten, da ja auch die hier einst angelegten unterirdischen Gänge mit einem Labyrinthe verglichen worden sind.

Der Kult stammt aus vorhomerischer Zeit und wurde mit der Anbetung der ägyptischen Göttin Isis eingeleitet, die dann, nach Ansicht einiger Religionsforscher, zu Demeter umbenannt wurde. Der zur Zeit des perikleischen Baumeisters und Parthenonarchitekten Iktinos gebaute Große Tempel hatte eine Fläche von 28.000 m^2 und Platz für 25.000 Personen. Die Reste, die heute noch hier stehen, geben nur eine Andeutung der einstigen Größe des Heiligtums.

Nachdem man die Großen und die Kleinen Propyläen passiert hat, betritt man das Innere der Weihestätte. Die Scharten im Marmor der Eingänge zu deuten auf die Abertausende Male hin, an denen die gewaltigen Tore hier in der Vergangenheit geöffnet und geschlossen wurden. Rechts und links davon erblicken wir Triumphbögen. Von den Propyläen führt uns der Heilige Weg zunächst zum Plutonium - der Höhle Plutos - in die Unterwelt.

Esoterisch gesehen, galt es an erster Stelle die Finsternis, die Unkenntnis, zu überwinden. Pluto war sowohl ein Wächter des Totenreiches wie der Gott, der dem Menschen ein reiches Leben schenken konnte. (Von ihm wird übrigens der heute so üblich gewordene Ausdruck ‘Plutokrat’ = ‘Geldherrscher’ abgeleitet.) - Wenn man es verstand, die Hadesfinsternis in sich zu überwinden, stand dem Besucher der Weg zum Licht offen. Nach dem Durchgang der Kleinen Mysterien wurde der Neophyt zum Mysten getauft. Falls er imstande war, die Großen Mysterien zu bewältigen, wurde der Myste zum Epopten, d. h. zu einem Sehenden. Bevor man jedoch vor den höchsten Priester, den Hierofanten, im Anaktoreon, im Zentrum des Telesterion - der Großen Halle - zugelassen wurde, mußte man sich durch Fasten, Waschungen und allerlei geistige Exerzitien während sechs Tagen in den unterirdischen Gängen des ‘Labyrinthes’ unter Führung des Mystagogen auf den großen Augenblick vorbereiten, da man vom Hierokeryx gesegnet wurde. - Nun hatte man, mit anderen Worten, in den Spuren der Persephone und Demeter wandelnd, den Hades bewältigt und den Weg zum Licht - zur Selbsterkenntnis und einem höheren ethischen Ziel im Leben gefunden. Wer am neunten Tage, in einer abschließenden Zeremonie, von der Masse gefeiert wurde, durfte künftig keinem lebenden Wesen, weder Mensch noch Tier, Schmerz bereiten und mußte geloben, seine Eltern und die höheren Mächte, mit denen er hier bekannt geworden war, zu ehren. Es war bei Todesstrafe verboten, Nichteingeweihten von den Geheimnissen der Eleusinischen Mysterien zu erzählen.

„Glücklich ist, wer, der Eleusinischen Wahrheit Kenner,
In die Gruft des Todes hinabsteigt.
Er kennt den Ausgang des Lebens,
Kennt den Gott-verliehenen Anfang.“

So sagte Pindar, selbst ein Eingeweihter, und ein anderer, Apulejus: „In der mitternächtigen Tiefe sah ich die Sonne im herrlichen Lichte erstrahlen.“

In Eleusis wurden die Fruchtbarkeitsgöttin Demeter und Dionysos gefeiert. Die Mythe verkörpert jedoch auch Isis und Osiris, die uralten Licht- und Finsternissymbole des alten Ägypten. Es heißt, daß der Isiskult, der hier vom Kult der Demeter und Persephone abgelöst wurde, einst in grauer Vorzeit durch griechische Einwanderer den Weg nach Eleusis, an den blühenden Stränden der Saronischen Bucht, gefunden hatte. - Die Weisheit der Eleusinischen Mysterien erwies sich in unserer Zeit als ein Schlüssel zu vielen anderen Mythen der Antike.

Theodosius I., der letzte Herrscher des alten Römischen Reiches, ließ im Namen der christlichen Religion im Jahre 393 n. d. Ztr. das antike Heiligtum in Eleusis in derselben Weise niederreißen, wie er in seiner wahnsinnigen Zerstörungswut auch gleichzeitig gegen die herrlichen Marmortempel von Olympia und die Große Bibliothek von Alexandria vorging, durch deren Verwüstung ein bedeutender Teil der Weisheit der antiken Welt und schier unbeschreibliche Kunstschätze vernichtet wurden. Die Masse der Baureste, die die Vernichtung durch diesen christlichen Fanatiker überlebt hat, gibt dem Besucher Eleusis' aber auch in unserem 20. Jahrhundert noch immer eine Ahnung von der einstigen Größe dieser imposanten Kultstätte. Und anhand der Augenzeugenberichte einer Reihe hervorragender Persönlichkeiten der Antike können wir uns doch in die Tiefe der Eleusinischen Mysterien - wenn auch nur annähernd - versetzen.

Das 'Adyton' des Heiligtums dürfte hier durchaus dem Innersten und Zentrum einer Trojaburg gleichzusetzen sein, während, im Falle der oft verworrenen Labyrinthe des Mittelmeerraumes, dann die verschiedenen Windungen den in Eleusis in die Irre führenden Gänge und Kammern entsprächen. Immer handelt es sich aber um die Suche eines geistig-seelischen Pfades, des Pfades zur Selbsterkenntnis des Menschen.

8. Heilige Pferde

Der Krug von Tragliatella, auf dem wir Pferde ein Labyrinth ziehen sehen, in dessen Windungen das Wort 'Troja' steht, zeigt uns bereits die enge Beziehung jenes Tieres mit dem uralten Symbol. Das mächtige hölzerne Pferd, das am Ende des sagenhaften Trojanischen Krieges nachts vor die Tore der gleichnamigen Stadt gezogen wurde, und in dessen Bauch sich eine Anzahl von griechischen Kriegern verborgen hatte, wurde ja am nächsten Morgen von den Trojanern selbst durch ein hohes Tor in die Stadt hinein gebracht. Die menschliche Neugierde, jenes Ungeheuer näher zu betrachten, hatte den Trojanern bekanntlich auch ihre Freiheit gekostet. Bevor die Neugierigen dazu kamen, sich das Innere des Pferdes anzusehen, stiegen dort die schwerbewaffneten Griechen nach unten und eroberten auf diese Weise die zehn Jahre lang blutig umkämpfte Stadt.

Das Pferd wurde später dann in unserer Zeit gleichbedeutend mit einer 'fünften Kolonne', die sich, wenn auch in anderer Form, hinter oder unter die Linien eines Feindes geschlichen hatte. Wer heute als Tourist nach Troja kommt, kann einen etwa fünfzehn Meter hohen hölzernen Nachbau des berühmten Gaules besteigen, in dessen Inneren ich damals bei meinem Besuche auch tatsächlich drei Soldaten antraf, die sich im Bauch des Tieres niedergelassen hatten, während ein weiterer Kamerad im Kopf des Ungeheuers Wache stand. Man habe weniger Angst vor irgendwelchen ausländischen Feinden, wurde mir erklärt, sei aber hierher abkommandiert worden, um Wache gegen eventuelle Brandstifter zu stehen, die diese Touristenattraktion zerstören könnten...

Den Zusammenhang zwischen Pferd und Labyrinth, der aus dem alten Troja herzustammen scheint, finden wir noch Jahrhunderte später auf römischem Boden in den trojanischen Spielen wieder. Diese gehörten, wie das einige Symbolforscher deutlich unterstrichen haben, nicht nur zu einem uralten Labyrinthenritual, sondern weisen gleichzeitig auf einen Sonnenkult hin, da das Pferd ja bereits in der ältesten griechischen Mythologie als ein Sonnensymbol galt. Die Windungen eines Labyrinthes waren offensichtlich widergespiegelte Kreisbahnen der Planeten.

Das hölzerne Pferd, das die Mauern von Ilion (Troja) endlich zu Fall bringen half, dürfte hier als eine Verkörperung des Sonnenpferdes ('des feuersprühenden Rosses' - Pindar: Oden 7.71) des Apoll angesehen werden können. Die edlen Rosse des Helios, Apolls und Phaetons, als Symbole der Sonne, die den Sonnenwagen über das Firmament ziehen, waren nach Hellas aus dem Norden gekommen, wo sie seit jeher heilig gewesen waren. So wie im Süden der heilige Stier den Göttern geopfert wurde, brachte man im Norden das Roß den Göttern zum Opfer.

Es kam auch nicht selten vor, daß ein nordischer König oder Edelmann sein Pferd auf die große Fahrt ins Unbekannte, zu seinen Vätern, mitnahm. Wir wissen aus der griechischen Mythologie, daß dort in Hellas das Roß als unsterblich bezeichnet wurde. Es stand im Dienste des Lichtgottes Helios, sowohl dort oben am Firmament wie im finsteren Hades, aus dem ein Paar Sonnenrosse - vor ein goldenes Gefährt gespannt - Persephone zurück zu ihrer Mutter brachten. Später sollte jenes Gespann von 'weißen Rossen' die Göttin zum Olymp emporführen. (Pindar: Oden 6.95)

„Das Pferd spielte," sagt dazu der deutsche Mythenforscher J. H. Schlender [8], „bei der Sonnenverehrung eine bedeutende Rolle. Hakenkreuze, Sinnbilder des Sonnenrades, wurden aus Pferdeköpfen zusammengesetzt, allerdings auch aus Menschen- und Schlangenleibern und aus Drachen." Die Tausende von skulptierten Hakenkreuze aller Art, die Heinrich Schliemann bei seinen Ausgrabungen Trojas entdeckte, dürften in diesem Zusammenhang ihrerseits von sehr alten trojanischen Kulten - Pferde-, Labyrinth- und Sonnenkult - zu uns sprechen, wobei hier die Frage auf der Hand liegt, woher wohl einst alles hierher gekommen sein mag. Welche Verbindungen gibt es zwischen dem alten Troja und den hunderten von heute noch in Skandinavien stehenden Trojaburgen? Wie sind diese zu erklären?

Gerade im Norden war wie wohl nirgends anderswo das Pferd ein heiliges Tier gewesen. Hiervon kündet nicht nur das Roß des höchsten Gottes der Nordleute und Germanen, Odins Sleipnir, sondern auch Grani, das Roß des Helden Sigurd (Siegfried) der isländischen 'Edda', wo der Dichter Gudrun sagen läßt:

„Ich trat zu Grani, Tränen vergießend,
Und schaut ihm forschend ins feuchte Auge,
Da senkte Grani ins Gras sein Haupt,
Der Hengst wußte wohl, daß sein Herr gefallen."

Diese heiligen Pferde wurden zu Ehren der Götter gehegt und gepflegt. Schon Tacitus berichtet in seinen Schriften von heiligen weißen Rossen, die in den Hainen der Götter gehalten wurden, um bei besonderen Anlässen diesen geopfert zu werden. „Dabei wurde," sagt der Religionsforscher Hermann Tügel, „dem Pferde das Haupt abgeschnitten, das nicht verzehrt, sondern dem Gotte besonders geweiht wurde... Als die Römer später an den Ort der Niederlage des Varus kamen, fanden sie an Baumstämmen befestigte Pferdehäupter. Diese Pferdeköpfe flößten den Feinden Schrecken ein." [9]

Wer heute durch Niedersachsen fährt, weiß, daß dort immer noch hier und da die Giebel der Häuser mit zwei hölzernen, einander kreuzenden Pferdeköpfen geziert werden, und es heißt, daß sie böse Mächte von dem Hause abwehren sollen. Hierbei kann auch an die bäuerliche Tradition erinnert werden, Pferdehufe vor den Haustüren zum Schutz gegen Feuer, Unwetter und alle anderen Gefahren anzubringen, oder an den Sachsenkönig Wittekind (Widukind), der ein Roß in seinem Banner trug, sowie an das springende Roß als Wappentier Westfalens, Hannovers und Braunschweigs. (Auch das Markenzeichen der 'bäuerlichen' Raiffeisenkassen dürfte schlußendlich auf dieses Sinnbild zurückzuführen sein.)

Otto Hauser hat in 'Germanischer Glaube' [10] eine direkte Parallele zwischen jenen nordischen Pferdekulten und dem alten Troja gezogen und vertrat die Ansicht, daß das Roß nach seiner Zähmung den Weg vom Norden in den Süden, etwa zur Zeit des Trojanischen Krieges, gefunden hat. Man vergleiche dazu den berühmten von einem Pferde gezogenen Sonnenwagen von Trundholm aus der Bronzezeit, sowie die zahlreichen mit Pferdeköpfen verzierten Messerfunde. - Eine große Anzahl schwedischer Felsbilder, u. a. ein bekanntes Schlachtenbild von Tegneby in Bohuslän, sowie die Pferdewagen des prachtvollen bronzezeitlichen Grabes von Kivik in Schonen, weisen allesamt auf sehr alte hippologische Traditionen des Nordraumes hin. Der bedeutende schwedische Vorgeschichtsforscher Oscar Montelius hat bereits Anfang dieses Jahrhunderts an Hand der Tausenden von bronzezeitlichen Felsbilder nachgewiesen, daß damals im Norden sowohl Pferde wie Ochsen als Zugtiere verwendet wurden, wobei die Fahrer nicht selten in den Wagen standen, wie wir dies von den Wagenkämpfen der trojanischen Helden, z. B. Achill, her kennen. Kein Wunder, daß Otto Hauser die Meinung vertreten konnte, daß es eine neue Welle von 'Aussendlingen', d. h. Auswanderern aus dem Norden war, die zu jener frühen Zeit auch das Roß nach Troja und - durch den Hyksos - sogar bis nach Ägypten mit sich geführt hätte.

Jürgen Spanuth, bekannt durch eine Reihe von Schriften über die Atlanter, Phönizier und Philister, schreibt in seiner Studie über die Letztgenannten: „Die Völker des nordischen Kulturkreises der Bronzezeit sind die einzigen Völker Europas, die Hochseeschiffahrt, Streitwagenfahren und Reiten beherrschten..." und fügt hinzu: „... Auch das ist ein Hinweis auf die Heimat der Philister und der anderen 'Nordmeervölker' (von anderen Verfassern oft auch 'Seevölker' genannt. Anm. FH), die über dieselben Erfahrungen und Kenntnisse verfügten." [11]

Daß das Pferd nicht nur bei den Germanen und Nordleuten hoch in Ehren gestanden haben muß, ersehen wir noch aus einem Beispiel des alten Britannien. Wer schon einmal auf einer Englandreise die Landschaft Wiltshire besucht hat, wird sicherlich den Anblick des gewaltigen weißen - wie bei den Griechen stets die Farbe der Heiligkeit und auch der Sonne - Rosses auf einem Abhang des Salisbury Plain nie mehr vergessen können, eine imposante in den Bergrücken geformte Kreidefigur, deren erste Vorform, das sogenannte 'Westburypferd', in keltische Zeiten zurückgeführt wird. Englandkenner werden vielleicht auch schon die pittoreske Landschaft von Oxfordshire bereist haben und dort das große Roß nahe dem Dorf Uffington bestaunt haben, das mit seiner Länge von 111 Metern schon von weit her zu sehen ist und - von der Luft aus betrachtet - geradezu als eine Landmarke jener Gegend gilt. Es wird angenommen, daß jener stilisierte Pferderiese aus den Jahren um 100 v. d. Ztr. stammt, als man bei den alten Kelten das Roß unter dem Namen der Göttin Epona zu ehren pflegte.

Die Nähe zahlreicher vorgeschichtlicher Gräber scheint auch hier in England darauf zu deuten, daß der Pferdekult noch weit über die angedeutete Zeit von zweitausend Jahren zurück zu verlegen sein dürfte, denn die gigantische in ein Kreideplateau beim Dorf Cerne Abbes in der Grafschaft Dorset geschnittene nackte Männergestalt mit ihrer Höhe von 55 Metern und einer 35 Meter langen Keule in der Hand, ist wahrscheinlich noch älter, jedenfalls aber für unsere heutige Welt ein mehr als eindrucksvolles Kunstwerk. - Niemand wird je das exakte Alter feststellen können. Der nackte, mit erigiertem Geschlechtsteil dargestellte Keulenschwinger wird zum ersten Mal im Jahre 1774 in einer Schrift erwähnt, damals datiert in die Zeit zwischen 1641 und 1666, jedoch von den meisten ernstzunehmenden Forschern wesentlich älter eingestuft. Einige Kunsthistoriker und Vorgeschichtsforscher sprechen geradezu von einem altbritischen Herakles, ein Gegenstück zum Giganten aus der griechischen Mythologie. Es wird ferner angenommen, daß der römische Herakleskult unter Kaiser Commodus (180 - 193 n. d. Ztr.) während der Zeit, als die Römer Britannien beherrschten, nach England gekommen sei.

Ein zweiter in einen Felsen von Windower Hill bei Wilmington in Sussex eingeritzter Riese, der zwei gewaltige Stäbe in den Händen hält und daher als 'der lange Mann' und 'ein vorgeschichtlicher Landmesser' bezeichnet wird, der den obengenannten 'Herakles' in seiner Höhe von 70 Metern sogar noch übertrifft, wird auf etwa 500 v. d. Ztr. datiert. Jene beiden Giganten seien hier jedoch nur der Kuriosität halber neben den riesenhaften Pferden erwähnt, um zu zeigen, welch große Kunstwerke auch die alten Briten bereits zu schaffen vermochten, die ja - wie die Germanen und Nordleute - bis weit in unsere Zeit hinein üblicherweise für Barbaren gehalten wurden, zu denen die Kultur erst sehr spät, vom Orient und Mittelmeer, gekommen sein sollte.

Die Entdeckung, daß die Anlage von Stonehenge mit ihren mächtigen kreisförmig konstruierten Monolithen bis auf 3.500 v. d. Ztr. zurückzudatieren ist, wurde allmählich für viele zu einer Überraschung, die man nicht wahrhaben wollte, da dies ja auch ein Beweis dafür sei, wie hoch die Kultur dieser angeblichen 'Barbaren' hier oben im Nordmeer bereits vor etwa 4.000 Jahren entwickelt war, und wohl kaum davon die Rede sein kann, daß dieses riesige Sonne- und Planetenobservatorium ideologisch nach irgendwelchen morgenländischen Vorbildern geschaffen worden war. Steinblöcke von 25 Tonnen Gewicht über große Entfernungen heranzuschaffen und nach ganz exakten astronomischen Maßen auszurichten, so daß man nicht nur die Tage der Sommer- und Wintersonnenwende, sondern auch einen jeden Tag des Monats fixieren konnte, erforderte technische und astronomische Kenntnisse, die man von jenen Altvorderen bisher nicht anzuerkennen bereit war. Die Anlage des größten auf etwa 2.750 v. d. Ztr. datierten Grabhügels in Europa, Silbury Hill, des übergroßen neolithischen Steinringes von Avebury, sowie des bestbewahrten Ganggrabes von Newgrange auf Irland aus den Jahren um 3.000 v. d. Ztr. mit seinen langen Reihen von eingemeisselten, auf einen uralten Sonnenkult zurückweisenden Spiralen, die als Labyrinthenwege in das Reich des Todes gedeutet worden sind, sprechen allesamt von einer verblüffenden Kulturhöhe.

Nicht viel anders verhält es sich auch auf der anderen Seite des Ärmelkanales, wo aus über tausend hohen Monolithen geformt die nach astronomischen Gesichtspunkten ausgerichteten Steinreihen von Carnac und Menée, sowie der Steinriese von Locmariaquer in der Bretagne - mit seiner Höhe von 20 Metern - von wahrhaften Gigantenwerken aus jener grauen Vorzeit zu uns künden.

Auf britischem Boden sei auch noch eine Reihe von in Felsen geritzten Labyrinthen - insbesondere in Northumberland und Schottland - genannt, bei denen eine Radiale, vom Mittelpunkt ausgehend, drei bis sechs konzentrische Kreise durchzieht und auf diese Weise eine Art von 'Urlabyrinth' geformt wird. Steinkistengräber und Urnen, die jene Bildersteine umgeben, lassen diese in das Neolithikum, bzw. in die Bronzezeit verlegen. Auch ist damit der vorgeschichtliche Nachweis möglich, daß diese älter sind als jene, die wir auf den kretischen Münzen aus Knossos oder auf dem Krug von Tragliatella in Rom vorgefunden haben, ein weiteres Zeichen dafür, daß dieses Symbol durchaus aus dem europäischen Nordraum und nicht aus Südeuropa und dem Vorderen Orient stammt. Über hundert britische Rasenlabyrinthe, sehr oft 'Walls of Troy' (Trojawälle) und 'Troytowns' (Trojastädte) benannt, von denen ebenfalls einige auf Grund von archäologischen Funden in die Eisen- und Bronzezeit datiert werden, zeigen uns, daß hier sehr alte labyrinthische Traditionen vorhanden sind.

F. W. Knight meint bezüglich der römischen Herkunft des Labyrinthes: „Es ist nicht sicher, die Einführung des Labyrinths und seiner ritualen Übungen, wenn man an eine Verknüpfung mit den Morristänzen denkt, auf einen römischen Einfluß zurückzuführen. Eine solche Herleitung ist, in Bezug auf England, unwahrscheinlich, und kaum möglich in Nordeuropa, wenn man auch den Einfluß der Römer, welche die Labyrinthe sorgfältig vertreten haben, manchmal mit einem Minotauros oder einem Kentauren vielerorts, was den Kern der Sache anbelangt, nicht durchgehend ausschließen sollte." - Ein anderer Forscher, George Coffey, der die Frage des Ursprungs vorgeschichtlicher Symbole in Irland näher untersucht hat, sagt: „Der Einfluß skandinavischer bronzezeitlicher Ornamente scheint einen tieferen Eindruck auf Irland als auf Schottland gemacht zu haben."

„Es wäre interessant, all die Fälle zu registrieren und zu analysieren, wo Felder mit dem Namen Troy Town vorkommen...," unterstreicht W. F. Knight und meint dazu: „Es ist unsicher, die Einführung der Labyrinthe (in England, Anm. FH) und seiner Ritualpraxis, die man mit Morristänzen verknüpft hat, auf einen römischen Einfluß zurückzuführen. Viele Orte in Europa werden Troja oder ähnlich bezeichnet, weil sie mit Labyrinthen oder Labyrinthenritualen verknüpft werden. Troja von allen Orten der Welt hatte die meisten berühmten magischen Mauern der Welt."

Die meisten Rasenlabyrinthe Großbritanniens haben nur eine Höhe von einigen Zoll und sind mit wenigen Ausnahmen zirkulär. Die hier und da vorkommende Bezeichnung 'Julian's Bower' für britische Rasenlabyrinthe wird auf Iulus, einen Sohn des Trojaners Aeneas, zurückgeführt, der angeblich die Tradition der Trojaburgen mit sich nach Italien gebracht haben soll.

9. Trojaspiele und labyrinthische Tänze

Es wäre sicher ein sehr aufregender Anblick, wenn wir heute ein berittenes Trojaspiel altrömischer Art erleben könnten. Daß man ein solches Spiel, 'Ludus Trojae', das jahrhundertelang unter den Cäsaren abgehalten wurde, inzwischen vergessen hat, ist schwer zu verstehen, so eindrucksvoll wie uns dieses von Zeitgenossen geschildert wurde. Jene labyrinthischen Quadrillen waren jedoch damals an erster Stelle adeligen Jünglingen von sechzehn bis achtzehn vorbehalten und werden uns von Vergil in seiner 'Aeneis' überliefert:

„Als vor den Zuschauerreihen sie nun, und den Blicken der Ihren
Fröhlich vorübergetrabt, da gab den Bereiten ein Zeichen
Epytus' Sohn mit dem Rufe von fern und klatscht mit der Geißel.
Jene verteilen sich jetzt gleichmäßig und lösen den Heerzug,
Dreifach gesondert in Chör', und auf abermaligen Zuruf
Wenden im Laufe sie um und sprengen mit feindlicher Wehr an.
Andern Lauf nun nehmen sie vor und andern Rücklauf,
In den begegnenden Räumen und wechselnd mit Kreisen die Kreise,
Kreuzen sie sich und erwecken das Bild der gewappneten Feldschlacht:
Bald ist im Fliehen der Rücken entblößt, bald kehren sie feindlich.
Speere sich zu, bald ziehn sie geeinigt wieder in Frieden.
So wie das Labyrinth eh'mals auf der ragenden Kreta
In den Gewölben der Nacht und in tausendfältigen Gängen
Zweifel des Truges verbarg, wo leitenden Spuren zu folgen
Hindert ein unausspähbares, unrückgangbares Irrsal:
Ganz mit dem nämlichen Spiel verwirren die Söhne der Teukrer
Jegliche Spur..."

„Die Figuren," sagt hierzu Ernst Krause, „die bei dieser Aufführung geritten werden, haben mannigfache gelehrte Untersuchungen veranlaßt, allein bei der Geringfügigkeit der gegebenen Anhaltspunkte handelt es sich um willkürliche Annahmen, und alles, was man sagen kann, beschränkt sich darauf, daß es den jugendlichen Reitern darauf ankam, ihre völlige Beherrschung des Rosses darin zu zeigen, daß sie den sonst zu Fuße ausgeführten Waffentanz mit seinen geschlängelten Bahnen und kurzen Umwendungen nunmehr zu Pferde ausführten.

Der Reiz des Schauspiels aber beruhte offenbar darin, daß man konzentrische Reiterkreise sich wie bei dem deutschen Buhurd in entgegengesetzten Richtungen, der Stimme eines Führers gehorchend, nach einem sicheren Grundplan durcheinander bewegen sah, und daß sich die scheinbare Verwirrung dann ebenso plötzlich löste, wie wir dies in ähnlicher Art von den einzelnen Figuren des germanischen Waffentanzes erfahren haben."

„Es ist schade," fügt Krause hinzu, „daß das Buch des Sueton über die Schauspiele und Knabenspiele der Römer nicht auf unsere Zeit gekommen ist; denn in ihm war auch der Ursprung des Trojaspiels behandelt, wie uns Servius, der Ausleger des Vergil, bei der betreffenden Stelle mitteilt. Beide bezeichneten übrigens das Spiel einfach als Waffentanz (Pyrrhica) und erzählten, Kaiser Augustus habe den Teilnehmern am Trojaspiel je einen Helm und zwei Speere zu ihrer Ausrüstung geschenkt. Nero erteilte den Knaben, welche die Pyrrhiche in der Arena getanzt und dabei die kretische Labyrinthensage vorgeführt hatten, das römische Bürgerrecht (Sueton, Nero c. 12). Die Aufführungen des Trojaspiels dauerten, wie wir aus wiederholten Erwähnungen bei Dio Cassius und Herodian ersehen, als Fest- und Leichenspiel auch unter den späteren Kaisern fort; man nannte es aber nach dem Aussterben der Julischen Dynastie und der Mehrzahl der angeblich trojanischen Rittergeschlechter dann nicht mehr Trojaspiel, und statt der Jünglinge aus den trojanischen Geschlechtern wurde es jetzt von Soldaten oder Zirkuskünstlern geritten." [12)]

Obwohl das römische Trojaspiel, das von jungen Männern in labyrinthischen Bahnen schon seit der Zeit von Askanius - dem Sohne des Aeneas - zu Pferde geritten worden sein soll, hat man auch hiervon bis heute keine Spur einer solchen Anlage entdecken können. Eine Reihe altrömischer Patriziergeschlechter sowie das Haus der Julier, unter anderem Cäsar und Augustus, die alle stolz auf ihre trojanische Abstammung waren, nahmen jede Gelegenheit wahr, um an jenem Trojaspiel (ludus vel ludicorum) teilzunehmen.

Caligula und Nero setzten dann diese alte Tradition fort und ließen bei allen festlichen Anlässen jugendliche Reiter die Windungen des Labyrinthes entlangreiten. Vergil hat, wie bereits erwähnt wurde, uns in seiner 'Aeneis' vom römischen Trojaspiel berichtet, das aus Alba Longa, der Hauptkolonie der damaligen Trojaner auf italienischem Boden, nach Rom gebracht wurde. Das Spiel wurde bis in die Zeit des Honorius im Jahre 404 regelmäßig in Rom dargeboten. Die jungen Reiter, die daran teilnahmen, erhielten als Dank der Stadt das römische Bürgerrecht. Der deutsche Vorgeschichtsforscher Preller spricht von einem Tanz der römischen Jugend um die Altäre der Götter in allerlei verschlungenen Figuren, um dadurch den Beginn des Frühlings und gleichzeitig den Beginn eines neuen Kalenderjahres einzuleiten.

Dabei ist von Interesse, daß der Pferderitt durch das Labyrinth stets zu Ehren der Frühlingsgottheit Frutis vollzogen wurde, so wie man im germanischen Raum in einem Waffentanz jährlich die Befreiung der Sonne aus ihrer winterlichen Haft gefeiert hatte. Preller hat in seiner Studie über die römisch-germanischen Sonnenbegrüßungsfeiern die Ansicht vertreten, daß jenes römische Trojaspiel „seinen Namen einem altarischen, auch in Italien einheimischen Worte verdankt. Es mag immerhin von altem Ursprunge gewesen sein, aber sicher nicht von trojanischem."

Wenn auch kein direkter Zusammenhang zwischen dem römischen Trojaspiel und dem kleinasiatischen Ort Troja nachgewiesen werden kann, dürften doch die labyrinthischen Bahnen, in denen bei jenem Spiel der Römer geritten wurde, wie dies Oswald Claassen unterstreicht, die Assoziation mit Troja nicht ganz unberechtigt erscheinen lassen, da die Mauern Trojas eine 'schnecken- oder spiralförmige Form' aufgewiesen haben, die durchaus den Windungen eines Labyrinthes vergleichbar sind.

Daß aber eine enge Verbindung zwischen dem Symbol der Sonne und dem Pferde in Troja bestanden hatte, geht neben der Parallelität des Trojanischen Pferdes und der Helena - als

Verkörperung der Sonne - ebenfalls aus der schönen Heliosmetope hervor, die man in Troja ausgrub, auf der Helios - die Sonne - von einem Viergespann gezogen wird. Wie eng dieser Zusammenhang zwischen der Sonne und der Stadt des Helios (Ilion - Troja) gewesen sein muß, ersehen wir ferner aus der in Rom, wahrscheinlich seit der Zeit der Etrusker herrschenden Tradition, die dortigen Trojaspiele (den Trojatanz) zum Frühlingsbeginn stets mit dem Ancile durchzuführen.

Eine deutliche Übereinstimmung zwischen dem Sagengut Nordeuropas und demjenigen der alten Griechen bietet uns dagegen die Gestalt der Helena. Sie ist nämlich auch in der nordischen Sage eine in die Unterwelt entführte Jungfrau, die dann zu einem bestimmten Zeitpunkt befreit wird.

Es ist ferner bemerkenswert, daß Homer in seiner 'Ilias' (18. Gesang, Vers 590) schildert, wie der berühmte Schmied Hephaistos auf dem kunstreichen Schilde, den er für den trojanischen Helden Achill machte, einen Tanzplatz wie jenen darstellte, den Daidalos auf Kreta für Ariadne gebaut hatte, während Plutarch seinerseits von einem kultischen Tanz auf der Insel Delos erzählte, der mit der kretischen Ariadnesage zusammenhing und in labyrinthischen Irrgängen ausgeführt wurde. Da bekanntlich Delos zwischen Troja und Kreta liegt, ist dies als ein augenfälliges Bindeglied zwischen diesen beiden mit dem Labyrinthe erwähnten Orten zu betrachten. Delos wies, wie erst kürzlich bei einer archäologischen Grabung hervorging, seinerseits die Zeichnung eines Labyrinthes an einer Hauswand auf.

Plutarch hat (in Cato minor III) davon gesprochen, daß Troja einst als 'iera ippodamia', ein heiliges Hippodrom, bezeichnet worden war, was uns zeigt, daß hier offenbar das Pferd als etwas Heiliges gegolten hatte. Mit dem Wort 'ieros' war aber auch die magische Kraft 'mana' eng verbunden.

Der delische Geranostanz hängt wiederum mit der Ariadne-Legende zusammen, da sich dieser, wie Paolo Santarcangeli, der führende italienische Fachmann zu diesen Fragen, schreibt, „in zirkularen Bewegungen vorwärts und rückwärts abspielt und eine großartige Imitation der Krümmungen des Knossos-Labyrinthes darstellt."

Die 'Windungen des Helios' Homers auf Delos dürften nach Ansicht Ernst Krauses „im Grunde nichts anderes als solche Trojaburgen" sein. Pausanias, der große griechische Reisende der Antike, teilte mit, daß es Theseus, der Befreier Ariadnes aus dem Labyrinthe, war, der den labyrinthischen Geranostanz von Kreta nach Delos mitgebracht habe. Geranos war auf Kreta von Kindern getanzt worden, so wie es heute noch in den Labyrinthen des Nordens meistens Kinder sind, die man dort hüpfend, laufend, gehend oder tanzend beobachten kann, ohne daß sie selbst auch nur das Geringste über den Sinn dieser alten Steinsetzungen wissen.

Theseus hatte damals aber Ariadne, die Sonnengöttin, nicht mit sich nach Delos, sondern nach Naxos geführt, um dann allein nach Delos weiterzusegeln. Auf Naxos übergab er sie Dionysos, der Gottheit des Herbstes. - Theseus, der Sonnengott, befreite Ariadne aus der Finsternis des Labyrinthes und aus der Gewalt des menschenfressenden Minotauros, um sie dann wieder auf Naxos dem Gott des Herbstes und damit der neuen anbrechenden Finsternis anzuvertrauen. Welch eine schöne und tiefe Natursymbolik der griechischen Mythe! - Dann kehrte Theseus jährlich auf seinem Schiffe 'Theoris' zur Feier der Geburt Apolls nach Delos zurück. Überall auf der Insel wurden Feuer entzündet, Feuer, wie sie auch bei uns im Norden bei der Geburt der Sonne zur Osterzeit allerorts entfacht werden.

Wenn wir die labyrinthischen Tänze auf Kreta mit dem Frühlingskult zur Begrüßung der Wiedergeburt der Sonne in Verbindung setzen, so können wir das in noch viel höherem Maße bezüglich Delos tun, da es ja Apolls Insel ist, auf der er und seine Schwester Artemis der Sage nach geboren worden waren. Delos, früher auch Ortygia genannt, war eine Insel, auf der Apoll und Dionys sich gegenseitig in der Herrschaft ablösten.

Plinius behauptet, daß Delos vor der Bezeichnung Ortygia bei Homer auch Pyrpile hieß, da hier das erste Feuer entzündet worden war, das heilige Feuer des Sonnengottes. Flavios Philostratos hat uns mitgeteilt, daß z. B. die Insel Lemnos früher ihr himmlisches Feuer von Delos holen ließ, während Kallimachos in seiner Hymne auf Delos diese 'die lichtvolle Insel' nannte.

Ernst Krause leitet den Namen Delos von 'daio' = 'ich zünde an', bzw. 'dalos' = 'Feuerbrand' ab, unterstreicht aber, daß die Ableitung des Namens Delos von 'delos' = 'licht, hell', näher auf der Hand liegt und spricht von einem vorhomerischen Sänger namens Olenus, der von einem nordisch-blonden Volke auf jener Insel Apolls berichtet habe, welches auch den delischen Apollodienst gestiftet hätte.

Ob dagegen Krauses Ansicht über nahe Beziehungen zwischen Delos und der schwedischen Insel Gotland unter anderem auf Grund des Sonnenkultes berechtigt ist, dürfte wohl nicht zu beweisen sein, insbesondere da er von prähistorischen Zusammenhängen spricht. Daß aber dennoch Gemeinsamkeiten zwischen den alten Griechen und den nordischen Hyperboräern, von denen ja in den griechischen Mythen oft die Rede ist, möglich sind, ist kaum zu bestreiten. Die Wanderwege der griechischen Stämme vom Norden her - siehe Jürgen Spanuth - deuten dies an, aber auch die ausgeprägt nordischen Züge ihrer Götter, Helden und Sagen.

„Zunächst sei nur darauf hingewiesen," betont Ernst Krause ferner, „daß eine Sage von der Festlegung der Insel Delos durch Feuerzündung, obwohl sie, wie wir sahen, vorhanden gewesen sein muß, in historischen Zeiten nicht nach Norden gewandert sein kann, weil sie in keinem auf unsere Zeit gekommenen griechischen oder römischen Buche erhalten ist und weil der prunkvolle Apollodienst auf Delos sie völlig in Vergessenheit brachte."

Der Vergleich, den Krause hier zieht, betrifft Thielvar bzw. Thialvar, den sagenhaften Feuerbringer der Insel Gotland, der nach Ansicht einiger Mythologen mit dem Thialfi der Edda und mit Apoll, dem Sonnengott der Insel Delos, identisch ist. Weiters zieht Krause eine Parallele zwischen den labyrinthischen Geranostänzen von Delos und den labyrinthischen Steinsetzungen Gotlands, von denen sich 25 unter dem Namen von 'Trojaburgen' bis auf unsere Tage erhalten haben.

Was das von Jünglingen im Alten Rom gerittene Trojaspiel zu Ehren der Frühlingsgöttin anbelangt, kann darauf hingewiesen werden, daß dem entsprechend Jugendliche auch auf Kreta und Delos solche Labyrinthtänze zu begehen pflegten. Auch deutsche Dichter des Mittelalters, u. a. Neidhardt von Reuenthal, tanzten Anfang des 13. Jhdts. noch einen deutschen 'Troi- bzw. 'Troi-aldei-Tanz' zum Klange eines 'Troyerlais' genannten Tanzliedes zu Frühlingsbeginn. Es waren ursprünglich überall kultisch-religiöse Tänze, die mit dem Beginn des Frühjahrs zusammenfielen, deren Sinn aber später allmählich verlorenging.

Im Mittelalter wußte man auch nicht mehr, daß die alten Kreter diese Tänze zur Begrüßung der Frühlingssonne als astronomische Planetentänze bezeichnet hatten, und auch die englische Jugend zur Zeit Shakespeares hatte kaum noch eine Ahnung, weshalb man zur Zeit der Königin Elisabeth diese Frühlingstänze als 'Mohrentänze' (Morris-dance) benannte, die - wie Shakespeare berichtet - in 'sonderbaren Rasenlabyrinthen' getanzt wurden, während er die Tänzer als 'Trojaner' bezeichnete.

Wie stark die damalige englische Trojatradition, nach der sich die Briten selber als Abkömmlinge der alten Trojer fühlten, noch am Leben war, ersehen wir aus Shakespeare's 'Richard II.', wo die Ruine dessen königlichen Schlosses als 'Grundriß von Troja' - 'the model where old Troy did stand' - vorkommt.

Der altgriechische Frühlingstanz, der Geranos der Kreter und Delier, der auch dort in der Hauptsache von Kindern und Jugendlichen - als Verkörperung des neuen, sprießenden Lebens - getanzt wurde, pflanzte sich nicht nur in Skandinavien und dem übrigen Norden, sondern auch in anderen Ländern Europas fort.

Lars-Ivar Ringbom, ein bekannter schwedischer Labyrinthenforscher, hat in seiner Studie 'Trojaspiel und Kranichtanz' einen Versuch gemacht, etwas über den delischen Geranos und das Trojaspiel in Zusammenhang mit einer Darstellung der skandinavischen Frühlingstänze auszusagen, welcher wir hier einige Worte zur Ergänzung unserer eigenen Betrachtungen entnehmen:

„Ist ein Strich oder Band," fragt Ringbom, „auch bei Tänzen und Spielen in den Trojasetzungen benutzt worden? Diese Frage führt zu einer Untersuchung über das Vorkommen von Bandtänzen in Griechenland und in den nordischen Ländern. Der im Altertum berühmte Kranichtanz Geranos, der auf Delos zu Ehren Ariadnes aufgeführt wurde, war sowohl ein Bandreigen wie auch ein labyrinthenähnlich sich windender Tanz. Andere antike Angaben bestätigen das Vorkommen von Bandreigen bei den Griechen.

Verschiedene Nationaltänze im Süden und Norden, besonders die deutschen 'Bandltänze', berechtigen ihrerseits den Versuch, ein Tanzspiel mit der Trojaanlage als Tanzplatz und Bändern als Hilfsmittel zu rekonstruieren. Die Bilder zeigen, wie solche Spiele vielleicht ausgeführt werden konnten: es gilt für die Tänzer, das Band stets gespannt zu halten, was durch Herumwirbeln geschieht, wobei die Schnur um den Leib oder um den Arm auf- und abgewickelt wird. Dieser Art kann der berühmte Labyrinthentanz gewesen sein, den die Sage mit dem Labyrinth auf Kreta und mit Ariadnes choros verbunden hat. Vielleicht wurde gerade ein solcher Tanz auf dem großen Tanzplatz ausgeführt, das auf den von Arthur Evans wiederhergestellten Fresken aus dem Palast von Knossos dargestellt ist."

Die Trojaspiele und Trojatänze waren seit alters her so fest in großen Teilen Europas verankert, daß noch die Tochter König Gustav II. Adolfs von Schweden, Königin Christina, wie berichtet wird, in der Trojaburg (später 'Königin Christinas Labyrinth' genannt) von Kungsör mit den Söhnen des dortigen Pfarrers geritten ist.

Der schwedische Pastor Lungström hat noch Ende des vorigen Jahrhunderts mit den Kindern des Vartofta-Bezirks eine 'Troja' genannte Figur gezeichnet, „ohne den Ursprung dieser Bezeichnung zu erfahren." Er hat später dann noch als Erwachsener in der näheren Umgebung der Vångakirche ein Labyrinth gefunden, das man dort 'Trojaburg' nannte und welches „aus Rollsteinen von Kindskopfgröße angelegt" worden war. „Ich habe mich," sagt dazu der Pastor, „wiederholt nach dem Ursprunge dieser Labyrinthe erkundigt, konnte aber keine andere Auskunft erlangen, als daß dieselben sehr alt wären."

Ob man im Norden von der in einer Schlinge gefangenen Sonnenjungfrau, in England von Tierfallen sprach, in denen ein böser Drache gefangen gehalten wurde, und ob der Labyrinthentanz auf Kreta Feuertanz ('Pyrichia') oder auf Delos Kranichtanz (Geranos), bzw. in Altengland 'Morristanz' geheißen wurde, so haben sie alle doch eines gemeinsam: der tiefere hinter ihnen liegende Sinn war die Befreiung der Sonne aus ihrer winterlichen Haft und die Begrüßung des neu erwachenden Lebens zur Frühlingszeit.

Da man so gut wie überall die labyrinthischen Windungen von innen nach außen entlang hin tanzte, symbolisierte man somit stets die zur Zeit des Frühlings immer größer werdenden

Bahnen der wieder aufsteigenden Sonne. Bemerkenswert dazu ist nur, daß man in Troja selbst, das so vielen anderen labyrinthischen Anlagen und Tanzspielen seinen Namen geschenkt hat, bis heute kein Labyrinth hat entdecken können, so wie bis heute auch keine Abbildung eines solchen in Bezug auf Troja gefunden worden ist.

Bei dem Trojaspiel im Kleinen, das vermutlich als Knabenspiel in den von Plinius erwähnten Labyrinthensetzungen aufgeführt wurde, kann es durchaus so gewesen sein, daß die Reiter Knaben waren, die auf den Schultern eines anderen saßen. Mit Stricken versuchten diese dann einander aus dem Sattel zu werfen. Ein Spiel dieses Typs kann mit verschiedenen Volkstraditionen zusammengestellt werden. Als ein wirkliches Reiterspiel könnte es vielleicht auf die älteren mittelalterlichen Reiteraufführungen, die den Turnieren der Ritterzeit vorangingen, und auf die ältesten Formen des germanischen Buhurdreitens zurückgeführt werden. [13)]

Wir sprachen bereits von den Trojaspielen der römischen Adelsjugend, zu welchen noch die Frühlingstänze der Geistlichen kommen, der Schwerttanz 'Troa', bzw. 'Troja' der römischen Marspriester, bei denen auch der Reigen vom Zentrum des Labyrinths ausging. Auf dem Balkan finden wir bei den Serben den später 'Marienreigen' genannten Frühlingstanz, den man in einigen umliegenden Ländern auch 'St. Georgstanz' hieß. - Der Heilige Georg war ja wiederum ein Reiter oder Ritter, der mit einem Drachen gekämpft hatte, und dessen Tag der 23. April/Ostermond ist.

In den altenglischen Maienspielen erschien stets der Drache, der von einem jugendlichen Helden - oft St. Georg genannt - bezwungen wurde und der, wie der indische Indra, auch auf einem weißen Rosse saß. In der Schweiz pflegten hunderte von Jugendlichen, die von Hand zu Hand eine lange Kette bildeten, einen Frühlingsreigen zu tanzen, und im übrigen Deutschland vertrieb man, wie schon erwähnt, mit einem 'Trei-', bzw. 'Troitanz' die winterlichen Reifriesen.

Das walisische Wort für 'drehen' heißt 'troi', während 'troad' eine Drehung als solche kennzeichnet und wir in Kleinasien sowohl die berühmte Stadt Troja wie auch den Namen der sie umgebenden Landschaft 'Troas' finden. In Wales bedeutet die 'Cato-Droia' eine Trojaburg. Dem entspricht 'drehen' und im Lateinischen 'trouare'. Das zweimalige Auftreten des Namens 'Troja' in Italien dürfte eindeutig auf trojanische Kontakte, ob mit oder ohne Aeneas und Julus, hinweisen. Der altitalische Saliertanz wurde ja auch 'Troia' oder 'Troja-Tanz' geheißen, und diesen hatte, wie Plutarch berichtet, angeblich Sulla aus Samothrake, der Troja benachbarten Insel, mit nach Italien gebracht. Wohin wir auch in die antike Welt blicken, stoßen wir auf immer neue Hinweise auf das alte Troja, seine Mauern, seine Heiligung des Pferdes, auf Berichte über Achills mystische 'Umschleifung' der Mauern der Stadt mit dem toten Hector. Die 'Umschleifung' des Grabhügels von Patroklos mit Hector wird von einigen Mythologen als bloßer Totenkult gesehen, während der alte Name von Troja, Ilion, die Sonne - Helios - in gleichem Grade kennzeichnet wie der mit Troja verbundene Name der Helena und die Tausende hier gefundenen Hakenkreuze deutlich von einem Sonnendienst der hier einst wohnhaften Indogermanen künden.

Das Vorkommen des Namens Troja in der Edda (Gylfaginning 8) und die dortige Nennung eines alten trojanischen Fürstengeschlechtes, in dem sich - wie Snorri Sturlasson betont - 'Thórr' (Thor), bzw. 'Trór' auszeichnete, der Thrakien ('Thrudheimr' genannt) erobert hatte, weist auf nordischem Boden auf Zusammenhänge hin, die noch nicht endgültig geklärt worden sind, dagegen der ebenfalls in der Edda vorkommende Name 'Ägir' (Skaldskaparmál) deutlichere Verbindungen zur Ägäis, das Troja umgebende Meer, erkennen läßt. Während 'Tro' und 'Troin' in der Edda vorkommende Namen sind, 'Troan' dort als die Tochter des Königs Priamus genannt wird und ihr Sohn 'Tror' war, wird 'Troan' etymologisch als das lateinische Adjektiv von 'Troiane' gedeutet.

Neidhardt von Reuenthal vermerkt, daß Anfang des 13. Jhdts. die Deutschen einen 'Troi-aldei-Tanz' zum Klange eines 'Troyerlais' zu Frühlingsbeginn tanzten. Es waren überall ursprünglich kultische Reigen, die mit dieser Jahreszeit zusammenfallen, deren Sinn aber später langsam verlorenging.

In Deutschland, wo früher etwa vierzig Labyrinthe gelegen haben, ist bemerkenswerterweise der labyrinthische Tanz einige Jahrhunderte später in anderen Formen wieder ins Leben geweckt worden. So wurde in Stolp, wie es in einem Pommerschen Jahrbuch von 1784 heißt, zum Pfingstfest in einem 'Die Windelbahn' genannten Labyrinth feierlich der Frühling von den Jugendlichen eingetanzt, ein Fest, das alle drei Jahre wiederholt wurde. Dieses volle sechzehn Windungen umfassende Labyrinth dürfte, wenn man die von ihm noch vorhandenen Abbildungen mit einem Baum in der Mitte und einer Einrahmung von zwanzig weiteren Bäumen anschaut, unleugbar zu den schönsten Labyrinthen zählen, die man kennt. Es liegt auf einem Hügel des benachbarten fürstlichen Lustgartens, und hat in der Bevölkerung auch 'Windel- oder Wandelberg' geheißen. Pastor Magdalinski, der es näher beschrieben hat, berichtet, daß es jahrelang unter der Obhut einer Handwerkerinnung gestanden hat, die es auch pflegte. Wenn es sich auch um eine unter dem Herzog Croiy geschaffene Anlage gehandelt haben soll, wird von Magdalinski trotzdem angenommen, daß hier auch schon zuvor ein in Steinen ausgelegtes Labyrinth nordischen Musters vorhanden war, das einer Trojaburg entsprach. [14)]

Nachdem Jünglinge und Maiden den unter Musikbegleitung vollführten Tanz unter Anleitung eines Maigrafen beendet hatten, lief eine Schar von Kindern in das Labyrinth, um alle in dieses geworfenen Blumen aufzuheben - wieder ein Zeichen dafür, daß hier das Neuerwachen der Natur feierlich begangen wurde, wonach alle Teilnehmer in einer Prozession zur Stadt zogen.

In einem der Lieder, die dabei gesungen wurden, hieß es:

„Der Zweck auf diesem runden Plan
ist Tanz in unsrer Windelbahn.
Mit Freuden tanzte ich sie heut,
weil wir erlebt die schöne Zeit."

Der Maigraf sei hierbei, sagt Magdalinski weiter, als 'Vertreter der Sonne' aufgetreten, während die Tanzlinie selbst, die Sonnenbahn, von innen nach außen und von außen nach innen, für ein ganzes Jahr getanzt, verkörperte.

„Meine Behauptung geht nun davon aus," so Magdalinski abschließend, „daß wir in der Stolper Windelbahn nicht nur eine Trojaburg mit Sonnenbahnen des Jahres haben, sondern geradezu einen Jahreskalender...," womit ebenfalls eine offensichtliche Parallele zu den Steinkreisen des jahrtausendealten britischen Heiligtums und Sonnenobservatoriums von Stonehenge gegeben ist.

Eine ähnliche Frühlingsfeier wie in Stolp fand in Neustadt-Eberswalde noch Ende des 18. Jhdts. statt, wo auch ein heute zur Gänze verschwundenes schönes Labyrinth lag, während ein in Berlin an der Hasenheide gelegenes Labyrinth - 'Wunderkreis' genannt - zu Anfang des vorigen Jhdts. im Rahmen des unter dem Turnvater Jahn angelegten großen Sport- und Spielfeldes, wo gymnastische Übungen die Jugend ertüchtigen sollten, in sein Leibesübungsprogramm mit einbegriffen worden war.

Daß noch weitere labyrinthische Anlagen in Deutschland vorgelegen haben, ersehen wir aus den vielen Bezeichnungen der etwa vierzig betreffenden Orte mit 'Wunderkreis', 'Wunderberg', 'Zauberkreis' u. a. In ihnen allen sind, wie der dänische Labyrinthenforscher und

Dozent an der Dänischen Hochschule für Leibesübungen Henning Eichberg in einer Studie 1989 nachgewiesen hat, entweder Läufe oder Tänze ausgeführt worden, wobei der Verfasser noch auf eine Anlage ähnlicher Art in Prag hinweist - wo heute noch ein Wohnviertel 'Troja' heißt! - , die 'Tantz-Boden der Ertz-Zauberin Libussa' genannt wurde.

Dieser Name führt uns zu einer Reihe von steinernen Labyrinthen auf den Ålandsinseln hin, die 'Jungfrudans' (Jungfrauentanz) heißen und zeigt uns, daß auch in diesen einst getanzt worden ist. Da ein Fresko in der Kirche von Räntmaki bei Åbo in Finnland einen tanzenden Mann in einem Labyrinthe zeigt und ein anderes in der Kirche von Sibbo einen tanzenden Jüngling präsentiert, dürfte damit das nordische Tanzen in den Trojaburgen vollends dokumentiert sein. Ob dies nun jedoch unbedingt Traditionen sind, die auf die trojanischen Tänze in Rom zurückzuführen wären, kann mit Henning Eichberg bezweifelt werden, der eher die Ansicht vertritt, daß es sich hier im Norden und in Deutschland um eigenständiges und gewachsenes Brauchtum handelt.

Fassen wir zusammen, daß die römischen Trojaspiele von berittenen und zumeist auch mit Schwertern bewaffneten Jünglingen durchgeführt wurden, im Gegensatz zu den delischen Geranostänzen, ist durchaus die Frage berechtigt, ob es sich dann nicht in Nordeuropa tatsächlich um eine andere Sinngebung des Labyrinthes gehandelt haben könnte. Hier fällt nämlich das 'Kampfelement' weitgehend fort und die Tänze sind in der Hauptsache Freudenkundgebungen zur Begrüßung des Frühlings und zur Feier des Wiederaufstiegs der Sonne. Dies geht am deutlichsten aus einem in einen Felsen des nordspanischen Pontevedra gemeißelten Labyrinth nordischen Musters der Bronzezeit hervor, in dem man eine nur tanzende Gestalt erblickt, wohl eine der ältesten bekannten Abbildungen der Kunstgeschichte eines Tanzenden.

Touristen, die während ihres Sommerurlaubes Stockholm oder die alte schwedische Hansestadt Visby auf Gotland besuchen, können in der schönen Trojaburg am Nordrand Visbys und deren Prototyp im Stockholmer Nationalpark Skansen mit ziemlicher Gewißheit Scharen von Kindern beobachten, die freudvoll jauchzend die hin- und herlaufenden Windungen dieser Labyrinthe entlanglaufen. Das gilt auch für die vielen anderen Steinsetzungen dieser Art, die über das ganze Land verteilt sind, denn die Labyrinthe mit ihrem geheimnisvollen Sinn haben nach wie vor die Jahrhunderte hindurch nicht an Popularität verloren. Und es sind nicht nur Kinder, sondern auch Jugendliche und sogar Erwachsene, die vom Zauber dieser Labyrinthe gefangen werden.

Henning Eichberg hat nun vor Jahren die Labyrinthentradition in seine Tätigkeit als Sportprofessor mit einbezogen und neben zwei neueren Anlagen dieser Art - in Tulstrup und Rönshoved - in Lejre, sowie auf dem Berge Bavnebanke, Gerlev, im Rahmen der Gerlever Sportakademie von Seeland, steinerne Trojaburgen mit elf Windungen und einem Durchmesser von fünfzehn Metern anlegen lassen, in denen seine Studenten, eine lange Kette bildend, im Stil der färöischen Tänze singend zu tanzen pflegen. Das ist ein wirklich bemerkenswertes Unternehmen gerade für unsere Zeit, wo normalerweise - beim 'modernen' Tanz - ein jeder für sich, und zwar ohne Berührung seines Partners, seine individuellen Bewegungen macht. Diese Wiederbelebung uralter Traditionen wird künftig sicher noch weiteren Anklang finden, schon in Anbetracht des heute immer stärker werdenden Interesses der Völker der Welt für alte 'Symbole' an sich, die ja gleichzeitig allesamt Heilszeichen sein sollten. Prof. Eichberg, der ein profunder Kenner der Labyrinthe Süd- und Nordeuropas ist, schätzt, daß sich jährlich nicht weniger als 30.000 Kinder und Jugendliche im Labyrinth von Lejre tummeln, die anderen dänischen Labyrinthe gar nicht mitgerechnet.

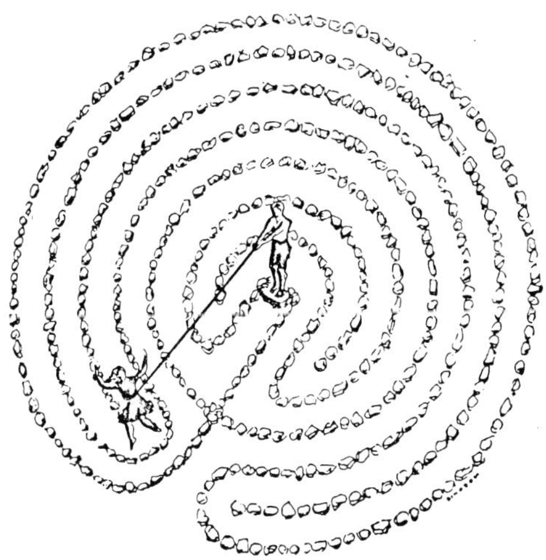

Jungfrudans.

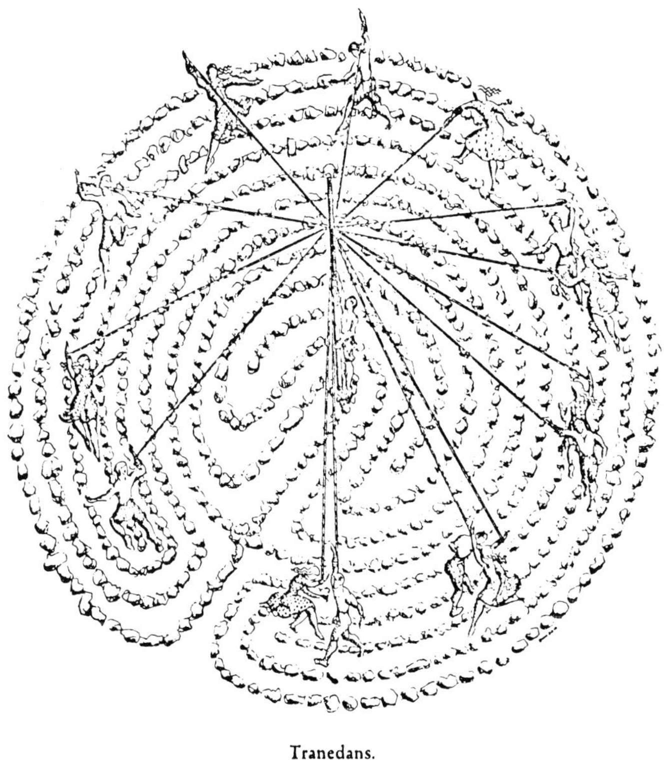

Tranedans.

Abb. 4: Nordische Trojaburg, sowie Tanzmotive; Lars-Ivar Ringbom: Trojalek och tranedans. Finskt Museum. XLV, 1938, Seiten 95 u. 102.

III.

LABYRINTHENTYPEN

In den obigen Kapiteln ist sowohl von 'Labyrinthen' wie 'Trojaburgen' die Rede gewesen. Es ist dabei auch darauf hingewiesen worden, daß die hier genannten ägyptischen und kretischen Labyrinthe, mit Ausnahme einiger auf Münzen des kretischen Knossos geprägter Labyrinthensymbole, als Irrgänge betrachtet werden können, wie der Leser solche u. a. in England, Frankreich und Italien beim Besuch von Schloßgärten finden kann. Es ist nur zu bedauern, daß diese vielen und oft nur zur Belustigung und Zerstreuung von Aristokraten angelegten Labyrinthe auch den Bedeutungssinn von 'Irrgärten' bekommen haben, obwohl das Symbol als solches doch viel tiefer greift und Wesentlicheres beinhaltet. Damit der Leser sich, bevor wir einen Blick auf die Ausbreitung des Labyrinthes und einiger mit ihm zusammenhängender Mythen werfen, einen Begriff über die Konstruktion dieses Sinnbildes machen kann, wollen wir eine kurze Übersicht über die verschiedenen Arten von Labyrinthen geben.

1. Das Urlabyrinth

Das Urlabyrinth bekommen wir, wenn wir eine Reihe von konzentrischen Kreisen ziehen und diese dann vom Mittelpunkt her mit einem Strich durchkreuzen. In Felsen oder auf größere Steine gemeißelt, wie in England und Schottland, bildet dann der Mittelpunkt ein sogenanntes 'Fettnäpfchen', während die Ringe und der Querstrich im Stein gehauene Rillen bilden. In der Vorzeit haben mit ziemlicher Sicherheit die konzentrischen Kreise die sinkenden und zunehmenden Bahnen der Sonne, der wohl wichtigsten Lebensspenderin, versinnbildlicht.

2. Spiralen-Labyrinthe

Ein Blatt windet sich in Spiralen aus der Finsternis des Bodens ans Licht. Kein Wunder, daß der Mensch der Frühzeit diesen fundamentalen Entwicklungsgang des Lebens dann auch in seinen Kunstschöpfungen wiederzugeben versuchte. Bei zahlreichen Naturvölkern, so z. B. in Indien und bei den Maoris auf Neuseeland, finden wir immer wieder anläßlich bestimmter Zeremonien mit Spiralmustern gezierte Gesichter oder Körper. Spiralen - als ein kosmisches Urbild - kommen aber auch in ähnlichen Formen in unserem Kulturkreis vor, denken wir dabei nur an die mannigfachen Dekorationen altgriechischer Schalen und Krüge. Schon Dante, der Dichter der italienischen Renaissance, sprach davon, daß 'sich die Sonne in Spiralen windet', wie die Hellenen einst von einem Helix, einem kosmischen Schraubengang der Sonne, zu sprechen pflegten. Dieser Grundgedanke war natürlich auch den Megalithikern der älteren Steinzeit in Europa nicht unbekannt.

„Die Spirale ist ein Labyrinth," meint auch Karl Kerényi, hält aber die Spirale nicht für eine Entwicklungsform aus konzentrischen Kreisen. „Die lebendige Anschauung," betonte er, „spricht entschieden dagegen, daß die laufende Spirale aus konzentrischen Kreisen weitergebildet wäre. Werden konzentrische Kreise mit anderen ähnlichen durch eine quer gezeichnete Tangente verbunden (wie beim sog. 'Urlabyrinth', Anm. FH), so will das Auge eine Doppelspirale sehen." [15)]

Abb. 5: Ur-Labyrinthentypen: Felsskulpturen von Old-Bewick-Hill (Nordhumberland).
Nach G. Tate in 1/27 Größe

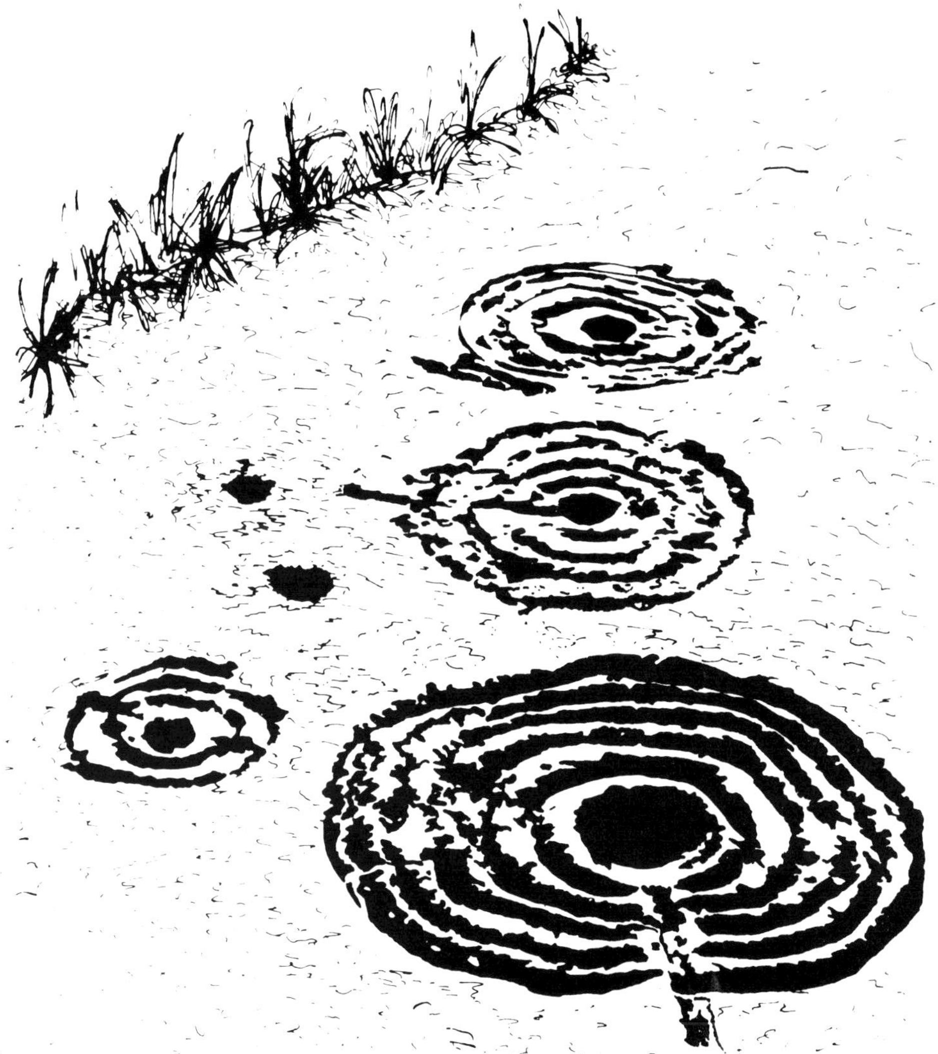

Abb. 5: Ur-Labyrinthentypen: Konzentrische Kreise mit Näpfchen und „Zugangslinien" auf einer Felsplatte im Weetwood Moor, Northumberland.

Anschließend weist Kerényi darauf hin, daß die Spirale seines Erachtens einen Übergang zum Labyrinth, aber auch zum Mäander, einem besonders in der Antike äußerst beliebten Symbol, mit sich bringe, und zwar zunächst als Spiralmäander, dann als Mäander selbst, wie wir ihm bereits in vielen Formen auf altgriechischen Vasen begegnen. Seiner Meinung nach stammt die Spirale, der Mäander und auch das Labyrinth des Kruges von Tragliatella im Grunde aus vorgeschichtlichen Perioden, aus einer 'menschlichen Urzeit'.

Die Spiralen, die der Mensch in der Pflanze, bei Schneckenhäusern sowie in anderen kosmischen natürlichen Formen seit jeher beobachtet hatte, finden wir im europäischen Kulturkreis bis in den Kaukasus hinein. Hier muß noch erwähnt werden, daß eine Reihe nordrussischer Labyrinthe einen ausgeprägt spiralhaften Charakter zeigen. Der Kranichtanz von Delos, der Geranos, fand seinerseits in spiraligen Windungen statt und sollte eine Versinnbildlichung von Theseus' Abstieg in das kretische Labyrinth und der darauffolgenden glücklichen Wiederkehr aus dem Dunkel ans Licht darstellen. Der Tanz fand zu Ehren Apollos, des Lichtgottes, statt. Einige Forscher haben auch davon gesprochen, daß jenes heute verschwundene knossische Labyrinth einst ein ausgeprägter Spiralgang gewesen sei.

Schließlich sind ja auch die im alten Babylon auf Tontäfelchen geritzten sogenannten 'Eingeweidelabyrinthe' aus den Jahren um 1.000 v. d. Ztr. nichts anderes als Spiralen, wenn sie auch Eingeweide von Tieren symbolisieren sollten, mit deren Hilfe damals die Priester Prophezeiungen zu machen pflegten, während eine eckig geritzte Spirale der 'jugoslawischen' Vinca-Kultur - datiert in die Jahre zwischen 5.300 - 3.500 v. d. Ztr. - wohl zu den ältesten bekannten Symbolen jener Art der Menschheit zählen dürfte. Eine Spirale kann aber, da sie offen und nicht abgegrenzt ist, nie als ein wirkliches Labyrinth im nordeuropäischen Sinne angesprochen werden. Als Tanzform hingegen war sie, wie heute noch vielerorts in der Welt, ein durchaus leicht konstruierbares und auch begeh- und tanzbares Muster.

3. Nieren- und hufeisenförmige Labyrinthe

Diese Art von Labyrinthen finden wir hauptsächlich im nördlichen Rußland vor. Der russische Forscher Anatolj A. Kuratov hat diese sehr prägnant erklärt: „Man zog zunächst zwei Spiralen auf den Boden, wobei die eine in die andere lief, und entwand sie vom Zentrum her nach außen. Dann öffnete man die äußeren Zirkularlinien (fünf links und sieben rechts) und verband vier von diesen auf der einen und sechs auf der anderen Seite miteinander. Das Muster ergab dann ein hufeisenförmiges Labyrinth und einen breiten Zugang.“ [16)]

Im Gegensatz zu jenen etwas flacher und ovaler gezeichneten Labyrinthen der Bolshoi Zaiatski-Insel des Solovetskij-Archipels sind diese in einer etwas abgewandelten Art und Weise konstruiert. Hier kann man dieselbe 'Umwindung' der Spirale verfolgen, jedoch mit der Ausnahme, daß nur eine einzige Linie gezogen wurde. Man fixierte zunächst ein Zentrum auf dem Boden, von dem aus eine ungebrochene Spirale so gezogen wurde, daß sie regelmäßig vom Mittelpunkt zur Peripherie zu erweitert wurde. Nachdem nun die Spirale auf dem Boden entworfen worden war, suchte sich der Baumeister den Punkt des äußeren Zirkels aus, wo der Eingang zum Labyrinthe liegen sollte. Hier wurde die Spirallinie radial vom äußersten zum inneren Zirkel unterbrochen. Schließlich mußten dann noch die Linien der Zirkel miteinander verbunden werden, um zwei hufeisenförmige Figuren, die eine in der anderen liegend, zu bekommen.

Astronomisch betrachtet, mag es dazu von Interesse sein, daß der Vorhof der nordrussischen Labyrinthe (nach einer Mitteilung des russischen Labyrinthenforschers von 1883) immer nach Süden zu offen ist. Die Süd-Nord-Richtung war bekanntlich die früher übliche himmelskundliche Grundrichtung der 'Nordleute'. Sowohl das Thing, die Grundrisse der Häuser und der Siedlungen und die Gräber wurden danach ausgerichtet und angelegt.

Die russischen Labyrinthe waren oft aus mächtigen Steinen gelegt, so daß zu ihrer Anlage viele starke Männer notwendig waren, und sie daher durchaus als Schöpfungen einer größeren Gemeinschaft angesehen werden müssen. Man vermutet, daß diese Steinsetzungen für kultische Zwecke benutzt wurden. Da sie in einigen Fällen - besonders auf den Solovetskij-Inseln - in der Nähe von Dolmen und Menhiren lagen und man in ihrer Nähe vorgeschichtliche Funde machte, werden diese Labyrinthe in die Steinzeit datiert. Als Kuratov jene imposanten spiraligen Labyrinthe besuchte, mußte er unwillkürlich an Parallelen bei den Indianern der Polarzone Nordamerikas denken, so daß er von einer sie kennzeichnenden gleichartigen Ideologie sprach.

Es ist noch wichtig zu sagen, daß eine Reihe russischer Labyrinthe 'Babylone' genannt werden. Ob diese Bezeichnung auf die babylonischen Eingeweidelabyrinthe zurückzuführen ist, hat jedoch bis heute noch kein Forscher eindeutig nachweisen können. Es heißt, daß man in diesen oft 'Fischfallen' symbolisieren wollte, die den Fischern einen guten Fang bescheren sollten, während das Betreten der hufeisenförmigen Anlagen des Nordens Glück im allgemeinen bringt, da ja das Pferd in diesen Breiten immer schon ein heiliges Tier war und fest in den Mythologien eingebunden ist. Diese Labyrinthe hatten in einigen Fällen Durchmesser bis zu zwanzig Metern und konnten aus etwa zweitausend größeren Steinen bestehen, die teilweise in den Erdboden versenkt waren. Insgesamt liegen heute noch ungefähr sechzig Labyrinthe verschiedener Bauarten auf nordrussischem Boden vor, hauptsächlich im Gebiet von Murmansk, in Karelien, um Archangelsk, am Weissen Meer, an der Barents-See und auf den schon genannten Solovetskij-Inseln.

4. Die Trojaburgen

Bei der Trojaburg, der klassischen knossischen Form, handelt es sich stets um ein kreuzförmiges Umlauflabyrinth mit einer variierenden Reihe von Gängen. Dieser Typ ist neben Visby in Schweden vor allem in Nordeuropa, Kreta und Italien (Tragliatella) bekannt.

Um diese Labyrinthform zu bekommen, müssen die verschiedenen Kreislinien, die wie beim Urlabyrinth gekreuzt sind, in einer bestimmten Weise miteinander verbunden werden, wie dies aus unserer Abbildung der 'Kunst des Labyrinthenzeichnens' hervorgeht.

Das Labyrinth besteht dann, wie Lars-Ivar Ringbom erläutert, „aus stellenweise unterbrochenen, stellenweise miteinander verbundenen Kreisen, welche ein Kernzentrum umgeben und sieben, elf oder fünfzehn an der Zahl ausmachen, falls man den Kern selbst nicht mitrechnet. Tritt man in diese Formation, wird man durch die windelnden Gänge zum Zentrum geführt, ohne daß man hierbei weder einer Wegsperre noch Einbahnwegen begegnet."

Man erzielt dabei eine Figur, die dem klassischen Muster der Trojaburg von Visby und so vielen anderen Steinkreisen dieser Art entspricht. Wir wollen dazu noch Ringbom einiges über den Bauplan dieser Labyrinthe sagen lassen:

„Es ist nicht allzu leicht, ohne weiteres die Figurenform im Gedächtnis zu halten und diese sozusagen mit freier Hand zu entwerfen. Der Gedanke sucht ein Schema, eine Hilfsfigur oder ein Prinzip irgendeiner Art als Stütze für das Gedächtnis und gleichzeitig als einen Ausgangspunkt der Konstruktion. Abgesehen von den Theorien, welche die Entstehung der Labyrinthenfiguren im allgemeinen betreffen, z. B. die Hypothese des Orientalisten E. Hommel, daß alle Labyrinthfiguren dieser Art auf die wie Wahrzeichen erscheinenden bedeutungsvollen Windungen der Eingeweide von Opfertieren zurückzuführen seien, und hält man sich nur zur 'Normalfigur' der Trojaburg, sind, so weit dies uns bekannt ist, drei verschiedene Erklärungen über ihre figurale Entstehung beschrieben worden." [17]

Der deutsche Symbolforscher Wilhelm Meyer versuchte im Jahre 1882 auf eine sehr sinnreiche Weise die Trojafigur auf eine längliche und doppelte Mäanderfigur zurückzuführen, die er sich als zusammengerollte oder zusammengefaltet vorstellte. Wenn die Trojafigur auf eine bestimmte Weise entfaltet wird und ihre gebogenen Linien gerade und rechteckig gemacht werden, erhält man nämlich ein Muster des Mäandertyps, wobei jedoch dieser Mäander keineswegs irgendeine Handleitung beim Formen der Figurengestalt selbst gibt. Die Erklärung ist allzu ausgeklügelt und allzu geometrisch, um für den Trojaburgbauer von praktischer Bedeutung sein zu können.

Glaubwürdiger wirkt dagegen zunächst die Deutung, die unsere Figur auf eine Gruppe von konzentrischen Zirkeln zurückleitet. In mehreren kleineren sorgfältigen Beschreibungen der Trojaburgen werden diese sogar als Kreise geschildert, die ineinandergelegt worden sind. Ernst Krause trug 1893 den Gedanken vor, daß ein Radius, der eine konzentrische Kreisgruppe durchschneidet, zum Grundplan der Trojaburg geführt habe. Eine einfache Änderung der Enden der Kreise am Radius genügt, meinte er, um die typische Trojafigur zu finden. Ein Blick auf Krauses Illustrationen zeigt uns aber, daß dies nicht der Fall ist.

Die berühmte Trojaburg von Visby ist wie viele andere vom 'Winkeltyp' und kann, wie der schwedische Symbolforscher Simon Nordström sagt, so geformt werden, daß „man zunächst zwei gerade Linien zeichnet, die einander winkelrecht schneiden, worauf man in jeden Quadranten einen rechten Winkel zeichnet und in jeden Winkel einen Punkt zwischen die Winkelschenkel setzt. Dann vollendet man das Labyrinth, indem man Verbindungslinien gemäß unserer Abbildung zieht. Der Typ kann unter verschiedenen Variationen auftreten, z. B. indem man in einen jeden der genannten vier Winkel noch einen rechten Winkel zeichnet u.s.w., aber auch durch verschiedene Formen der Verbindungslinien (wie z. B. rechtwinkelig gebrochene Linien, so daß das Ganze die Erscheinung einer Sammlung konzentrischer Rechtecke oder Quadrate erhält) und dadurch, daß man die Punkte, die paarweise miteinander verbunden werden sollen, auf verschiedene Weise miteinander kombiniert."

Beim konzentrischen Labyrinth sind die Ringe aus gleichförmigen, konzentrischen Linien gebildet, die an gewissen Stellen unterbrochen sind, während die beiden parallel mit der unterbrochenen Linie laufenden Seitenlinien durch eine Querlinie miteinander verknüpft sind. „Dieser Typ," schreibt Nordström, „kann unter verschiedenen Variationen auftreten, z. B. in Form variierbarer konzentrischer Ringe, durch verschiedene Formen derselben - wie Ovale, Quadrate oder Achtecke, anstatt der in der Figur verwendeten Zirkel - und durch verschiedene Plazierungen und eine verschiedene Auswahl an Querlinien."

In allen echten Trojafiguren schneidet die radiale Linie beinahe rechtwinklig eine der Windungen und bildet dort eine Kreuzform. Die Windung an jener Kreuzung wird in Krauses Figur durch ein schräges Verknüpfen des vierten Zirkels (von außen gesehen) mit dem fünften dargestellt. Wird dieser Fehler nicht korrigiert, müssen alle Zirkel verrückt werden. Da jedoch nicht eine einzige Windung der fertigen Formation mit einem Zirkel zusammenfällt, sondern einen kontinuierlich abnehmenden (oder wachsenden) Radius aufweist, ist es ausgeschlossen, daß eine größere Trojaburg, die mit Steinen gelegt oder in einem Graswall geformt worden ist, von konzentrischen Kreisen ausgegangen ist. Wenn solche konzentrischen Kreise als Bauplan beim Anlegen einer Trojaburg nicht hilfreich sind, haben sie wahrscheinlich auch keine Rolle bei der ersten Konstruktion dieser Formen gespielt. Es ist etwas anderes, daß gewisse Typen der englischen Troja-Graswälle und der französischen Kirchenlabyrinthe deutlich mit einem Zirkelmuster als Plan angelegt worden sind und sich daher auch wesentlich von der echten Trojaburg unterscheiden.

Tafel 1. Die Trojaburg bei Wisby

Abb. 6: Die Trojaburg von Visby, Gotland, Schweden; W. Pastor, Der Zug vom Norden 1906, Seite 1.

„Könnte man nachweisen," sagt dazu Ringbom, „daß diese einen älteren Typ vertreten, so wäre dies unleugbar eine Stütze für Krauses Theorie. In Wirklichkeit sind sie jedoch ohne Zweifel jünger und vielleicht von der eigentlichen Trojaburg hergeleitet worden. Krause stützt auch nicht seine Deutung auf diese, sondern weist statt dessen auf die eigentümlichen konzentrischen Figuren mit einem einschneidenden Radius hin, die zu Hunderten auf Steinen, Menhiren und Cromlechs im Norden Englands eingraviert und sicherlich aus einer vorhistorischen Zeit herzuleiten sind."

Wenn auch diese Kreisfiguren nie eine Labyrinthenform annehmen, ist er dennoch der Ansicht, daß sie in ihrer Eigenschaft als Vorläufer der eigentlichen Trojafigur dafür sorgen, daß diese ursprünglich in England entstanden ist. Die Hypothese eines englischen Ursprungs verliert jedoch ihre wesentliche Unterstützung, wenn man beweisen kann, daß die Trojafigur gar nicht von einer Gruppe konzentrischer Kreise ausgeht. Eine dritte Erklärung der figuralen Entstehung des Trojamotivs findet man in dem schon von J. R. Aspelin 1877 aufgezeigten Zusammenhang mit einem bis in die neueste Zeit bewahrten Zeichenspiel, 'dem Labyrinthenzeichnen'.

Es ist schon gesagt worden, daß es neben den runden auch rechteckige Labyrinthe gibt. Während die skandinavischen, britischen, schottischen, irischen, baltischen und deutschen Labyrinthe so gut wie ausnahmslos zu den runden Umlauflabyrinthen zählen, sind die meisten Labyrinthe der Antike (auf einer Anzahl von knossischen Münzen, im Casa del Laberinto von

Pompeji, in Brindisi, Taormina, Sousse/Tunis und im römischen Kaiserpalast auf dem Palatin) rektangulär gestaltet.

„Der runde Umgang macht seiner Form nach einen einheitlicheren, ursprünglicheren Eindruck als das normale eckige Umgangslabyrinth," meint dazu der deutsche Labyrinthenforscher Richard Eilmann. „Es ist daher unwahrscheinlich, daß die Rundform aus der eckigen hervorgegangen ist."

IV.

DIE KUNST DES 'LABYRINTHEN-ZEICHNENS'

Der schwedische Philosoph Emmanuel Swedenborg pflegte oft in einem in seinem Stockholmer Garten angelegten Labyrinth zu gehen und zu meditieren. Er hat immer wieder betont, wie wohltuend und geistentspannend dieses Wandeln auf sein Gemüt gewirkt habe. Im Laufe der Jahre wurde dieses allmählich zu einem meditativen Kraftzentrum, von dem er nicht mehr ablassen wollte, bis seine Pflichten ihn nach London führten, wo er verstarb. Damals in Stockholm konnte er es jedoch nicht wissen, daß jemand in England nach seinem Tode ihm den Kopf abschneiden würde, um den berühmten Schädel an Phrenologen zu verkaufen, während sein eigener durch einen fremden Kopf ersetzt wurde. Erst vor einigen Jahren wurde Swedenborgs richtiges Haupt wieder entdeckt und der Sarg in die Domkirche von Uppsala überführt, wo der Denker und Religionsstifter dann seine endgültige Ruhestätte fand. Will man nun - wie Swedenborg - sein eigenes privates Labyrinth anlegen, kann man in folgender Weise verfahren:

Man geht von einer Kreuzform aus. Ein Winkel wird in jede Ecke des Kreuzes gezeichnet und ein Punkt in jeden Winkel gesetzt. Um diesen Kern werden dann Verbindungslinien gezogen, wie wir es auf unserer Abbildung sehen. Das Ergebnis ist eine typische Trojafigur. Falls nur ein Winkel in jeder Ecke des Kreuzes vorliegt, erhält man sieben Kreise, sind es zwei Winkel, werden es elf, bei drei Winkeln fünfzehn Windungen usf.

Dieses - eigentlich - Kinderspiel des Zeichnens, wie es früher auch in schwedischen Schulen üblich war, gibt uns ohne Zweifel einen einfachen und vortrefflichen Bauplan zum Anlegen von Trojaburgen. Ihre windelnden Gänge, ihre ganze 'Architektur' wächst somit ohne jegliche Mühe - wie von selbst - aus dem einfachen kreuzförmigen Schema heran. Es ist sicher nicht allzu gewagt, dieses Spiel der Kinder auf alte Traditionen zurückzuführen. Diese Hilfszeichnung, die sicher seit jeher von den Erbauern der Trojaburgen verwendet worden ist, hat als Zeitvertreib bei Generationen von spielenden Kindern des Nordens überlebt.

Es gibt kaum einen müheloseren Bauplan für eine Trojaburg, man erzielt dabei jedoch nur das Figurenmotiv, nicht die streng regelmäßige Form mit ihren gleichbreiten Gängen und parallelen Kreisen.

Auch in Bezug auf die Form bedarf der Trojaburgenbauer einer Stütze, ähnlich einer Skizze in Bleistift, mit dem man 'ein Labyrinth zeichnen' möchte. Man greift gern nach dem Hilfszirkel, um die Linien zu regulieren, aber nur zum Teil mit Erfolg. Zielführender ist vielmehr der 'spiralenzeichnende' Schnurzirkel. Dieser gibt uns eine regelmäßige Form, die einer Trojafigur bei weitem näher steht als eine Gruppe konzentrischer Kreise. Das hat schon Ringbom erkannt.

Für alle jene, die selbst ein Labyrinth anfertigen wollen, gibt er den Rat, „ein 8 - 10 Meter langes Band im Zentrum einer werdenden Trojaburg auf einem Felde oder auf einem Berge zu befestigen. Das andere Ende des Bandes wird dann um den Arm gewickelt, wobei man dann mit erhobenem Arme elf Windungen um das Zentrum geht. Hierbei windet sich das Band um den Arm, während der Radius kontinuierlich verkürzt wird. Wo man nun entlang geht, wird eine Spirallinie gezogen, die leicht zu einer Trojaburg abgeändert werden kann, wie dieses aus der Abbildung hervorgeht."

Ringboms Darstellung der vom Spiel der Kinder hergeleiteten Kunst des Labyrinthenzeichnens ist so einleuchtend, daß sie kaum weiterer Erläuterung bedarf.

Anatolj A. Kuratov ist, was die Konstruktion des kreuzförmigen Umlauflabyrinths anbelangt, ähnlicher Meinung wie Ringbom: „Dr. L. I. Ringbom wies," sagt er, „auf eine Ungenauigkeit hin, die sich in Krauses Rekonstruktion eingeschlichen hatte: die kreuzweise Übertragung der Radiallinien und derjenigen der Kreise müssen in allen Fällen perpendikular sein, während Krause sie in einen betont akuten Winkel setzt." - Neben den genannten sind hier noch die pferdehufeisenförmigen, sowie verschiedene andere gemischte Labyrinthtypen zu verzeichnen.

Baupläne der klassischen Labyrinthe

Der am meisten über Zentral- und Nordeuropa verbreitete Labyrinthentyp ist der klassische, der neben jenem Raume auch im Mittelmeergebiet, Indien, und hier und da auf amerikanischem Boden vorliegt.

Eine der Ursachen dafür, daß jenes Labyrinth sich über 3000 Jahre lang erhalten konnte, dürfte in seiner einfachen Konstruktion zu finden sein: in der Grundfigur mit einem Kreuze, Winkeln und Punkten in diesen, die leicht zu errichten ist.

Man verknüpft paarweise die einzelnen Elemente der Grundfigur durch Bogen, indem man zunächst das Kreuz mit einem der Winkelenden verbindet. Wir erhalten dann eine 'Buckelschaltung' der ursprünglichen Methode, was davon abhängt, in welche Richtung man schaltet, so daß man entweder eine Rechts- oder Linksprojektion des Musters erzielt.

Daraufhin versieht man die Grundfigur mit mehreren Winkeln in jedem Sektor. Die klassischen Labyrinthe werden daher oft als solche vom Winkeltyp genannt, mit 1, 2 oder 3 Winkeln in jedem Sektor. Mancherorts ist auch von einfachen, doppelten und dreifachen Labyrinthen die Rede.

Anfangs wurde dieselbe Anzahl an Winkeln in einen jeden Sektor plaziert, späterhin auch eine paarweise verschiedene Anzahl eingeführt.

Die letzte Entwicklungsform besteht darin, daß das Kreuz in 2 Winkel aufgelöst wird, so daß man durch das Labyrinth gehen kann, ohne umkehren zu müssen. Das Zentrum wurde dann mehr und mehr ausgeprägt, bis dieses zu einer zweiarmigen Spirale verwandelt wurde.

Abb. 7

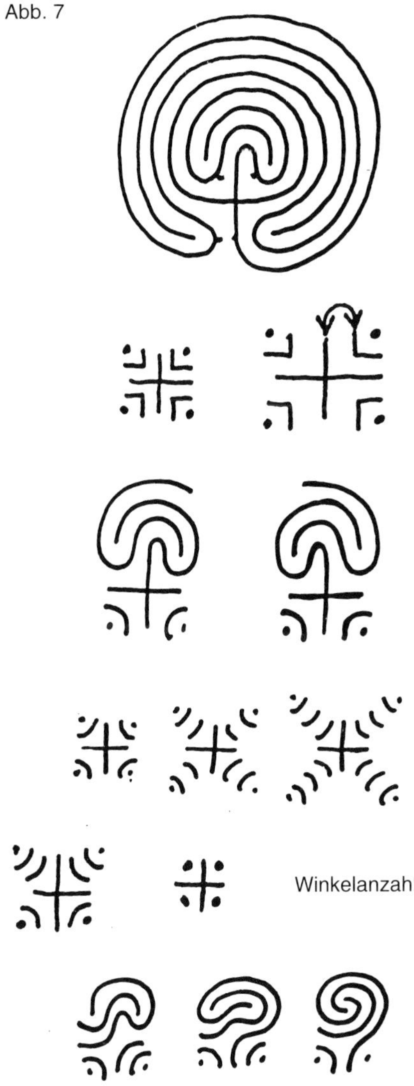

Abb. 7 - 9: Die Kunst des Labyrinthenzeichnens. Bo Stjernström, Dokumentation och Klassificering. Stockholm, Jan. 1982.

Die üblichsten klassischen Labyrinthenvariationen und deren wichtigste Kennzeichen

Die Grundvariante

Die überwiegende Anzahl an Feldlabyrinthen ist vom klassischen Winkeltyp mit einer Buckelschaltung und einem Bogensystem. Die Mehrzahl von diesen hat ein oder zwei Winkel in jedem Sektor, d. h. 8 oder 12 Wälle. Manchmal kommen 16 Wälle vor, was aber dann auch die obere Grenze der Konstruktion ist. Die untere Grenze steht bei 4 Wällen, wobei das Labyrinth winkellos ist. Einige buckelgestaltete Labyrinthe sind auch mit einer verschiedenen Anzahl an Winkeln im oberen und unteren Teil konstruiert, die dann auch meistens in 6 - 10 oder 14 Wällen resultieren.

Bei einigen buckelgestalteten Labyrinthen vom Winkeltyp ist das Kreuz in 2 Winkel aufgelöst worden, so daß ein Durchgang unmittelbar in das Zentrum des Labyrinths geöffnet wurde, mit der Möglichkeit zu einem Rundgang, im Unterschied zum ursprünglichen Rückkehrwege.

In einer noch extremeren Entwicklungsphase ist das Zentrum so geplant worden, daß dieses zwei wogenförmigen Spiralarmen ähnelt. Das ganze Labyrinth ist dadurch wesentlich breiter geworden im Verhältnis zur Höhe über dem Eingang, und ist auf Grund seiner äußeren Form als ein 'Nierentyp' bezeichnet worden.

Man kann das buckelgestaltete Labyrinth auch in einen inneren und äußeren Teil zergliedern, wobei die oberen Winkel den Umfang des inneren Teiles und die unteren Winkel den Umfang der äußeren Wälle bestimmen.

Abb. 8: Die Kunst des Labyrinthenzeichnens; Stjernström, a. a. O.

The Glastonbury Tor Labyrinth

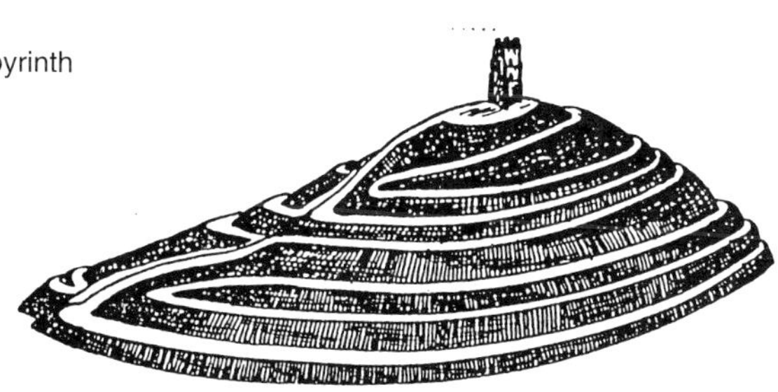

Labyrinthische Wallburg-Schemen mit dem Berglabyrinth von Glastonbury Tor.

Abb. 9: Die Kunst des Labyrinthenzeichnens. Labyrinthische Wallburg-Schemen mit dem Berglabyrinth von Glastonbury-Tor; Caerdroia 14/1984.

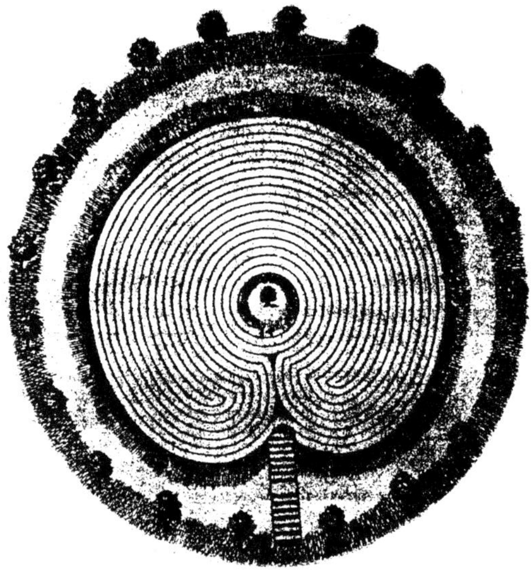

Zu Seite 49 der Pomm: Archivs No. III ⋆. 1784

Windelburg in Stolp in Pommern, 1784 Aufn. Ber. (6)

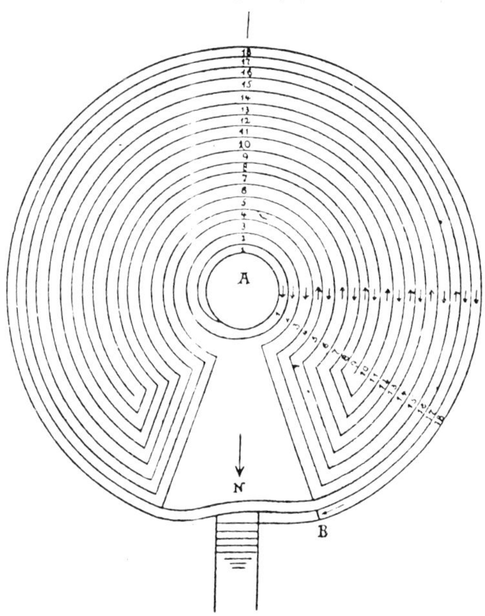

Abb. 10: Die Windelbahn von Stolp in Pommern; G. Magdalinski, Seite 198.

V.

DAS LABYRINTH IN ASTRONOMISCHER SICHT

Es ist bereits angedeutet worden, daß einige Symbolforscher das Labyrinth, und zwar hauptsächlich in seiner nordisch-germanischen Trojaburgform, auf eine Beobachtung der Sterne und Planeten zurückgeführt haben.

Angesichts des hohen Standes der altbritisch-nordischen Himmelskunde wäre es nicht überraschend, wenn ein neolithisch-bronzezeitliches Symbol wie das Labyrinth, dem wir nicht nur in Form von Felszeichnungen, sondern auch in Gestalt großer, oft tief in den Erdboden verankerter Steine begegnen, auch seinerseits einen Zusammenhang mit der Sternkunde unserer Altvorderen aufweist. Der Mensch jener Frühzeit hat jahrtausendelang die Sonne, den Mond, die Planeten und übrigen Sterne mit einer erstaunlichen Schärfe beobachtet. Braucht es da noch Wunder zu nehmen, wenn einige moderne Labyrinthenforscher die größeren und kleineren Windungen der Trojaburgen mit den länger und kürzer werdenden Tagesbogen der Sonne in Verbindung bringen und als eine Spiegelung der Sonnenbahnen erkennen?

Friedrich Hirsch, einer der letzten großen deutschen Forscher auf diesem Gebiet, sagt, die Windungen der Trojaburgen betreffend: „Nur die Tagesbogen, die rechtsläufigen Gänge 'gelten', die 'unsichtbaren' Nachtbogen werden in kunstvollem Spiel bald außen, bald innen geführt, und das 'Wunder' besteht darin, daß trotzdem die Tagesbogen in regelmäßiger Folge von außen nach innen führen, bis mit dem letzten innersten Tagesbogen der Festplatz in der Mitte erreicht wird. Denn die Trojaburg - auch das wird immer übersehen - führt nicht zum Ausgang zurück, sie endet in der Mitte.

Die Sonnenschlinge ist, wie Ernst Krause richtig gesehen hat, das urtümlichste Winterbild des hohen Nordens und gehört als solches den ältesten mythischen Schichten überhaupt an. Ehe wir sie genauer betrachten, müssen wir uns noch einmal die Sonnentagesbogen ansehen, wie sie in der Nähe des Polarkreises zu Mittwinter am Südhimmel erscheinen.

Von Tag zu Tag sichtlich kürzer, bis schließlich die Sonne nur noch als glutvoller Ball und ganz zuletzt als strahlender Punkt für wenige Minuten genau in der Südmitte auftaucht, um dann - allerdings nur nördlich des Polarkreises oder hinter hohen Bergen - ganz zu verschwinden.

Ich habe diese flachen Tagesbogen für den Polarkreis von 10 zu 10 Tagen um die Sonnenwende herum astronomisch genau betrachtet und unter Berücksichtigung der Lichtbrechung, die sie besonders in Horizontnähe und direkt unter dem Horizont noch etwas anhebt und so den Bogen noch mehr abflacht, an der Unterkante des Trojaburgblattes (siehe Abbildung der Trojaburg von Visby auf Gotland) aufgezeichnet. In der Tat ist diese Verkürzung, die in 20 Tagen den Horizontwinkel der Tagesbogen von 60 Grad auf 30 Grad, also um 55 Sonnenbreiten vermindert, recht augenfällig, aber einer Trojaschnecke sehr unähnlich. Sie gleicht vielmehr genau einer flachgeworfenen, schnell nach der Mitte zusammengezogenen Schlinge. Wo Menschen der Frühzeit im hohen Norden den Winterhimmel betrachteten, da mußte sich dieses Winterbild einstellen, und es berührt seltsam, daß Ernst Krause bei seiner Durchforschung der indogermanischen Mythen zwar die parsischen 'Druja' und ihren Obersten, den Fallensteller 'Druja' gefunden hat, nicht aber das nördliche Gegenstück." [18])

Hirsch führt dazu das Märchen von 'Schneewittchen und den sieben Zwergen' an, in dem bekanntlich die böse Stiefmutter dreimal gegen das schöne und lichte Mädchen zum Angriff ging - in Form eines ihr übergebenen buntseidenen und geflochtenen Schnürriemens, bei dessen Zuziehen Schneewittchen beinahe den Atem verliert, in Form eines vergifteten Kammes und in Gestalt eines vergifteten Apfels, durch den sie schließlich für einige Zeit einen Scheintod erleidet.

„Wir sehen also sogar," sagt Hirsch hierzu, „wie sich die Schlinge mit mehreren Rucken schließt, was sich ja am Himmel mit Tagesunterbrechungen in einer Folge kürzer werdender Tagesbogen vollzieht."

Nachdem er dann auch den 'Simsonmythos' des Alten Testaments ('mit den wiedererwachenden Locken - oder Strahlen - kehrt die Kraft zurück...') und das 'Nessosgewand' des griechischen Helden Herakles in Betracht gezogen hat, das den Sonnenhelden erwürgt, wonach dieser dann als reine Flamme wieder aus dem Reich des Todes aufsteigt, betont Hirsch, der - wie Alexander Thom und Rolf Müller - eine Reihe von bemerkenswerten astronomischen Fixierungen (in Goor auf Rügen) gemacht hatte, abschließend über die himmelskundlichen Hintergründe der Trojaburgen:

„Willy Pastor meint, die Sonnenbewegung biete im hohen Norden vom Hochsommer bis zur Wintermitte das Bild einer ständig erweiterten Spirale. Das Wiederengerwerden der Sonnenkreise vom Herbst bis zum Winter sei im Norden nicht zu erkennen, weil von den Winterkreisen zu wenig sichtbar sei.

Also eine optische Täuschung. Wenn es Winter wird, dann werde die Sonne in die äußersten, größtenteils verdeckten Windungen 'hinabgeschleift', ihr Gefängnis ist also irgendwo am äußersten verdeckten Rand der Spirale. Bei ihrer Befreiung werde sie aus den äußersten Windungen in die Mitte zurückgeholt und so 'das Himmelsfeuer auf den Weltenberg herabgezaubert'. So wäre dann der Berganstieg der Befreiungsfeier gerettet und - sämtliche Trojaburgen auf den Kopf gestellt. Also mit der Bergwallfahrt ist hier nichts erklärt, und zudem - immer wieder muß das gesagt werden - ist sie in der verschlungenen Form der Trojaschnecke undurchführbar, ja geradezu verrückt widersinnig.

Kein Wunder, daß bei so widersprechender Auffassung zweier sonst so genialer Finder neuere Gelehrte an der Sommerlaufdeutung verzweifelt sind und uns nun wieder mit 'magischen Baumumkreisungen' und ähnlichen Phantasien beglücken. Gewiß ist dies: Das verschlungene Gebilde kann nur als Spiel auf freier Fläche verstanden werden; es ist auch nur so überliefert. Die Windungen führen bald nach außen, bald nach innen und würden bei Hügelumschreitung sinnwidrige Abstiege, bei einer Talumschreitung sinnwidrige Aufstiege bedingen.

Diese verspielte Linienführung hat den Deutern immer wieder den Gedanken an magische Absicht eingegeben, und sie ist auch ein wahres Zauberkunststück. Wenn das Volk diese Schnecken Wunderkreise nennt, so spricht es damit sein Entzücken an dem anmutigen Spiel aus, und der ganze, von der gelehrten Welt plump mißverstandene 'Zauber' besteht eben in der Überraschung, daß die Schnecke trotz der immer neuen 'widersinnigen' Windungen doch in die Mitte führt." [19])

Und weiter führt Hirsch dazu aus: „Zunächst hat Willy Pastor auch die optische Täuschung in ihr Gegenteil umgestülpt. Sie beruht auf der Schrägstellung unseres Horizontes zur Himmelsdrehung. Bei richtiger Betrachtung der Sonnenbogen längs des Himmelsäquators ist die Abkehrung der Sommer- und Winterbogen leicht zu erkennen. Der Himmelsäquator selbst erscheint dabei, wenn wir nach Süden blicken, als waagerechte Linie. Unser Blick aber wandert waagerecht um den Himmelsrand und schätzt die Sonnenbogen nur nach ihrer steigenden oder fallenden Höhe über dem Horizont. Dabei wird die Abkehrung der Winterbogen nach Süden richtig erkannt, weil bei den kurzen Bogen das perspektivische Bild sich nur wenig vom Rundblick, dem sogenannten Panorama, unterscheidet.

Schwer ist schon, die gerade Linie des Äquators oder der Tagesbogen der Frühlings- und Herbstgleichen zu erkennen, noch schwerer die um den Himmelspol gezogenen Sommerkreise. Der Trugschluß ist recht natürlich. Wenn die Sonne auf- und untergeht und mittags oben steht, so kehrt sie ihren Kreisbogen dem Süden zu. Selbst in ziemlich hohem Norden, zum Beispiel auf Rügen, wo der Sommersonnwendbogen dreiviertel des Horizontes 'überspannt', verfallen wir dieser Täuschung. Als 'innerster' Bogen erscheint der Wintersonnwendbogen, und als 'äußerster' der Sommersonnwendbogen.

Auch am Polarkreis ist es kaum anders, nur schrumpft hier der Wintersonnwendbogen fast bis zum Punkt im Süden. Selbst gebildete Leute haben, wie ich immer wieder festgestellt habe, Schwierigkeiten, die voneinander abgekehrten Winter- und Sommerbogen perspektivisch richtig zu sehen. So dürfen wir diese optische Täuschung auch für die früheste Himmelsbetrachtung voraussetzen. Nur aus dem waagerechten Rundblick um den Horizont, nur im hohen Norden und nur in *sehr* früher Zeit kann sich in der Tat die Vorstellung der Sonnenschlinge gebildet haben, die wir im Schneewittchen-Simson-Herakles-Mythos wiedergefunden haben, und sie kann sich nur in der Mitte schließen, eben am Südpunkt des hochnördlichen Horizonts, wie Ernst Krause richtig gesehen hat."

Friedrich Hirsch vertritt in seiner Labyrinthenstudie 'Der Sonnwendbogen' eine andere Meinung zu Ernst Krauses Theorie von der Trojaschnecke als einer Sonnenschlinge, wenn auch, wie er betont, „die Sonnenschlinge... das urtümlichste Winterbild des hohen Nordens ist und als solches den ältesten Schichten überhaupt angehört." - Wir wollen im folgenden Hirsch selbst noch einmal in dieser Frage näher zu Worte kommen lassen:

„Den Namen Troja deutet er (Krause, Anm. FH) aus der indogermanischen Wurzel ter = drehen, ein Vorschlag, der heute allgemein angenommen ist, erinnert aber auch an das alt- und mittelhochdeutsche Wort druh = heute Drauche, worunter freilich eine Klappfalle zu verstehen ist, und erwähnt eine altertümliche und seltene Form der Otternfalle, die wir hier, nach dem von ihm herangezogenen Buch, abbilden, um zu zeigen, wie wenig Ähnlichkeit diese Falle mit dem Schneckenlabyrinth hat. In diesem sieht er eine Nachbildung der in nördlichen Gegenden am Mittagshimmel zum Mittwinter hin ständig kürzer werdenden Tagesbogen, die die Sonne immer enger einschließen, also, kurz gesagt, der nur im Norden zu beobachtenden winterlichen Sonnenschlinge."

„Wenn wir," hebt Hirsch weiter hervor, „etwa den Windungen der Trojaburg von Visby auf Gotland nachfahren, so werden wir überhaupt feststellen, daß nur die linksherum, also gegen die Sonnenbewegung führenden Windungen bald außen, bald innen laufen, dagegen die sonnenläufigen Rechtsgänge sich regelmäßig von außen nach innen verjüngen...

Man hat sich nur an die Schnecke gehalten und die Trojaburg als 'Drehburg', als Tanzplatz erklärt. Das mag sprachlich einwandfrei sein, verfehlt aber den Sinn und kann vor allem die Form nicht erklären. Bei dieser Deutung wird der wesentlich zur Trojaburg gehörende gerade Eingang übersehen, der fast in die Mitte der Trojaburg hineinführt.

Trojawälle der nordischen und der schottischen Felszeichnungen haben einen geraden Strich von außen zum Mittelpunkt, quer über alle Ringe hinweg, und die Ringe sparen deutlich den Platz für ihn aus, sind nicht über ihn hinweggezogen. Ein gerader Weg führt zu der Schnecke heran. Es muß also, wenn die Trojaburg ein Tanzspiel wurde, ein Hindernis dagewesen sein, das den Kreisgang in vollen Ringen unmöglich machte. Dieses Hindernis ist der Zugang von außen, es setzt sich aber auch in der Mitte fort. Besonders schön sehen wir es an der Trojaburg von Visby, wie sich die letzten Windungen zu beiden Seiten um den langgestreckten Auslauf in der Mitte herumlagern."

„In jedem Falle handelt es sich," sagt Hirsch dann zusammenfassend, „um fast vollständige Umkreisungen, und das schließt nun wirklich Ernst Krauses Deutung als Sonnenfalle aus. Die zum Mittwinter sich täglich verkürzenden Tagesbogen am Nordlandhimmel sind ganz flach gestreckt und haben mit den Kreisen der Trojaburg keine Ähnlichkeit."

Hirsch vertritt dann die Ansicht, daß der in Zusammenhang mit der Trojaburg oft genannte Drache und das Schneckenlabyrinth selbst nichts anderes als dasselbe darstellen. „Wo in der Sage ein Drache die Jungfrau bewacht," betont er, „da fehlt das Labyrinth, und wo in der Sage der Drache fehlt, da ist stets ein Zauberschloß, ein Schneckenverlies da, und ein alter Mann oder, wie in der Kretasage, ein stierhäuptiger Riese hält die Jungfrau gefangen. Das 'Schneckenverlies' und der Drache sind *nachträgliche* Deutungen des alten nicht mehr verstandenen Schneckenzuges."

„Entscheidend ist aber, daß eine Troja nun einmal nicht aus konzentrischen Kreisen besteht und daß sie nach allen Trojamythen ein winterliches Bild, also eins von der südlichen Himmelskugel und nicht vom Nordhimmel sein muß. Die Deutung Reuters und Spanuths ist zwar sprachlich einwandfrei, wird aber nur dem Wort und nicht dem Bewegungsbild gerecht; sie übersieht, daß die Troja den winterlichen Sonnenweg und nicht die Himmelsdrehung nachspielt."

Der Ergänzung halber sei auch eine entsprechende Beobachtung von Julius Schwabe notiert: „Die Plattform eines Turmes diene uns als Warte. Ein Jahr lang beobachten wir dort die Sonnenauf- und -untergänge und merken uns genau den jeweiligen Punkt am Horizont, wo das Gestirn, genauer, der obere Rand seiner Scheibe sichtbar wird bzw. verschwindet. Wir werden dabei feststellen, daß am längsten Tage die Abstände dieser Punkte von Süden, am Horizont gemessen, die sogenannten Morgen- und Abendweiten, am größten sind. In der Folge nehmen sie beständig zu, zuerst fast unmerklich, allmählich, gegen die Herbstnachtgleiche immer stärker. Um den 22. September geht die Sonne genau im Osten auf und im Westen unter. Von da ab werden die Morgen- und Abendweiten immer noch kleiner, anfangs sehr fühlbar, zuletzt fast unmerklich bis zum kürzesten Tag. Sonnenaufgang und -untergang haben jetzt ihre größte Annäherung an den Südpunkt erreicht. Nach etlichen Tagen des Stillstandes (Wintersolstitium) fangen die Morgen- und Abendweiten wieder an zu wechseln, alles vollzieht sich nun in umgekehrter Ordnung, bis sie, am längsten Tage, ihr Maximum wieder erreicht haben. Die Sonne beschreibt im Lauf eines Halbjahres ein System räumlich gelagerter Bogen, von denen einer immer kleiner ist als der andere, einer im anderen liegt, wenn man sie in eine Ebene projiziert.

Das alles konnte schon der Mensch der späten Eiszeit beobachten; und es steht außer Zweifel, daß er mit den allereinfachsten Mitteln es beobachtet und festgestellt hat. In der altkretischen Kunst z. B. erscheinen Systeme von konzentrischen Halbbogen als Ornament auf den ältesten Vasen, die man in Gurnia und Vasiliki gefunden, bezeichnenderweise geraume Zeit, bevor die Spirale und die konzentrischen Vollkreise auftauchen.

Wollte man nun das kosmische Spiralsystem baulich nachbilden, so konnte man seine schräge Lage wie beim Tierkreis aus technischen Gründen nicht berücksichtigen. Man mußte es in die Horizontale drehen und dasjenige, was in Wirklichkeit räumlich ist, in die Fläche projizieren. Auf solche Weise kamen eben die Trojaburgen und Heckenlabyrinthe zustande.

Nein, die Idee zahlreicher Irrgänge, aus welchen der Ausweg nicht mehr zu finden ist, ward durch den Anblick des Sonnenweges selber eingegeben. Als der Mensch den Lauf der Sonne systematisch zu verfolgen begann, mußte es seine höchste Befriedigung erregen, wie unfehlbar sicher der feurige Ball durch die hundertundzweiundsechzig Windungen des Jahrlaufes hinab- und wieder hinauffand.

Bei den flachen Nachbildungen (der Trojaburgen, Anm. FH) wird der Abstieg in die Tiefe lediglich durch die Annäherung an das Zentrum ausgedrückt, und das kann, namentlich für den zwischen Herbstpunkt und Frühlingspunkt liegenden Sonnenweg nicht befriedigen. In der Grundstellung 1 bis 6 liegt ja gerade diese Strecke ganz unter dem Horizont, in voller Finsternis. Dieser Umstand führte zu der Fiktion, daß die winterliche Hälfte der Spirale unter der Erde verlaufe und in der Folge zum Bau unterirdischer Spiralgänge.“ [20)]

Wir haben hier einige der bedeutendsten Vertreter der astronomischen Gesichtspunkte in Bezug auf das Labyrinth näher zu Worte kommen lassen, um uns so einen Vergleich und einen besseren Überblick über die verschiedenen Theorien zu ermöglichen.

Sowohl H. Magdalinski, H. F. Massmann, Ernst Krause, Willy Pastor, Julius Schwabe und Friedrich Hirsch haben sich alle mehr oder weniger eingehend mit dem Sinn der Reihenfolge der Labyrinthenwindungen befaßt, der Bedeutung von Tages- und Nachtbogen, der Verjüngung der Gänge zur Mitte des Labyrinths, mit der himmelskundlichen Ausrichtung der Trojaburgen und den Spiegelungen der Winter- und Sommersonne in Kreisen, d. h. mit anderen Worten: mit den astronomischen Zusammenhängen und Deutungen der Gangfolgen und Ganglängen. Sie alle hier näher anzuführen würde den Umfang des Buches zu sehr ausdehnen. Ein paar kurze Vergleiche mögen genügen.

Die deutschen Labyrinthenforscher Pastor und Magdalinski haben folgende Schlußfolgerungen aus der Gangfolge einiger Labyrinthe gezogen:

Pastor sagt: „Mein Besuch der Insel Gotland fiel in den Juni, die Zeit des höchsten Sonnenstandes also. Das herrliche Schauspiel der nordischen Sommersonne, deren Schein in diesen Breiten nie ganz verglimmt, läßt sich an wenigen Punkten Südskandinaviens wohl so deutlich verfolgen wie gerade auf Gotland. Als ich nun eines Nachts die Windungen der Trojaburg abging, und immer, wenn der Weg mich von Westen über Norden nach Osten führte, zum glühenden Kimm hinsah, fiel mir eine merkwürdige Beobachtung auf: die Wege Westen-Süden-Osten waren bald länger, bald kürzer; die Wege Westen-Norden-Osten jedoch schienen sich in großer Regelmäßigkeit zu verjüngen. Ich sah genauer zu und fand meine Regelmäßigkeit in vollem Umfange bestätigt. Man vergleiche die Abbildung (d. H. des Labyrinths von Visby auf Gotland, Anm. FH). Beziffern wir die Gänge vom Umkreis zum Mittelpunkt.

W.-S.-O. laufen der Reihe nach die Gänge
5/3/1/11/9/7;

W.-N.-O. laufen
2/4/6/8/10/12.

Man sieht, die zweite Reihe gibt eine genaue Verjüngung nach dem Mittelpunkte hin. Da diese sich verjüngenden Gänge nun durchaus dem Laufe der Sonne folgen, so war Krauses Annahme, in den sich verengenden Kreisen der Trojaburgen seien die immer kleineren Bogen der steigenden Sommersonne angedeutet, mindestens für diesen Fall erwiesen.

Ich prüfte die übrigen Trojaburgen, soweit sie zugänglich geworden sind, in Krauses Trojawerk, sowie in der Anhangschrift über den Krug von Tragliatella ('Die nordische Herkunft der Trojasage, bezeugt durch den Krug von Tragliatella, eine dritthalbtausendjährige Urkunde', Glogau 1893). Nirgends eine Widerlegung, lauter Bestätigungen. Die Münze von Knossos und der Krug von Tragliatella stimmen genau überein.

W.S.O.: 3/1/7/5
W.N.O.: 2/4/4/6

Im Falle der Windelbahn von Stolp in Pommern sind die astronomischen Zusammenhänge nicht minder bemerkenswert. Magdalinski betont, auf die Abbildung jener Windelbahn hinweisend, daß die rechts herum in der Windelburg getanzten Windungen die Sonnenbahn bei Tag, die links herum kreisenden die Nacht symbolisieren, wobei sich dann folgendes Schema der Tanzlinien und mit diesen der kalendarische Zusammenhang zum Jahreslauf der Sonne ergibt:

Siehe dazu auch Abb. Nr. 10, Seite 64

Schema I

Rechts herum Tag	Links herum Nacht	
1 + 2		1 Monat ohne Nacht
3	+ 16	
5	+ 14	3 Monate, in denen Tag kürzer als Nacht
7	+ 12	
9	+ 10	1 Monat, Tag und Nacht gleich
11	+ 8	
13	+ 6	3 Monate, in denen Nacht kürzer als Tag
15	+ 4	
17 + 18		1 Monat ohne Nacht
		9 Monate

Schema II

(von außen begonnen):

Rechts getanzt		Links getanzt	
Tag		Nacht	
-		18 + 17	1 Monat nur Nacht
4	+	15	
6	+	13	3 Monate, Tag kürzer als Nacht
8	+	11	
10	+	9	1 Monat, Tag = Nacht
12	+	7	
14	+	5	3 Monate, Tag länger als Nacht
16	+	3	
-		2 + 1	1 Monat nur Nacht
			9 Monate

Zählen wir zusammen, so ergeben sich 18 Monate, und zwar:

2 Monate mit ununterbrochener Nacht,
6 Monate, in denen der Tag kürzer als die Nacht,
2 Monate mit Tag- und Nachtgleiche,
6 Monate, in denen die Nacht kürzer als der Tag,
2 Monate mit ununterbrochenem Tage.

„Hieraus möchte ich," sagt Magdalinski dann, „schließen, daß das Fest seine Heimat im hohen Norden, jenseits des nördlichen Polarkreises hat."

Und weiter heißt es dazu: „Ob nun dort im hohen Norden einst 21 Bäume den Ringwall und die Mitte geschmückt haben, erscheint mir sehr fraglich, ebenfalls, ob selbst in Stolp in ältester Zeit Bäume (Linden?) dort gestanden haben. Werden es nicht 21 Steine gewesen sein? Es ist gar nicht ausgeschlossen, sondern eher wahrscheinlich, daß die Sonnenbahn in einen Steinkreis gefaßt war. Wir haben dann in Stolp das Bild der schönsten bisher bekannten Trojaburgen. Weist doch auch der Name darauf hin, und 'Windelburg' ist eine Verdeutschung von 'Trojaburg' : troja, troje, retro, retour, ist mit drehen = sich wenden, sich winden doch stammverwandt."

Magdalinski vertrat auch die Ansicht, daß diese Stolper Windelbahn nicht nur eine Trojaburg mit Sonnenbahn des Jahres, sondern geradezu mit einem Jahreskalender zu tun hätte. Die 20 Bäume oder Steine bezeichneten dann die Tage der Monate, die 18 Kreise die 18 Monate. Der Priester hatte es somit leicht, das Datum abzulesen, Tag- und Nachtgleiche zu bestimmen, ebenso die Sommersonnenwende. Tag für Tag trug er ein Zeichen von Stein zu Stein. Waren die 20 Steine zu Ende, war stets auch der Monat zu Ende, er merkte den nächsten Kreis an. Von Kreis 18 und Stein 20 mußte er zurückkehren, bis er wieder im Mittelpunkt der Bahn angelangt war, dann waren 18 Monate mit je 20 Tagen = 360 Tage, also ein Jahr verflossen.

Magdalinskis Berechnung der Tanzlinien in ihrem Verhältnis zur Zeitfolge, d. h. dem Verlauf des Jahres in der Sicht einer Trojaburg, läßt uns hier unwillkürlich eine Parallele zum astronomischen Hintergrund des Observatoriums von Stonehenge in England ziehen, dessen Trilithen - Blausteine, Sarsen- und Aubreyringe - es einst den alten Briten erlaubten, die Kalenderfolge der Tage des Jahres zu fixieren, was für die damalige ackerbautreibende Bevölkerung von größter Bedeutung war. Man konnte durch die Anlage all jener hohen Steine nicht nur den Tag des Jahres, sondern ebenso den jährlichen Zyklus der Sonne wie auch die exakten Zeitpunkte des Eintretens einer Mondfinsternis berechnen und das ganze Jahr nach Mondtagen und Mondmonaten einteilen. Eine mit Hilfe von modernen Computern durchgeführte Kontrolle der in den Steinen dieses Observatoriums fixierten Daten und Zusammenhänge zeigt uns, mit welch mathematisch-astronomisch-geometrischer Genauigkeit die Menschen des Neolithikums zu rechnen vermochten. Kein Wunder, wenn daher Stonehenge als eine der großartigsten Schöpfungen der vorgeschichtlichen Menschheit überhaupt bezeichnet worden ist. Was aber seit R. J. C. Atkinsons, Newhams und Hoyles Aussagen in den beiden letzten Jahrzehnten über Stonehenge gilt, gilt auch in vielem für die Windelbahn von Stolp.

Ein anderer deutscher Forscher, Otto Sigfrid Reuter, der sich eingehend mit der Astronomie des Nordens der Vorzeit beschäftigte, hat sich ebenfalls auch mit dem Phänomen des Labyrinths auseinandergesetzt und ist zu einem sehr interessanten Ergebnis seiner Deutungsversuche gekommen.

Für Reuter stellt nämlich das Labyrinth nichts Geringeres dar als ein Symbol der 'kreisenden Himmelsmitte', um die die Gestirne des Kosmos kreisen. Das Wort 'Troja' ist für ihn 'eine eingeschobene Benennung für die Mitte der Himmelsburg Asgard, die in der Nordhöhe gelegen ist', wobei er sich in diesem Zusammenhang auf die 'Edda' bezieht: „Asgardi that at kollum ver Trója". - Asgard ist aber, als Burg der Asen, in der 'Mitte der Welt' liegend der Hochsitz des Göttervaters Odin, der höchste Sitz des Weltalles, die eigentliche Götterburg in der Mitte des Idafeldes. Wenn aber 'Idafeld' hiernach der Himmel sein muß, so bietet die sprachliche Deutung als 'Wirbelfeld' eine vortreffliche Kennzeichnung. Sie zielt auf den unaufhörlichen Gestirnumschwung, in dessen Mitte - einer Felsspitze gleich - der Göttersitz 'über allen Welten', Hlidskiálf, aufragt, die Mitte der Kreisung, der unbewegliche Pol.

Auf dem Idafelde haben aber auch Baldur und Frigga ihre Wohnsitze, die beiden Sinnträger des Lichtes, des Frühlings und der Wiedergeburt, wobei wir unwillkürlich an den Zusammenhang der Trojaburgen mit dem Begehen des Frühlingsfestes im Norden denken müssen. 'Ida' begegnet uns auch im Namen des heiligsten Berges Kretas auf griechischem Boden, auf dem Zeus in einer Grotte das Licht der Welt erblickte, von wo aus er dann den Weg zum Olymp antrat. Zum Idafelde, nach Asgard und zu jenem Eddaschen Troja im hohen Norden wandten aber die alten Griechen ihre Blicke, wenn sie beteten (Homer: Ilias 12,230 f.), da ja an jenem nordischen Himmelspol nicht nur Zeus, sondern auch Jupiter und Apollon thronten.

Die Burg Odins in Asgard hieß Gladsheim (Glanzheim), und von ihr ging das Licht der Welt aus, während er, auf seinem Throne Hlidskialf sitzend, mit seinem das All durchdringenden Sonnenauge über die Welt schaute. Sein Sohn Balder hatte Breidablick, den ebenso weiten Blick über die Welt wie sein Vater, während ein anderer seiner Söhne, Himinbiörg, der Wächter Asgards, in Heimdall wohnt.

Himinbiörg war die Himmelsburg. Von hier oben aus zog Odin oft mit seinem Pferde, Sleipnir, hinaus in die Welt, um alles besser überblicken zu können. Kein Wunder also, daß das Pferd den Nordleuten, den Hyperboreern, aber auch den Griechen so heilig wurde, und daß es ein Pferd war, das die uneinnehmbaren Mauern von Troja bewältigen ließ, die Trojaburg gleichsam in die Gewalt der Mannen des Odysseus brachte. Ob die Trojaburg des Nordens mit ihren zwölf Kreisen die zwölf Söhne Odins, bzw. die zwölf Monate des Jahres versinnbildlichen sollte, ist eine Frage, die nicht ohne weiteres zu beantworten ist.

Der Grieche Eudoxos hatte einst gesagt: „Es gibt einen gewissen Stern, der immer an derselben Stelle bleibt. Dieser Stern ist der Umschwungsort (Polos) des Himmels“, das Troja der ‘Edda’. Vielleicht hatte er von Pytheas (330 v. d. Ztr.) von jenem Stern gehört.

Er war der erste und einzige ‘alte Grieche’, der zum Studium der Sternkunde der Hyperboreer in den Norden gereist war. Dort konnte er himmelskundliche Zusammenhänge erforschen, die von griechischem Boden aus eben nicht überblickbar waren.

Pytheas wollte an erster Stelle nachprüfen, ob im hohen Norden tatsächlich, wie man bisher in Hellas angenommen hatte, die Sonne vom 66. Breitengrade an zur Zeit der Sommersonnenwende monatelang nicht mehr unterging, so daß man dort ihren totalen Kreislauf im Laufe von 24 Stunden am Himmelsrande, in schräger Bahn, erleben konnte.

Dort ging, wie Reuter erklärt, „um Sommersonnenwend die Sonne mitternachts im Nordpunkt scheinbar oberhalb des Himmelsrandes, während am Mittag desselben Tages die Sonne sich zum Südpunkt auf 47,5 Grad gehoben hatte, also fast bis zu einer Höhe, in der wir in Deutschland den Polarstern sehen. Diese schräge Bahn vollzog sich unaufhörlich vor aller Augen. Die schräge Lage der sichtbaren Sternkreisung zwang zur Erkenntnis, daß ihr Mittelpunkt nicht mit dem Scheitelpunkt zusammenfiel.

Die Aufgabe war, den Stern zu finden, der den engsten Kreis zog; seine Mitte lag auf der Verbindungslinie zwischen seiner höchsten und niedrigsten Stellung in einer der mehr als 18-stündigen, im Norden noch längeren Winternächte. Das einfachste Mittel bot das waagerecht liegende Hausdach. Die Firstlinie oder der Dachrand, gegen den Nordhimmel gesehen, zeigte den Aufgang und Untergang eines engkreisenden Sterns; in der Mitte zwischen den beiden Punkten lag auch der Mittelpunkt der Sternkreisung und der gesamten Himmelsbewegung, wenn nur der Stern über dem Hausdach einen vollen Halbkreis beschrieben hatte.

War dies nicht der Fall, war der sichtbare Kreisabschnitt zu groß oder zu flach gewesen, so genügte zunächst eine Schätzung, dann aber eine Wiederholung in berichtigtem Augenabstand, um den Mittelpunkt des Kreises mit der einfachsten Genauigkeit zu bestimmen. Der Halbmesser dieser Gestirnkreisung leistet nichts anderes als jener sorgfältig gearbeitete Schnurzirkel, der den bronzezeitlichen Arbeiter zu seinen hohen zeichnerischen Leistungen in der Darstellung von Kreisen, von einfachen und Doppelspiralen befähigte“.

Die Aufgabe, von der Erde an den sichtbaren Himmel übertragen, ist die gleiche, ihre Lösung wird oft genug von jener Zeit versucht und mühelos erreicht sein. Geistig und werkzeuglich war eine ausreichend genaue Polbestimmung in frühester Zeit unseres Nordens möglich. Im hohen Norden wird man für die Beobachtung des Himmelsumschwungs, durch die Höhe seiner Mitte veranlaßt, sehr bald die Bequemlichkeit der Rückenlage erkannt haben, die uns im späteren Norden für die Polbestimmung überliefert ist.

Was somit Pytheas im Norden am 66. Breitengrade erblicken konnte, war einfach nicht vom Mittelmeerraume aus zu erkennen. „Auf der Breite von Jerusalem (NBr 32)“, schreibt dazu Reuter, „entfernen sich die Orte des Sonnenaufgangs nicht weiter als rund 28 Grad von Ostmitte; die Redensart des Ex oriente lux (vom Osten kommt das Licht, Anm. FH) ist auf dieser Breite verständlich und berechtigt. Sie verliert aber ihren Sinn, je weiter wir nach Norden kommen. Auf Island (65° NBr.) entfernen sich die Aufgangsorte schon je 70 Grad von Ostmitte nach Nord und nach Süd. Da in diesen nordischen Breiten die Aufgänge den Ostpunkt sehr schnell überschreiten, um so schneller je nördlicher (was im Süden wegen der Gedrängtheit der Aufgangsorte nicht so stark ins Auge fällt), so werden im hohen Norden Nord und Süd zu den eigentlichen Sonnenorten, wie diese dort auch als Grundachse der Welt erweisbar angesehen worden sind.“ [21)]

„Das germanische Richtungsbild beruht auf der vorgeschichtlichen Beobachtung des vollen Kreislaufs der Sonne mit Südhöhe und Nordtiefe. Die flachere Lage der Gestirnbahnen in den nördlichen Breiten nimmt der Ostwestachse die Bedeutung und macht die Südnordachse (den Meridian) zur Grundrichtung," meint Reuter dazu weiter. „Die vier Himmelsrandseiten werden von vier Erscheinungen der Sonne, d. i. Aufgang, Höchststand, Untergang und Tiefststand abgenommen. Die eigentlichen Himmelsrichtungen N, S, O und W entstehen erst aus der Mittung der vier Himmelsseiten; die Ostwestachse ist erst nach Feststellung der Südnordachse oder später nach Festlegung der Wendepunkte der halbjährlichen Sonnenbewegung auf dem Himmelsrand gefunden. Jede Veränderung des Beobachtungsstandes zwang zur Anerkennung der beiden Grundrichtungen Süd und Nord; alle anderen Himmelsrichtungen einschließlich Ost und West werden von der Südnordstellung abgeleitet."

O. S. Reuter gibt hier also eine astronomische Deutung der Ursache, warum bei den meisten skandinavischen Trojaburgen der Eingang im Süden liegt, aber auch dafür, daß, wie heute einige moderne russische Forscher erklären, die flacheren und nieren- oder hufeisenförmigen Labyrinthe in Schweden, Finnland und Nordrußland als die ältere Labyrinthenform anzusehen ist. Für wie bedeutungsvoll die von Reuter erklärte Nord-Süd-Achse als Grundrichtung der Sonnenbeobachtung und des gesamten Weltalls und des Lebens im Norden erachtet wurde, geht aus der Ausrichtung und Achsenstellung des Grundrisses des nordischen Hauses, ja der Siedlungen im allgemeinen hervor, wobei auch noch die Nord-Süd-Ausrichtung der nordischen Thingplätze und schließlich sogar die der Gräber und der Trojaburgen hinzukommt. Das berühmteste schwedische Grab der Bronzezeit (in Kivik) ist beispielsweise auch süd-nördlich ausgerichtet, so wie auch die bekannte Schiffsetzung von Blomsholm in Schweden die Süd-Nord-Lage hat.

Der Begriff 'Norden' ist urverwandt mit 'nieder'. Wir können, da im Norden nordwärts und niederwärts astronomisch als miteinander identisch erscheinen, verstehen, daß man hier besser als in südlicheren Bereichen die Bahnen der Sonne verfolgen kann und daß die Bewohner jener geographischen Breitengrade - je weiter nördlich in umso größerer Zahl - das Symbol der Trojaburg schufen.

Was Otto Sigfrid Reuter in Deutschland über die Nord-Süd-Ausrichtung der nordischen Thingplätze, Gräber und Trojaburgen ausgesagt hat, wurde in Schweden von Oscar Montelius, dem Altmeister der schwedischen Archäologie, ebenfalls mehrfach bestätigt. Er stellte fest, daß in Schweden die Steinkistengräber des Neolithikums „gewöhnlich in der Richtung von Nord nach Süd liegen," daß sie aber ihre Öffnung bisweilen auf der östlichen Seite, manchmal auch im südlichen Ende haben.

„Daß der Sonnengott schon damals verehrt wurde," sagt er dazu, „geht daraus hervor, daß zwei seiner Symbole vor dem Ende der Steinzeit hier bekannt waren. Eines ist das vierspeichige Rad, ein Bild der am Himmel rollenden Sonne", welches seine Hauptbetonung in der Bronzezeit fand, „und von dem ja Dichter noch heute als vom Rad der Sonne reden. Das andere Symbol ist die Axt, die Vorgängerin des Thorshammers, ein Symbol des Sonnengottes, weil man im Norden wie in Indien und vielen anderen Ländern glaubte, daß die Blitze Äxte seien, die der Licht- und Sonnengott im Kampf gegen die Mächte der Finsternis schleudert."

Im Zusammenhang mit der astronomischen Ausrichtung mag hier noch neben der Aussage von O. Montelius erwähnt werden, daß beispielsweise die Richtlage zahlreicher schwedischer Schiffsgräber, wie die berühmte Schiffsetzung von Blomsholm in Südschweden (die 42 m lang ist, aus 49 stehenden Steinen besteht, wovon die höheren 3 - 4 m und die kleineren 1 m hoch sind und aus der schwedischen Eisenzeit stammt), sowie die Position des Osebergschiffes in seinem Grabhügel die Nord-Süd-Lage aufweisen.

Diese Nord-Süd-Richtung war, wie Reuter es immer wieder unterstrichen hat, die eigentliche Grundlage des Lebens für den Menschen jener frühen Zeiten im germanisch-nordischen Raume. „Gegen Norden hinab liegt," sagt Reuter, „die Unterwelt aus alter Sonnenbeobachtung; gegen Norden aufwärts aber liegt die Umschwungsmitte des gesamten Himmels," während „im Frühling dagegen wie im Herbst, d. i. um die Tag- und Nachtgleiche, die Sonne in der Mitte zwischen Nord und Süd, d. i. in der Ostwestachse, auf- und untergeht."

Auch im alten Hellas, von woher Apollon jährlich erneut seine Wanderungen in die Gefilde der Altvorderen, in das Land der Hyperboreer, antrat, beteten die Menschen mit dem Blick nach Norden gewandt, da ihrer Meinung nach am Himmelspol Zeus und Apoll thronten, „die den Pol lenkten." - Der die Mitte des Himmelsumschwungs bezeichnende Himmelspol fand offensichtlich seine symbolische Abbildung im Zentrum der nordischen Trojaburg, das so gut wie durchgehend mit einem größeren Stein gekennzeichnet wurde. Im Norden ist bekanntlich der Osten ein Ort der Finsternis.

Der nordische Seefahrer in vorgeschichtlicher Zeit richtete auf seinen oft weiten Reisen den Kurs nach den Gestirnen des Himmels, während in der Neuzeit Meridian und Pol dazu maßgeblich wurden. Der Polstern, der Umschwungspunkt des Himmels der Vorzeit, war aber, u. a. nach Eudoxos, vor dem Eintritt der Neuzeit nicht unser heutiger 'Urs minor', sondern der '32 Cam. Hev.', und zwar in der Zeit von 200 v. d. Ztr. bis 1450, und jener gab, wie Reuter sagt, „eine größere Genauigkeit als der spätere, der mittelalterliche Polstern, eine genauere Nordrichtung, an."

Im Winter ist bekanntlich jenseits des Polarkreises die Sonne eine längere Zeit lang unterläufig, im Sommer in entsprechender Weise oberläufig, womit die jeweiligen Lagen ober- und unterhalb des Gleichers gemeint sind. Die sichtbar kreisende Sonne des Sommers steht ja, wie wir wissen, im Norden, während sie im Winter im Durchschnitt 40 Tage lang unsichtbar bleibt.

Jordanes, ein gotischer Schriftsteller des 6. Jhdts., hat davon berichtet, daß die Goten zur Zeit des römischen Sulla in ihrer Heimat einen mit fast königlichem Ansehen bekleideten Lehrer, Dikenaeus, hatten, von dem sie außer in Philosophie, Ethik, Logik und Physik auch in der Astronomie unterrichtet worden seien.

Auf Island lebte Sternen-Od, von dem Weinhold ('Altnordisches Leben', 1856) berichtet, daß „er die Vorzeit kannte, den Gang von Mond und Sonne zu berechnen verstand, den Lauf der Gestirne, namentlich derer kannte, die für den Zeitenwechsel wichtig sind. Er bestimmte," wie dies O. S. Reuter auch dazu hervorhebt, „die Länge von Tag und Nacht und wußte die Stundenzahl anzugeben, selbst wenn kein Stern sichtbar war. Auch in seinem Geschlecht scheint diese Sternkunde Erbbesitz gewesen zu sein."

Die zahlreichen Darstellungen von Schiffen auf bronzezeitlichen Felsbildern im schwedischen Bohuslän, in Östergötland und in Südwestschonen, dann von hier aus nordwärts bis nach Drontheim, welche Kossinna in die Mitte des 2. Jtsds. v. d. Ztr. verlegt hat, und die oft ebenfalls mit Sternen und Sternkreisen unmittelbar über den Schiffen gezeigt werden, künden uns auch vom Alter jenes nordischen Sternenwissens, wobei nach Reuter „in den Felsbildern die Wandelsterne eine besonders ausgezeichnete Wiedergabe finden und die nordgermanischen Sternenbeobachter des 2. vorchristlichen Jahrtausends den Kern der Epicyclentheorie des Ptolemäus vorausnahmen."

Die 'Edda' wußte, daß die Erde kreisrund war und kannte die Zahl 432.000, die älteste Himmelszahl der Menschheit, die astronomische Ziffer des Himmelsumschwungs, der wir auch im alten Indien begegnen (Grimnirlied, 23).

Die altnordische Sternenkunde war sich bereits bewußt, daß sich die Erde, die anderen Planeten und die Fixsterne in west-östlicher Richtung bewegten, so wie die skandinavischen Felsbilder des 2. Jahrtausends v. d. Ztr. deutliche Schleifenbewegungen der Sterne zeigen.

Dieser Ausblick auf die Himmelskunde der Germanen und Nordleute ist zur näheren Erhellung des Edda-Wortes 'That var sett Asgardi, er ver kallum Troja' (dort lag Asgard, - bzw. Romaburg, wie es im Snorrischen Formáli heißt - das wir Troja nennen) notwendig gewesen, zumal jene Stelle einen wesentlichen Schlüssel zur Deutung des astronomischen Sinnes der Trojaburgen bedeutet.

Nach Willy Pastor stellt das Kreuz der Trojaburg vom Visby-Typ stets die vier Sonnenrichtungen dar. Auch seiner Ansicht nach sind die Gänge der Trojaburgen so angeordnet, daß sie, wie wir es bei den Ausführungen Magdalinskis sahen, ein astronomisches Observatorium bilden. „Der Zugang ist nach Süden verlegt," sagt er ('Der Zug vom Norden'), „nach der Weltrichtung, Krause hebt das sehr richtig hervor, in der die Sonne im Winter verschwindet, im Frühjahr aufgeht.

Mit den Festen, die sich jetzt im Inneren der Trojaburgen und um sie abspielten, ist die erste Astronomie gegeben. Die Trojaburgen hatten damit ihren Zweck erfüllt. Aus den Zauberstätten waren Orte des Kultes, aus diesen waren Festplätze geworden.

Die Sonnenbahn ist in den Trojaburgen graphisch dargestellt, darüber ist kein Zweifel. Nur überlege man sich, wo diese, gerade diese Spiralform einzig als der Weg der Sonne zu beobachten ist; kann es einen exakteren Beweis geben für die Herkunft der Sonnenmythen aus dem hohen Norden und ihre spätere nordsüdliche Verbreitung?"

Der bekannte deutsche Vorgeschichtsforscher Gustav Schwantes sagt in 'Die Vorgeschichte Schleswig-Holsteins': „Die Trojaburgen scheinen zum Teil aus Sonnenbildern und Heiligtümern hervorgegangen zu sein, zum anderen Teil mit der Spirale zusammenzuhängen." - Das führt unseren Ausgangspunkt zurück auf die Vermutung, daß die Spirale ein für Tanzzwecke umgebildetes konzentrisches Sonnenbild ist, wie es auch Julius Schwabe ausdrückt: „Die Spiralen der Megalithzeit sinnbilden die scheinbare Jahresbahn der Sonne", eine „kosmische Sonnenschraube", und „die Trojaburgen sind der Bronzezeit entstammende Sinnbilder des Sonnenlaufes."

Seine Betrachtungen über das Symbol des Labyrinths abschließend, zieht Schwabe einen astronomischen Vergleich zwischen der Trojaburg und der Doppelspirale: „Die Sonnenspirale nämlich ist anfangs- und endlos. Die Sonne macht, zur Wintersonnwende in der Spiralmitte angelangt, nicht kehrt. Sonst müßte sie ja in der aufsteigenden Jahreshälfte dort aufgehen, wo sie in der absteigenden unterging. Sie kreist nach dem Wintersolstitium vielmehr im selben Sinne fort, vergrößert aber ihre Bogengänge in eben dem Maße, wie sie dieselben zuerst verkleinerte. Das heißt: Sie zieht jetzt eine Spirale, die zur ersten spiegelbildlich ist, und jene, Windung um Windung, beständig schneidet. Erst dadurch kommt das eigentliche Labyrinth zustande, nämlich eine Figur, deren Vielfalt von Scheidewegen verwirrt, während die einfache Spirale durchaus kein Irrgang ist.

Trojaburgen des Nordens, d. h. Nordrußlands, Finnlands, Schwedens, Norwegens, Deutschlands und Italiens, der Bronzezeit entstammende Sinnbilder des Sonnenlaufes... bestehen oder bestanden teils aus Steinsetzungen, teils (wie das Labyrinth von Stolp) aus konzentrischen oder spiralig angeordneten Rundhecken, die als bleibendes Schema für die rituellen Tänze dienten." - Auch Dante, der sich auf das astronomische System des Ptolemäus stützte, kannte noch die Schraubenbahn der Sonne:

„Il sole si girava per le spire
In che piu tosto ognora s'appresenta."

„Die Sonne
beschrieb, sich drehend, jene Schraubenlinien,
In denen sie stets früher uns erscheint."

(Paradiso X, 32)

VI.

LABYRINTH UND SONNENMYTHE

Wir haben bereits von der kosmischen Herleitung des Labyrinthes gesprochen, von seinen Windungen als Entsprechungen zu planetarischen Bahnen, wobei die immer kleiner werdenden Ringe die abnehmende Bahn der Herbst- und Wintersonne und die wachsenden Kreise die Neugeburt und Wiederauferstehung der Sonne symbolisierten. Das Innerste des Labyrinthes wurde dabei als ein Gefängnis bzw. eine Falle, wo die Sonne in der dunkelsten Zeit des nördlichen Winters gefangen gehalten wurde, dargestellt.

Daß so ein großes, alle Menschen nördlicher Klimabereiche in gleichem Maße berührendes kosmisches Geschehen tiefe Spuren in der Welt des Volksliedes, der Sitten, Sagen und Mythen hinterlassen mußte, leuchtet ein, zumal doch ein großer Teil des Jahres der Nordleute in der Finsternis und damit in ständiger Sehnsucht nach der Wiedergeburt ihres großen Kraftquells, der Sonne, verbracht werden mußte und muß.

Wir wollen noch einen Blick auf einige nordisch-germanische Sagen werfen, wobei wir gleichzeitig parallele Erscheinungen bei den artverwandten alten Hellenen, Persern und Indern zum Vergleich heranziehen.

In der isländischen 'Edda' reitet der sonnenhafte junge Wölsunger Sigurd, ein Sprößling Odins, auf Grani zur Gnitaheide, wo er auf den gifthauchenden Drachen Fafnir stößt, den er nach hartem Kampfe erlegt. „Das glänzende Gold, die glutroten Ringe," sagt ihm das sterbende Untier, „dir bringen sie einst den Tod."

Sigurd zieht, nach vollendeter Heldentat, mit dem bisher vom Drachen bewachten Goldschatz südwärts in das Land der Franken, zum Hindarfjall, wo die Walküre Brynhild in wabernder Lohe schlief. Nur wer mutig genug war, jene Waberlohe zu durchbrechen, sollte die Kampfesjungfrau zum Weibe erhalten. Der junge Held schneidet ihr die Brünne auf und befreit die Schlafende aus den Banden ihres tiefen Schlummers. Von diesem Sigurd heißt es nun in der nordischen Sage, daß er göttergleich ist und von Gold strahlt.

Der nordische Lichtheld hat nach der Tötung des Drachens, der das winterliche Ungeheuer verkörperte, Brynhild befreit. Ihr Schlaf symbolisiert dabei den Winter und die wabernde Lohe die sie umgebende - aber durch die Finsternis der dunklen Jahreszeit eingesperrte - gefangene Sonne. Das Licht des Frühlings durchbrach das Winterdunkel.

Der verborgene Goldhort des Drachens wird von einigen Forschern auch als der schlummernde Pflanzenwuchs, bzw. als das Gold der Sonne, gedeutet. H. Kamp identifiziert hier Brynhild mit Gerda, der Verkörperung des Frühlings und Gemahlin Freyrs, des Gottes der Wiederauferstehung allen Lebens. Die Brünne (!), der Panzer, der Brynhild (!) umgibt und von Sigurd aufgebrochen wird, ist nichts anderes als die fesselnde Frost- und Eishülle des Winters.

Das deutsche 'Nibelungenlied', in dem Sigurd - Siegfried und Brynhilde - Brünhilde heißen, stellt ja bloß eine andere Fassung des alten Heldenliedes dar, wobei die Nibelungen die Niflungen der nordischen Sage sind, womit wiederum das finstere Nebel- und Totenreich gemeint ist. Hier wurden die nordische Gudrun durch Grimhild (Kriemhild) und Högni durch Hagen von Tronje ersetzt.

Dieser Hagen von Tronje wird in einer Reihe von mythologischen Studien als ein Trojaner dargestellt, u. a. in einer von Lacombet mitgeteilten Urkunde des Bischofs von Xanten, wo es heißt: „Hector van Troien, den wy noemen Haegen van Troien, van Coninc Priamus geborn," während die Stadt Tronje von Vossler als eine Zusammenziehung von 'Troja Nova' angesehen wird. - Urkunden aus den Jahren 723 und 817, die Vossler hier zitiert, geben als Beinamen von Tronje 'Troja', 'Tronia', 'Thronie' und 'Troingi' an, und Xanten, einer der Hauptorte des Nibelungenliedes, wird mit seinem alten Namen 'Troja Francorum', 'Sancta Troja', 'Nova Troja minor', 'Troia quodet santum dicitur' auf Münzen des 11. und 15. Jhdts. und in einer Urkunde Heinrich III. des Jahres 1047 genannt.

Etliche Sagen und Berichte des Mittelalters erwähnen des öfteren eine Abstammung der Franken aus Troja, so z. B. Gregor von Tours in seiner 'Historia Francorum', wo es heißt: „Nicht unweit vom Rheine versuchten sie eine Stadt wie Troja und ihres Namens zu erbauen." - Der Prähistoriker K. L. Roth hat in seiner Studie 'Die Trojasage der Franken' in Pfeifers 'Germania I' einiges zu dieser Frage behandelt.

Held Siegfried mußte erst den giftspeienden Drachen töten, bevor er Brünhilde aus ihrem Zauberschlaf erwecken konnte. Der sonnenhafte Held erlag jedoch dann seinerseits Hagen, der Verkörperung der finsteren Mächte.

Eine Entsprechung zur 'Edda' und zum 'Nibelungenlied' finden wir in der griechischen Argonautensage, wo der Königssohn Jason in Kolchis erst nach der Tötung des furchtbaren Drachen die Sonnenjungfrau Medea und mit ihr das Goldene Vlies gewinnt. Durch die Erlösung der Sonnenjungfrau und die Tötung des winterlichen Ungeheuers wurden so auch hier wieder die Strahlen der Sonne befreit. In ähnlicher Weise hatte Perseus das Meeresungeheuer getötet und Andromeda befreit und Herakles, der Zeussohn, vor den Toren Trojas das Seeungeheuer erlegt, um die lichte Hesione zu erretten.

Das schlafende Dornröschen ist auch eine Entsprechung für die in tiefem Winterschlafe liegende Brynhild, eine Stellvertreterin der Sonne, wenn auch einige Forscher in ihr - umgekehrt - den in einen Winterschlaf versetzten Frühling sehen. Da wir aber wissen, daß Syr und Syrith die ursprünglichen Namen der Brynhild waren, und ferner, daß Syrith von F. G. Bergmann als 'Sonnenfeuer' übersetzt wurde, dürfte die erste Deutung als die korrektere angenommen werden können.

Als indische Entsprechung der Syr (Syrith) ist uns Surya bekannt. Jene Syrithsage finden wir in einer großen Anzahl verschiedenartiger Texte in Deutschland, Schweden, Serbien und in Bulgarien, und Saxo Grammaticus hat Ende des 12. Jhdts. in Dänemark den altnordischen Syrithmythos in seiner 'Gesta Danorum' eingehend behandelt. Während sich so das Märchen vom schlafenden Dornröschen aus der Völsunga-Sage herleiten läßt, entspricht Brynhild - und dadurch mit ihr auch Dornröschen - der nordischen Asin Freya, der Schwester Freyrs, des nordischen Sonnengottes. Sie ist die Göttin, die den berühmten überall hinleuchtenden Brisingamen als Symbol des Lichtes um den Hals trägt.

Wo wir auch hinblicken, begegnen wir auf germanisch-nordischem und auch auf hellenischem Boden den gleichen Erscheinungen des Kampfes zwischen den lichten und den finsteren Gewalten, ob sie nun Sigurd, Siegfried, Brynhild, Odysseus, Theseus, Perseus, Ariadne oder Helena heißen mögen. Der Drache, der im Norden die lichte, gefangene Jungfrau bewachte, hieß dort Lindwurm und im Süden Python und wurde - auf Kreta - in Gestalt eines furchterregenden Stieres, des Minotauros, dargestellt.

Aus diesem Ringen mit dem finsteren Ungeheuer, dem uralten Schauspiel der Germanen, entwickelten sich später das mittelalterliche Ritterspiel, die Schwerttänze und das Drachenspiel eines Hans Sachs, sowie in England, Frankreich und Deutschland weitere dramatische Frühlingsspiele, die die Tradition jener alten Drachenkämpfe weiterführten.

Dem deutschen Siegfried entspricht in England Robin Hood und auf dem Balkan der Drachentöter St. Georg, der in Bulgarien symbolisch die Tochter des Königs von Troja befreien sollte. Allen diesen edlen Kämpfern gemeinsam ist ihr weißes Roß - die Sonne! [22)]

Das Motiv des Drachenkampfes ist überall ein gleicher oder ähnlicher Frühlingsmythos. So wie uns in Frankreich die Drachen auf Abbildungen in Tarascon, Metz, Grenoble, Poitiers und anderen Städten bekannt sind, so begegnen wir diesen ebenso in den Sagen der Kroaten, Slowenen, Bulgaren und Griechen. Der lichtvolle Ritter St. Georg ist Sinnbild des Kampfes gegen die Mächte der Finsternis und kam die Sonnenjungfrau befreien. In vielen katholischen Ländern wird dieser Heilige am 23. April/Ostermond oder am 1. Mai/Wonnemond gefeiert, in griechisch-orthodoxen Ländern stets zu Ostern. Es werden ihm zu Ehren Feuer auf den Bergen entzündet, ein Abbild der neuerwachenden Sonne, und in den St. Georgs-Tänzen wird der Sieg über den Winterdrachen dargelebt.

St. Georg hatte früher in England ein so großes Ansehen, daß man den Drachenbesieger sogar zum Schutzpatron des Landes wählte, er ist offiziell aus den „Heiligenkalendern“ gestrichen worden (wohl wegen seines ‘heidnischen Charakters’!), gilt aber nach wie vor - ganz besonders in Portugal und anderen streng katholischen Gebieten - als zentrale ‘Figur’ in der Kirche. - Der zweite in England hochverehrte Drachenbesieger ist Beowulf, der als Held wiederum eine Entsprechung zu Siegfried ist und seit Anfang des 8. Jhdts. Träger des gleichnamigen Nationalepos der Briten wurde.

Die St. Georgs-Sage hat sich im Laufe der Zeit ebenfalls nach Frankreich, Norwegen, Spanien, Rußland und über den ganzen Balkan bis nach Konstantinopel verbreitet. Bei vielen dieser Völker wurde das Georgsfest als Frühlingsfest der Landleute und Bauern gefeiert, so wie von alters her die germanischen Stämme die Befreiung vom winterlichen Drachen zur Zeit der Ostersonne zu feiern pflegten.

Das christliche Fest der Auferstehung des ‘Gekreuzigten’ zu Ostern stellt - wie bei den meisten großen Festen des Christentums - eine direkte Anknüpfung an das altgermanische Frühlingsfest zu Ehren der ‘Ostara’ bzw. ‘Austro’ dar. ‘Ostara’ hängt auch unmittelbar mit dem althochdeutschen Wort ‘Ostar’ = ‘Osten’ zusammen. Bei den alten Engländern hieß die Göttin des Frühlings ‘Eostra’, nach der heute ‘Easter’, das englische Osterfest, seinen Namen erhielt.

Mit der Zusammenlegung des heidnischen Osterfestes mit dem christlichen Auferstehungsfest wurde ursprünglich auch die ‘Ostung’ des Kirchenbaus - in Richtung des ‘auferstehenden’ Lichtes - verbunden.

Wenn vom Frühling die Rede ist, darf auch Iduna nicht unerwähnt bleiben, die nordische Göttin, die die Pflanzenwelt zu neuem Leben erweckt. Iduna ist die Gattin Bragis, des göttlichen Sängers, mit dem die ganze Vogelschar die Freude und Schönheit der Natur besingt. Iduna, die Erhalterin ewiger Jugend, versank - wie die griechische Persephone - für die dunkle Jahreszeit in der Unterwelt und bildet auch eine Entsprechung für Freya, die ebenfalls um dieselbe Zeit jährlich wiederkehrende Frühlingsgöttin.

Bragi, Idunas Gemahl, folgte ihr im Winterdunkel dorthin, dann schwand in der Oberwelt der Menschen die Freude und der Gesang der Vögel. Dieser Winterschlaf der Natur wird uns in der nordischen Mythologie im Skaldenliede Haustlag geschildert, wo vom Schlaf der Völker, der Mitternacht, von der eisigen Luft der Zeit gesprochen wird, da die Kräfte des einzelnen ermatten und seine Sinne betäubt sind.

So schlafen dann im Norden zur Winterszeit Freya und Iduna, genauso wie im fernen Hellas Ariadne - die griechische Sonnenjungfrau - gefangen gehalten wird.

Der nordische Weltenschmied Valand (Wieland) spielt die gleiche Rolle wie Hephaistos und Dädalus in Hellas, der das kretische Labyrinth gebaut hatte. Goethe nannte Valand 'Junker Voland', den man in der deutschen Mythologie auch als den großen Fallensteller dargestellt hat. Er, der die Sonnenjungfrau über den Winter gefangen hielt, wurde auf Island 'Egeas' geheißen, während 'Ägeus' in der Sage der Griechen der Vater des Theseus war, der die lichte Ariadne aus dem Labyrinth errettete.

Egeas baute auf Island sein 'Völundarhaus' (das Haus Valand des Schmiedes), das auf Kreta dem Labyrinth und in Schweden der Trojaburg, der winterlichen Burg Drujas des Fallenstellers, entspricht. Ein roter Faden zieht sich so vom hohen Norden in den tiefen Süden und umgekehrt, wobei der Sinn derselbe bleibt. Die altdeutsche Tierfalle 'Dru' (vom Gotischen 'Drausjan' = 'zu Falle bringen') ist mit dem Labyrinth der alten Schweden zu vergleichen.

In der gleichen Weise wie Egeus und Ägeas eine enge Verwandtschaft miteinander aufweisen, war es anscheinend auch bei dem 'modernen' Schmied Valand und dem Schmied der griechischen Götterwelt, Phalantos. - Valand hielt seine Tochter im Labyrinth, bzw. Schloß gefangen, bis der Frühling ihr die Befreiung schenkte. Phalantos ist bei den Griechen Pallas, der Gatte der Styx, die die Unterwelt verkörpert und ihm Nike - das Symbol des Sieghaften - als Tochter gebar, während die Mutter des Pallas Eurybia wiederum eine Tochter der Erdgöttin Gaia war.

Styx, der finstere Fluß der Unterwelt, erhielt jedoch seinen Namen vom Griechischen 'stygein', was 'Haß' bedeutet, während die Wortsilbe 'bia' in 'Eurybia' soviel wie 'Gewalt' heißt. Der unterirdische Pallas, Phalantos, der auf Kreta dem Dädalos gleichkommt, war aber der Erbauer des Labyrinthes. Sein Werk macht ihn nah verwandt mit Egeas und Valand, den beiden Baumeistern der nordischen Steinsetzungen.

Wie im Falle der Väter - Valand und Egeas - zeigen auch deren Söhne Wittich und Theseus eine enge Verwandtschaft in ihrem Wesen. Valand (Wieland) legte das von ihm für seinen Sohn geschmiedete Schwert unter einen Stein, damit dieser es dort - nach der Abwälzung des Felsens - finden möge. Die gleiche Geschichte finden wir bei Ägeus, der ganz so sein Schwert für Theseus unter einem Felsbrocken verbarg.

Pausanias, der große griechische Reisende der Antike, sagt, daß Äthra, die Mutter des Theseus, nicht mit Ägeus, sondern mit Phalantos - der Entsprechung zum nordischen Valand - verheiratet war. Dies trägt noch mehr dazu bei, die Verwandtschaft zwischen diesen beiden als gegeben anzunehmen. Keine schriftlichen Dokumente für eine Wanderung der Sage von Süd nach Nord oder umgekehrt liegen vor, dagegen aber der Hinweis, wie Ernst Krause darlegt, „daß der alte Isländer (der Erzähler der Valands-Sage) den Pausanias gelesen und dessen Erzählung gedeutet hatte, ist ausgeschlossen; man kann also wohl nur eine Sagengemeinschaft des Nordens und Südens als Ursache annehmen, und dann müßten wir den Ursprung der Theseus- und Labyrinthensage aus doppelten Gründen nach Norden verlegen, einmal weil sie einen - wie wir sehen werden - spezifisch nordischen Sonnen- und Jahreszeiten-Mythus darstellt und zweitens weil wir sehen, daß auch die griechische Sage den Theseus einen Sohn des Valand (Phalantos) nennt. Der Ariadnefaden für den Labyrinthenmythus ist daher, wenn irgendwo, im Norden zu suchen."

Wir stoßen somit trotz der großen Entfernung zwischen den Ländern auf eine enge Verwandtschaft zwischen der isländischen, deutschen, altgriechischen und kretischen Mythe eines Weltenbaumeisters, seines Sohnes und eines Labyrinthes in einem kosmischen Jahreszeitenmythus. Die Grundlage dazu finden wir auch bei den Indogermanen Persiens und Indiens. Der nordische Valand (Wieland), der griechische Phalantos (Pallas), der kretische Valerin (dort auch Balar genannt) und der altirische Valor entsprechen alle dem indischen göttlichen Baumeister und Weltenschmied Valas (Balas) der Veden.

Auch dieser Valas hatte - wie Dädalos auf Kreta - eine mit Kuhhaut bezogene „Kunstkuh" (wie der Minotauros) aufgestellt, ähnlich wie wir es auch von der nordischen Herwandt- und Bosi-Sage kennen, wo ebenfalls eine Vereinigung eines Stieres mit einer künstlichen Kuh stattgefunden hatte, eines Stieres, bzw. einer Kuh, die beide als Verkörperungen einer Gottheit heute noch in Indien und bei vielen anderen Völkern heilig sind. Von Althellas ist bekannt, daß dort der Stier oft mit Zeus, dem Göttervater selbst, identifiziert wurde, so wie der Stier der oberste Gott der alten Kreter war.

Gott Indra bzw. sein Sohn Arjuna befreien die Sonnenjungfrau ganz so, wie Siegfried oder Theseus es in Europa tun. Hier ist es ein Kampf mit einem Drachen oder dem Ungeheuer Minosstier, während in den vedischen Hymnen ein Kampf mit furchtbaren Dämonen stattfindet. In Indien wurde der Kaiser oft mit einem Drachen verglichen, aus dessen Gewalt die Tochter befreit werden mußte. Dort finden wir auch eine Entsprechung zum Labyrinth, und zwar in Gestalt einer Schlingenburg, in der der göttliche Schmied Visvakarma - laut dem altindischen Heldengedicht 'Ramayana' - für Surya, den Vater der Sonnenjungfrau, ein Schloß mit hundert Zimmern baut, in dem dann die Sonnenjungfrau eingeschlossen wird.

Dieses Schloß steht auf dem Berge Asta, wo die Sonne untergeht und wo sie der Erde am nächsten steht. Auch hier in der indischen Sage wird die Sonnenfrau - wie in Europa - zur Osterzeit befreit, während der göttliche Baumeister und der Himmelsgott selbst miteinander zweifelsohne identisch sind. Die Sonne ist dort wie auch in einigen nordisch-germanischen Mythen gleich mit dem Urheber des Winters und dem Schlingenwerfer, der seine Tochter fesselt. - Im herbstlichen Sinken und Untergang in der Finsternis formt die Sonne selbst ihre winterliche Falle und wird zum Fallensteller 'Druh', bzw. zum Schlinger 'Draogha'.

Im Frühling ist es sowohl in Nordeuropa als auch in Indien der Gewittergott, der dann die strahlende Sonnenjungfrau befreien kommt, so daß auch hier Parallelen zwischen den alten indischen Veden und der 'Edda', dem 'Nibelungenliede' und der Welt der großen griechischen Mythen sichtbar wird. Der dreiköpfige Drache der Perser, Druja, entspricht schließlich seinerseits wiederum dem 'Maha Druho' (dem großen Druh) des indischen 'Rigveda', wobei Indra der Befreier und Donnergott des Frühlings ist. Hierbei sind bei den alten Indern Varuna, bzw. Valor der Weltenschmied, der die Sonne in Schlingen legt, so wie es Odin mit seiner Tochter Brynhild in der isländischen 'Edda' tat.

Diese Darstellung der verschiedenen Gemeinsamkeiten zwischen den nordisch-germanischen und griechischen Sonnenmythen und dem Vergleich mit der indisch-persischen Mythenwelt abschließend, möge hier noch bemerkt werden, daß der Bezwinger des winterlichen Drachens der Finsternis nicht selbst die befreite Sonnenjungfrau für sich behalten darf, sondern diese stets dem Nachfolger übergeben muß - Jason dem Ägeus, Siegfried an König Gunther und Theseus an Dionysos.

In vielen unseren Sagen und Mythen ist oft mehr von 'Gold' als von der 'Sonne' selbst die Rede. Gold ist dann nur ein Synonym, so z. B. wenn bei Saxo Grammaticus davon gesprochen wird, daß König Frodhi seinen Goldreichtum dem Drachenmorde verdanke, dann tritt das Gold an die Stelle der Sonnenjungfrau.

Der phrygische König Midas verwandelte alles was er berührte in Gold und ist somit einer der alten Feuergötter, wie Pan, von dem Pausanias erzählt, daß er vor seiner Bildsäule ein ewiges Feuer erhielt und damit zum ersten Hüter des Herdes wurde.

Pan stammt von der Wortwurzel 'Pa' = 'hüten', 'schützen', und, in seiner Nebenform 'Pan' vom 'Nähren' her, womit das griechische 'Pania', die 'Fülle' zusammenhängt. Als Feuergott wurde Pan später mit dem Teufel gleichgesetzt (Pan Lucidus = der leuchtende Pan). Daraus ist wieder - nach Ernst Krause - der schwedische Name für den Teufel 'Fan' und die dänische Entsprechung 'Fanden' hervorgegangen. Pan weist - mit Midas - somit eine Verwandtschaft mit Pallas und den bereits genannten Schmiedegöttern und Baumeistern auf, wobei als Unterschied seine Eigenschaft als Gott der Hirtenmusiker zu nennen ist.

Das Gold des König Midas, das ihn zu ersticken drohte, bis er auf den Vorschlag des Dionysos sich durch ein Bad im Paktolos vom Golde befreite, erinnert an das Goldene Vlies der Argonautensage, sowie an das Rheingold des Nibelungenliedes. Der nordische Gott Frodhi verdankte seinen Reichtum einem Drachenmorde, so wie sich Jason auf Kolchis die Sonnenjungfrau Medea erst nach der Tötung des Drachens erkämpfte. Wo wir auch hinblicken, werden die Feuergötter, die Drachen und finsteren unterirdischen Dämonen von jugendlich-starken und lichten Helden erlegt, ob sie nun Thor, Sigurd, Siegfried, Theseus, Jason, Herakles, Perseus, Diomedes oder Apoll heißen, oder, wie in der französischen Fassung vom Dornröschenmärchen 'Perceforest', wo es der Donnergott war, der die lichte Fee durch ein Turmgemach mit östlichem (!) Fenster befreien kam.

VII.

KOMMEN DIE LABYRINTHE AUS DEM NORDEN?

Geht man von der bereits im Abschnitt über die Trojaburgen erwähnten Theorie aus, wonach der Ursprung eines archäologischen Fundes oder Symboles dort zu suchen sei, wo dessen Fundhäufigkeit am höchsten ist, dann müßte es der Norden und nicht der Süden sein, wo man die Urheimat des Labyrinthes zu lokalisieren hätte. Während die letzten Jahrhunderte hindurch das Schlagwort 'Ex oriente lux' - das Licht kommt aus dem Osten - für die Wanderwege der abendländischen Kulturen galt, neigt heute bereits eine Reihe von jüngeren Vorgeschichtsforschern zu der Ansicht, daß dieses 'Licht' aus dem Norden, d. h. aus der Finsternis, dem 'Abendland' der langen nordischen Winter, dem 'Ultima Thule', kam. - Um darüber noch mehr Klarheit zu gewinnen, müssen wir zunächst einen Blick auf die Vorgeschichte dieses 'Abendlandes' selbst werfen, von dem der deutsche Philosoph Oswald Spengler in den Zwanziger Jahren dieses Jahrhunderts sagte, daß es, kulturell gesehen, im Untergang begriffen sei. - (Daß Spengler mit 'seinem' Abendland nicht nur den hohen Norden, sondern darüber hinaus auch die Herzlande Europas, Mittel- und Südeuropas, mit einbezog, leuchtet ein.)

Der britische Prähistoriker Colin Renfrew, dessen Werke in den letzten Jahren eine weltweite Leserschaft gefunden haben, zählt zu den Forschern, die die bisher vertretene Ansicht, wonach alles kulturelle Heil aus dem Orient stamme, an Hand von zahlreichen archäologischen Beweisen auf das deutlichste zurückweisen. Findet man so, meint er, beispielsweise eine Handvoll von megalithischen Steinkreisen im alten Syrien und in Palästina, während Hunderte von diesen in West- und Nordeuropa vorliegen, so dürfte dies bereits eindeutig nachweisen, wo jene Dolmen oder Menhire herstammten: „Die Grabhügel der Altsteinzeit sind hauptsächlich in Ländern zu finden, die an den Atlantik und die Nordsee grenzen - in Spanien, Portugal, Frankreich, Britannien, Irland, Holland, Deutschland, Dänemark und Schweden. Sie kommen nicht in Zentral-, Ost- oder Südost-Europa oder, abgesehen von ein paar wenigen in Palästina, im östlichen Mittelmeergebiet vor... Die ältesten Gräber, was die Bretagne anbelangt, die ein zusammenhängendes Bild der Zeit, da die Kammergräber gebaut wurden, darbieten, führten auf das Jahr 4000 v. Chr. in Kalenderjahren zurück. Britannien und Dänemark weisen beide Steingräber aus der Zeit vor 3000 v. Chr. auf, während die frühen Steinpyramiden von Ägypten erst um die Zeit von 2700 v. Chr. liegen... Vor dem Jahre 3000 v. Chr. liegen in Ägypten keine steinernen Bauten vor.“ [23)]

In ähnlicher Weise äußert sich dann auch Renfrew über die Kultur von Mykene und sagt dazu: „Stonehenge war fertiggebaut und die frühe Bronzezeit in England schon lange im Gange zu einem Zeitpunkt, als die mykenische Zivilisation von Griechenland gerade erst angefangen hat. Stonehenge, diese bemerkenswerte und rätselhafte Struktur, kann heute als das älteste astronomische Observatorium der Welt erachtet werden. Die herkömmliche Ansicht über die Vorgeschichte ist heute in jedem einzelnen Punkte widerlegt worden.“

Indem Colin Renfrew auch wiederholt auf die zahlreichen Funde an Bernstein in mykenischen Gräbern hingewiesen hat und dieser nur von den Küsten der Nord- und Ostsee herstammen kann, zeigt er, wie stark die Kontakte zwischen dem Norden und Hellas um 1600 v. d. Ztr. bereits gewesen sein müssen. Auch die heute von so vielen Touristen besuchte berühmte 'Grabkammer des Atreus' in Mykene mit ihrem wie ein Bienenhaus gewölbten 13 m hohen Dach und dem mächtigen Monolithen von 120 Tonnen über dem Eingang, das besterhaltene griechische Kuppelgrab aus den Jahren um 1500 v. d. Ztr., könnte als imposanter architektonischer Kuppelraum bis zur Errichtung des Pantheons in Rom auf aus Mitteleuropa kommende Baumeister zurückgeführt werden, da man - nach Renfrew - die ersten Kuppelgewölbe der Welt überhaupt - in Hellas 'holos' genannt - in der Bretagne gebaut hat. Das älteste Troja selbst datiert Renfrew dann schließlich mit Carl Blegen in die Jahre um 3000 v. d. Ztr. Was jedoch Renfrew an erster Stelle in seinen Forschungen nachweisen wollte, war, daß die Kultur der großen alt- und jungsteinzeitlichen Steingräber aus dem Norden stammte und nicht in umgekehrter Richtung verlief. Und diese mächtigen Denkmäler findet man auch an den Küsten der Nordsee und des Atlantiks entlang nach Süden, in der Hauptsache in der Bretagne, dann in Portugal und Spanien.

Dazu sind besonders einige labyrinthische Felsritzungen in Peña de Mogor nahe von Pontevedra (Nordspanien) von Interesse, die in die spätere Bronzezeit (um 900 - 500 v. d. Ztr.) datiert werden. Ebenso wie bei einer Reihe weiterer Labyrinthe in der galizischen Provinz Pontevedra fällt hier die große Ähnlichkeit mit den skandinavischen Trojaburgen auf. Es sind nämlich überwiegend kreuzförmige Labyrinthe mit sieben Umgängen. In einem Falle, auf einem Felsen von Parada, sind ganze drei gut erhaltene Symbole dieser Art eingraviert worden. „Waren dies," so fragt der deutsche Vorgeschichtsforscher Hugo Obermaier, „'Oratorien', an denen man Gestirne oder Kräfte der Natur verehrte? Oder verkörperten sie möglicherweise einstige Opferplätze bzw. religiöse Versammlungsorte?"

Da in Lombo da Costa, bei San Jorge de Sacos, Felsritzungen gefunden wurden, in denen eine Reihe konzentrischer Kreise, von einem Schälchen bzw. 'Seelenloch' im Zentrum, ausgehend, von einer Diagonale durchkreuzt werden, liegt hier somit eine deutliche Parallele zu altbritischen Sgraffiti vor, die wir oben schon erwähnt haben. Der Zusammenhang mit diesen ist hier ganz offenbar.

Es ist gut möglich, daß es sich bei diesen nordspanischen Felsenlabyrinthen um 'Oratorien' oder Orakelstätten an vorgeschichtlichen religiösen Versammlungsorten gehandelt haben könnte, denn die deutsche Symbol- und Felsritzungsforscherin, Lisa Schroeter-Bieler, hat in ihrem aufsehenerregenden Buch 'Skandinavien - Der Himmel über Europas Wiege' 1987 von den bronzezeitlichen Sgraffiti in Schweden und Norwegen sprechend, solche Kultplätze als durchaus mögliche Orakelorte dargestellt und betont, daß „das Orakel seinen festen Platz der Kulthandlungen" im Norden einnahm, an denen man Weissagungen über die Zukunft suchte. „Die Labyrinthfigur vom Mogorfelsen (Nordspanien, Anm. FH) wiederholt sich überraschend in Holywood bei Wicklow" auf Irland. Auch hier handelt es sich um eine bronzezeitliche Felsritzung, jedoch auf einem Granitbrocken, den man 1908 bei einer Wieseljagd umdrehte, und die man auf diese Weise entdecken konnte.

In der norditalienischen Provinz Brescia finden wir ebenfalls labyrinthische Fels- und Gesteinsritzungen vor, und zwar in Naquane, Val Camonica und Campanine, die auf etwa 750 - 550 v. d. Ztr. datiert werden und für jedermann leicht erreichbar sind. Hier sind auch zahlreiche andere Ritzungen von Menschen, Tieren und auch ausgeprägten Thorshämmern zu sehen, wie sie von Lisa Schroeter-Bieler mit ihrem neuen Pausverfahren in allen Details von den westschwedischen Felsbildern her bekannt und festgehalten sind. Es kann kaum ein Zweifel mehr darüber vorliegen, daß diese Völkerstämme, die einst über jene Alpenausläufer gezogen waren, identisch mit den Nordleuten sind, die auch in Ultima Thule ihre Bilder ritzten.

Der italienische Symbolforscher Emmanuel Anati, der einen neben dem auf dem Felsen von Naquane in Val Camonica eingemeißelten schwertbewaffneten Mann (ein Wächter des Labyrinths?) hervorhob, hat auf Grund archäologischer Funde die Entstehungszeit dieses Symbols noch etwas weiter zurück in die Jahre um 800 v. d. Ztr. verlegt. - Einen ähnlichen Krieger finden wir neben dem Felsenlabyrinth von Luine bei Dardo-Boario, wo auch noch ein Mensch mit ausgebreiteten Armen zu sehen ist, der an einen Adoranten, einen Anbetenden, denken läßt. Diese hier offensichtlich höhere Mächte anrufende Gestalt erinnert unwillkürlich an Hugo Obermaiers Deutung von Labyrinthen als Kultstätten bzw. Opferplätze.

Neben den hier erwähnten so gut wie voll identen Felsbildern von Irland, Nordspanien und Norditalien - alle typische nordische Trojaburgen - fällt noch ein in Luzzanas auf Sardinien 'Tomba del Labirinto' (Grab des Labyrinths) genanntes kreuzförmiges Labyrinth von sieben Gängen auf, das an die Decke einer Felskammer eingemeißelt wurde. Rainer Pauli hat in seiner Schrift über diese reizvolle und schöne Mittelmeerinsel die Ansicht vertreten, daß das hier vorliegende und gut erhaltene Labyrinth in die frühnuragische Zeit, d. h. zwischen 1500 und 1000 v. d. Ztr. zu datieren sei, wenn auch ein anderer Forscher, Ercole Contu, dieses noch früher, in die Zeit, als jenes Grab ursprünglich aus dem Felsen ausgeschachtet worden war (2500 - 2000 v. d. Ztr.) zurückverlegen will, was aber noch nicht durch archäologische Funde bewiesen werden konnte.

„Die Verbreitung der bronzezeitlichen Ritzzeichnungen in England, Irland und Nordwest-Spanien," bemerkt der bereits oben zitierte Hermann Kern, die verschiedenen Labyrinthengruppen nordischen Typs überblickend, „kann nur mit atlantischen Gemeinsamkeiten seefahrender Kulturen erklärt werden."

Setzen wir nun unseren Streifzug durch jene südlichen Gebiete fort, so stoßen wir im peloponnesischen Pylos, auf Delos, in Athen und in Pompeji auf noch einige weitere Labyrinthsymbole, wenn sie auch hier dann alle rechtwinkeligen und nicht des nordisch-trojaburgähnlichen Musters sind, um dann auf spanischem Boden den südlichsten Punkt auf unserer Fahrt zu erreichen.

Während das auf einem Giebel des Athener Parthenontempels geritzte Labyrinth mit einem Durchmesser von nur 10 cm in den Anfang des 4. Jahrhunderts v. d. Ztr. und das ebenfalls quadratische Labyrinth im 'Maison des tritons' von Delos mit seinem noch kleineren Maß von 4,5 x 4,5 cm in die zweite Hälfte des 1. vorchristlichen Jahrtausends verlegt wird, sind die pompejischen Symbole wesentlich jüngeren Datums - ein quadratisch geritztes Labyrinth auf einem Pfeiler im Peristyl des Hauses von Marcus Lucretius, an der Strada Stabiniana, mit den Maßen 8 x 9,5 cm, von ca. 79 n. d. Ztr., und zwei runde Labyrinthe in der Südwand einer Passage, die von Osten her hinter dem Kleinen Theater zum Großen Theater führt, mit Durchmessern von 14 und 40 Zentimetern, und in einem etwas vom kretischen Muster abweichenden Typ - leider ohne genau feststellbare Entstehungszeit.

Die Labyrinthe von Pylos und Syrien sind als die ältesten zu bezeichnen. Die Ritzzeichnung auf der Rückseite einer Tontafel aus Pylos, im Palast König Nestors, des Kriegsgefährten von Odysseus im Trojanischen Kriege, ist 7 x 5,7 cm groß und wird auf etwa 1200 v. d. Ztr. datiert. Auf der Vorderseite dieses Täfelchens befindet sich ein Text in der minoischen Linear-B-Schrift, aber in griechischer Sprache, wo u. a. die Namen von zehn Männern genannt werden. Der Palast brannte, wie man heute aus Funden nachweisen kann, um das Jahr 1200 nieder. Hermann Kern führt die Zerstörung auf den Einbruch der sogenannten 'Seevölker' um jene Zeit in das Mittelmeergebiet zurück.

Jürgen Spanuth dagegen bestreitet die Angabe Kerns und hat in einer Reihe von Schriften nachgewiesen, daß nicht jene aus dem Norden kommenden Seevölker die Zerstörer waren, sondern ein Vulkanausbruch, der vielmeterhohe Meereswellen hervorrief, die alle Paläste und Tempel der damaligen Zeit zerstört hatten. Wir werden darauf später noch zurückkommen.

Als ich vor etwa zwanzig Jahren zum ersten Mal nach Pylos kam, war ich von Freunden auf die augenfällige Zurückhaltung, wenn nicht sogar die Abneigung oder den Haß der Bewohner Fremden gegenüber, aufmerksam gemacht worden. Da ich der Landessprache nicht kundig war und mich auf Englisch und Französisch mit den Gebildeten des Ortes unterhalten mußte, war dies jedoch nicht so leicht erkennbar. Was mir aber nicht entging, waren die tief mißtrauischen und abweisenden Blicke, insbesondere der Männer, die mir begegneten, wenn ich in meinem Touristen-Griechisch das eine oder andere zu erfragen wagte. Daß daran die jahrtausendealte Abgeschiedenheit der Bewohner Messeniens von der Umwelt Schuld war, leuchtete mir durchaus ein. Auch die Spartaner waren - wie wir aus unserer Schulzeit wissen - bekannt für ihre ausgeprägte Wortkargheit.

Das oben genannte syrische Labyrinth von Tell Rifa'at, 1960 von der Archäologin Veronica Seton Williams entdeckt, war in schwarzer Farbe auf ein graugrünes Tongefäß gemalt worden und weist wohl die sehr geringen Maße von 7 und 8 cm im Durchmesser auf, ist aber von besonders hohem Interesse, da seine Zerstörung in dieselbe Periode wie das Pylos-Labyrinth berechnet wird, und zwar auf etwa 1200 v. d. Ztr. In diesem Falle handelt es sich aber, im Gegensatz zum Pylos-Labyrinth, um ein rundes Symbol altherkömmlichen nordischen Musters, jedoch mit nur fünf Gängen. Bemerkenswerterweise sehen wir vor dem Eingang dieses Labyrinths ein Tier (wahrscheinlich ein Pferd) abgebildet, das ergibt wieder eine genaue Parallele zu dem Labyrinth auf dem etruskischen Krug von Tragliatella in Rom aus dem 7. Jhdt. v. d. Ztr. Da am selben Fundort noch eine weitere Scherbe mit der Abbildung eines ebenfalls runden Labyrinths gefunden wurde, kann man hier durchaus von einer alten labyrinthischen Tradition in Syrien sprechen. - Hermann Kern hat dazu mit Recht betont, wie erfreulich jene Funde von Pylos und Tell Rifa'at sind, da sie die ältesten Labyrinthdarstellungen seien, die historisch-archäologisch sicher datiert werden können.

An der Grenze zu Asien, im kaukasischen Machtschesk im Norden Ossetiens, finden wir noch eine Labyrinth-Felsritzung nach dem nordischen Trojaburgmuster. Diese Ritzung liegt auf einem Granitfindling in den Maßen von 135 x 98 x 25 cm und weist einen Durchmesser von 62 und 54 cm auf. Um Interessenten den Zugang zu diesem interessanten Fund zu erleichtern, ist der Block 1938 in das Museum für Landeskunde der Ossetischen Republik überführt worden. Das Labyrinth wird vom russischen Vorgeschichtsforscher Krupnov auf das Ende des 2. Jahrtausends v. d. Ztr. datiert und fällt somit etwa in dieselbe Zeit wie die Labyrinthe von Pylos und Tell Rifa'at.

Was im Zusammenhang mit diesem Fund von besonderem Interesse ist, ist die Entdeckung von labyrinthischen Ritzungen auf einigen kaukasischen Holzgeräten in Daghestan. Hier handelt es sich in einem Falle um ein Labyrinth vom nordischen Trojaburgtyp mit sieben Umgängen, und zwar - nach Hermann Kern - um einen Plan für ein Wohnhaus für den mythischen Helden der Osseten Nart Syrdon, ein Holzgefäß, das von den Experten als sehr alt eingeschätzt wird. Auf einem anderen, neuzeitlichen Holzgefäß finden wir ebenfalls eine Ritzung mit sieben Umgängen, das aber vom deutschen Prähistoriker Bolko von Richthofen auf Grund einer Reihe in das Labyrinth eingegliederter Querstreben für eine Art Reuse gehalten wird.

In Südosteuropa liegen auch noch zwei kleinere Labyrinthe, die im 10. Jhdt. n. d. Ztr. in Basarabi, in der Dobrudscha, etwa zwanzig Kilometer von Constanza entfernt, vor, die in Kreidefelsen geritzt worden sind, in die dann - vermutlich später - eine kleine Kirche gebaut wurde. Während ein Labyrinth unvollendet blieb, ist das zweite quadratischen Musters und hat die Maße von 11,3 x 11,3 cm. Neben ihm ist eine Reihe von runenähnlichen Zeichen eingraviert, die jedoch noch nicht endgültig entziffert werden konnten. Vielleicht stammen diese Ritzungen von Wikingern, die um diese Zeit aus dem Norden nach Miklagård - Konstantinopel - zogen.

Da hier in Bessarabien noch zwei weitere kleinere Ritzlabyrinthe, ein rundes und ein rechteckiges, auf ein paar Kreidebrocken entdeckt wurden, ist es wohl offensichtlich, daß die Zeichner um den Sinn dieses ihnen bedeutungsvollen Symbols gewußt haben.

Unsere Spur auf der Suche dieses rätselhaften Musters führt uns also einerseits von Skandinavien über England, Schottland und Irland die Küsten des Atlantiks entlang nach Nordspanien und andererseits vom Norden auslaufend in die Alpengebiete und über diese in das Mittelmeergebiet nach Sardinien. Der dritte Weg verläuft, sich noch weiter ostwärts erstreckend, über Rumänien, Griechenland und die Insel Delos in den Kaukasus sowie nach Syrien. - Wichtig zu klären ist jetzt noch die Frage, ob es nicht auch noch andere kulturgeschichtliche Belege für die 'Wanderung der Labyrinthe' von Nord nach Süd gibt.

Folgen wir dabei Jürgen Spanuth, der in einer Reihe von Büchern und Studien die Geschichte der Atlanter, Phönizier und Philister sehr fundiert dargelegt und wichtige Forschungsarbeit geleistet hat. Spanuth gehört wie Colin Renfrew zu jenen Wissenschaftlern, die sich deutlich von der sogenannten 'Diffusionstheorie' eines Oscar Montelius, Glyn Daniel und Gordon Childe abwenden und geradezu das Gegenteil davon auf Grund ihrer Erkenntnisse zu behaupten wagten.

Die Idee der machtvollen steinzeitlichen Ganggräber, Dolmen und Steinkisten war nach Meinung der Diffusionisten vom Orient her in den Norden gebracht und dann dort 'zerstreut' worden. - „Das ursprüngliche Heimatland der Dolmen kann nicht in Nordeuropa gesucht werden," schreibt Montelius zu Beginn unseres Jahrhunderts: „Diese konnten sich nicht von hier aus an die südlichen Strände des Mittelmeeres, nach Palästina und Indien, ausgebreitet haben." - Ein Gedanke, der für ihn, wie er sagte, geradezu 'absurd' wäre.

Ganz ähnlich verhält es sich seines Erachtens nach auch mit der Ausbreitung der Bronze, des Kupfers und des Eisens. Colin Renfrew weist dagegen darauf hin, daß zahlreiche Schwerter von einem typisch nordischen Gepräge - das 'Griffzungenschwert' - sowie große Mengen an Bernstein, den man nur an den Küsten der Nord- und Ostsee finden kann, die man aus mykenischen Gräbern geborgen hat, einwandfrei aus Nordeuropa stammen. Für Renfrew sind nämlich die großen Grabbauten der nord- und mitteleuropäischen Steinzeit sowie Stonehenge älter als alle bisher bekannten anderen Steinbauten des Mittelmeerraumes, einschließlich der Pyramiden von Ägypten:

„Die endgültige Struktur von Stonehenge, die man einst für eine Inspiration der Experten der mykenischen Architektur gehalten hatte, war bereits fertig, als die mykenische Zivilisation erst begann... Plötzlich und in entscheidender Weise werden jetzt die imposanten megalithischen Gräber Westeuropas früher als irgendwelche vergleichbaren Monumente der Welt verlegt. Keine aus Steinen gebauten Baudenkmäler erreichen diese irgendwo an Alter... Und jene megalithischen Gräber finden wir an erster Stelle in Ländern, die an den Küsten des Atlantiks und der Nordsee - in Spanien, Portugal, Frankreich, England, Irland, Deutschland, Dänemark und Schweden liegen. Sie kommen dagegen nicht in Zentral-, Ost- und Südost-Europa, oder, mit der Ausnahme einiger wenigen in Palästina, im östlichen Mittelmeer vor."

Über die Ausbreitung der neolithischen Kammergräber sagt Renfrew dann: „Deren Hauptregionen sind: Süd- und Nordost-Spanien, das östliche und nördliche Portugal, der Südwesten und Westen von Frankreich, ganz Irland, Ostengland, Holland, Norddeutschland, Dänemark, Bohuslän, Halland, Schonen und Västgötaland in Schweden."

„Die ältesten und ersten steinernen Tempel wie die ältesten megalithischen Gräber des Atlantischen Europa ragen hervor als die große Errungenschaft einer Gesellschaft ohne Städte... Die Kohlenstoffmethode der Altersbestimmung hat dazu beigetragen, die Unzulänglichkeit des konventionellen Diffusionsbildes nachzuweisen, das von Worsaae, Montelius und Childe gezeichnet worden war."

Dies nur ein paar Zitate von Renfrew in groben Zügen, um die Widerlegung der herkömmlichen Ansicht der Herkunft der abendländischen Kultur aus dem Orient deutlich zu machen.

Als ich vor Jahren die Schriften Pastor Jürgen Spanuths zu lesen begann, war ich von seinen Forschungen über das einst irgendwo im Weltmeere - wie das sagenhafte Vineta der Ostsee - untergegangene Atlantis so fasziniert, daß ich den damals schon weit über seine Landesgrenzen hinaus als 'seltsam' bekannten Vorgeschichts- und Mythenforscher persönlich in seiner kleinen Pfarrgemeinde am Rande der Nordsee in Schleswig-Holstein aufsuchte. Danach folgten, angeregt von Spanuths Gedankengängen, einige Besuche nach Helgoland und zu einigen antiken Städten am Mittelmeer. Helgoland und Atlantis gehören zusammen, ebenso wie die von Spanuth ausführlich geschilderten Züge der sogenannten 'Seevölker' von den Gestaden der Nord- und Ostsee in den Süden. - Ich fuhr nach Tiryns, Mykene, Knossos, Theben und besuchte den gigantischen Tempel von Pharao Ramses III. in Medinet Habu, dessen Tausende von Inschriften Spanuth in seinen Werken einer breiteren Öffentlichkeit zugänglich gemacht hatte.

Auf den mächtigen in den Himmel ragenden Tempelmauern hatte man nämlich nicht nur eine große Seeschlacht mit Kriegern jener nach Ägypten gezogenen Seevölker, sondern auch deren Schiffe, Helme, Schwerter und Schilde eingemeißelt, die sich in allem von den damaligen Waffen der Ägypter unterschieden. Die Hörnerhelme, die auf den Tempelwänden mehrfach bezeugt sind, entsprechen bemerkenswerterweise in allen Details denjenigen, die man sowohl in Mykene, Tiryns und Dendra in Griechenland gefunden hat, und die in dieselbe Periode wie die Schlacht (1195 v. d. Ztr.) der Krieger der Seevölker mit den Truppen Pharao Ramses III. fallen.

Funde des nordischen Griffzungenschwertes in Ägypten aus jener Zeit weisen ebenso wie die Konstruktion der Schiffe und Rundschilde (vielfach auf schwedischen Felsbildern der Bronzezeit abgebildet) alle deutlich auf die Herkunft jener nach einer gewaltigen Naturkatastrophe aus dem Norden nach Ägypten gekommenen Krieger hin.

Was hat nun diese Wanderung der Seevölker aus dem germanisch-nordischen Raum mit dem Labyrinth zu tun? - Da nach den aufsehenerregenden Büchern und Schriften Spanuths jene frühen Emigranten eine Reihe für den Süden neuer Waffen, Schiffstypen und auch fremde Mythen mit sich führten, können wir theoretisch untersuchen, ob bei diesen Zügen nicht auch das Labyrinthsymbol in Form der nordischen Trojaburg seinen Weg in den Süden gefunden hat.

Es ist schlüssig, daß diese Völker auf ihren Fahrten zu Wasser und zu Lande hier und da ihre ureigensten Sinnbilder in Felsen und Steinblöcke eingehauen und geritzt haben, wie wir sie u. a. in Val Camonica (Norditalien), Pontevedra (Nordspanien) oder Sardinien gefunden haben. Überall dort, wo sich diese Auswanderer auch nur zeitweilig und vorübergehend niedergelassen hatten, hatten sie ihre Trojaburgbilder als Kennzeichen ihres Glaubens und Wissens zu verewigen versucht. Nach ihrer Ankunft auf Delos und Tel Rifa'at setzten sie dann für die kommenden Geschlechter die Tradition dieser Symbolik - weit weg von der eigenen Heimat - fort.

Der Ausbruch des Thera (Santorin)-Vulkans um das Jahr 1195 v. d. Ztr. hat, wie man dies heute genau feststellen kann, nicht nur große Gebiete des Mittelmeerraumes, sondern auch weit darüber hinaus bedingt durch die seismischen Kräfte eine ungeheure Überschwemmungskatastrophe bis in den Atlantik und die Nordsee verursacht. Während auf Kreta, in Griechenland und an den Küsten Kleinasiens Tempel, Mauern und ganze Städte entweder überflutet oder durch die vulkanischen Beben zum Einsturz gebracht wurden, sind auch die Küstenländer des Nordatlantiks von diesen Wellen der Zerstörung heimgesucht worden, und zwar in einem Ausmaß, daß den Überlebenden nur ein Ausweg - die Flucht in den Süden - blieb.

Die Zerstörung der 'zyklopischen' Mauern in Tiryns, Mykene und Knossos wird der bisherigen Geschichtsschreibung zufolge ausschließlich auf das Auftauchen der aus dem Norden hereinströmenden Völkerschaften, der 'Barbaren' zurückgeführt, die ja immer für sämtliche ungeklärte Verwüstungen herhalten müssen, während gleichzeitig der Santorinausbruch um einige Jahrhunderte vorverlegt worden war, etwa auf die Jahre um 1450 v. d. Ztr.

Colin Renfrew hat dazu nachweisen können, daß in den letzten Jahren auf Grund neuer Methoden der zeitlichen Fixierung archäologischer Funde auch ein wesentlicher Teil der bisherigen Chronologie selbst geändert worden ist. Während Libbys Kohlenstoffanalyse (C-14-Methode) in den meisten Fällen nur geringfügige chronologische Abweichungen feststellte, führte die Dendrochronologie, das ist die Zeitbestimmung an Hand der Jahresringe von Bäumen, und der Umstand, daß das Wachstum eines Baumes von Jahr zu Jahr bedingt durch Klimaänderungen variiert, zu einer noch exakteren Datierung als dies bisher der Fall gewesen war. - Bei der C-14-Methode handelt es sich darum festzustellen, wann ein Organismus gestorben ist, indem man dessen Gehalt an radioaktiver Kohle (C-14) mißt, was am leichtesten bei Knochen, natürlichen Fasern, Schalen und der Kohle selbst möglich ist. - Auf Grund der Dendrochronologie können heute durch die C-14-Methode berechnete Daten oft um Jahrhunderte früher 'kalibriert' werden. So kann sich der Unterschied bei Daten, die in die Zeit von 3000 Jahren v. Chr. fallen, um ganze 800 Jahre verschieben, und ein C-14-Datum der Jahre um 2000 v. d. Ztr. auf diese Weise ein wirkliches Kalenderdatum von 2500 Jahren ergeben.

Ein bisheriges C-14-Datum der irischen Vorzeitdenkmäler von Newgrange von 2550 v. d. Ztr. ergibt heute, neu kalibriert, ein Datum von 3350 v. d. Ztr., während das älteste Troja, das bisher in die Jahre um 1900 v. d. Ztr. berechnet wurde, nach der neuen Dendrochronologie in die Jahre um 3000 v. d. Ztr. fällt.

„Das ganze bisher so vorsichtig konstruierte Gebäude bricht nun damit zusammen," sagt Renfrew, „und die Textbücher werden umgeschrieben werden müssen... Die Baumeister des britischen Sonnenobservatoriums von Stonehenge haben daher auch keinerlei Kontakt mit der mykenischen Zivilisation gehabt, während wir steinerne Gewölbe bereits Tausende von Jahren im neolithischen Europa vor Mykene besessen haben und Stonehenge selbst vor der mykenischen Zeit fertiggebaut worden war."

„Wenn," wie Renfrew weiter feststellt, „die Steinkreise Südenglands das Produkt einer sozialen Organisation und ein Beweis für die Intensität einer zeremoniellen und religiösen Aktivität waren," braucht es auch als nicht allzu abwegig angesehen werden, daß die Trojaburgen Britanniens und Nordeuropas einst zu diesen gehört haben könnten. - Ein paar Hinweise auf aus dem Norden mit dem Völkerzug um das Jahr 1200 v. d. Ztr. in den Süden gelangte Kultureinflüsse mögen das hier skizzierte Bild der 'Seevölker' abrunden. - So meint Ludwig Bachofen in einer Studie des Jahres 1937 zu jener weltgeschichtlich so bedeutsamen Entwicklung: „Das war eine Sturmflut, die das Schicksal der Welt bestimmt hat."

Der Brite M. J. Finley sagt es mit ähnlichen Worten: „Die einstige Standardauffassung, nach der die Dorier (eine andere Bezeichnung für die 'Seevölker', Anm. FH), die Eindringlinge waren, welche die mykenische Welt zerstörten, läßt sich durch nichts stützen." Ergänzend dazu Jürgen Spanuth selbst: „Knossos und die anderen Paläste und Siedlungen Kretas sind nicht um 1450 v. Chr., sondern um 1200 v. Chr. zerstört worden. Sie fanden durch dieselben Katastrophen und am selben Frühlingstag ihr Ende wie die Paläste und Siedlungen auf dem Festland, in Kleinasien, Syrien, Palästina und Ägypten."

Wer die Bibel gelesen hat, weiß, daß von jener großen Katastrophe, den verheerenden Meeresüberschwemmungen, im Buche Exodus die Rede ist. Es waren dieselben Wogen, die die an das Meer grenzenden Gebiete Norddeutschlands überflutet haben, die sogenannte 'große Flut', von der Prof. von Maack ebenso deutlich wie einst schon Platon und Ovid gesprochen haben.

Diese Nordleute, von Spanuth auch Herakliden genannt, die um das Jahr 1200 v. d. Ztr. nach Griechenland eingewandert waren und dann nach Kleinasien, Syrien und Ägypten weitergezogen sind, sind nach der Niederlage am Nil und einem etwa hundertjährigen Aufenthalt in Kleinasien dann wieder nach Hellas zurückgekehrt, wo sie dann als 'Dorier' und 'Hellenen' seßhaft wurden. Während der Zeit ihres Aufenthaltes in Syrien, d. h. im Gebiet des späteren Libanon und Palästina, wurden sie dort bereits 'Philister', manchmal auch 'Phönizier' genannt. Dies mag für manchen Leser ungewöhnlich klingen und er wird sich die Frage stellen, wie es zu diesen unwahrscheinlichen Namensänderungen für ein und dasselbe Volk gekommen sein mag. Nehmen wir das Beispiel des alten österreichisch-ungarischen Vielvölkerstaates zur Hand mit seinen zahlreichen Nationalitäten, dann wird dies sehr einsichtig. Auch hier wurden aus einstigen Österreichern, Böhmen und Mähren plötzlich Tschechen, ganz ähnlich wie im 1830 gegründeten Belgien im Laufe der Zeit aus Wallonen und Niederländern die 'belgische Nation' wurde oder aus Montenegrinern, Serbo-Kroaten und Bosniaken 'Jugoslawen'.

Die Hieroglyphen von Medinet Habu in Theben, die die große Seeschlacht an der Mündung des Nils mit den aus dem Norden gekommenen 'Seevölkern' sehr ausführlich dokumentieren, enthalten u. a. auch mehrfach einige ursprüngliche Stammesnamen. So können wir hier Namen wie 'Phrst' (gesprochen: 'Peleset', 'Pherest', 'Pulasati' und 'Philister') oder 'Sakar' und 'Denen' begegnen; Bezeichnungen, die unwillkürlich an die Urformen der späteren Sachsen und Dänen erinnern.

Da diese im Alten Testament öfter als 'Philister' bezeichnet werden und ihr Heimatland 'ai kaphtor' (Insel Kaphtor = Insel der Weltsäule) heißt, weist dies ziemlich deutlich auf das einstige platon'sche Atlantis mit seiner Hauptstadt Basileia hin, wo die berühmte altgermanische Irminsul gestanden haben soll.

Zur Überraschung der Kunsthistoriker wurde vor einiger Zeit in der neuen Heimat der Philister, in Syrien, ein Philisternapf entdeckt, der in die Jahre um 1160 v. d. Ztr. datiert werden konnte, und auf dem die Weltensäule der Irminsul ebenso klar dargestellt wird wie wir sie von Abbildungen der Sachsen auf den norddeutschen Externsteinen her kennen. „Die Säule," bemerkt dazu Spanuth, „von der hier die Rede ist, und die im Mittelpunkt des Heiligtums und damit im Mittelpunkt der Trojaburganlage von Atlantis stand, ist ohne Zweifel eine 'Weltsäule' gewesen..." Rudolf von Fulda hat von der Verehrung der Weltsäule bei den Sachsen folgendes berichtet, fügt Spanuth hinzu: „Einen hölzernen Stamm von nicht geringer Größe, in die Höhe aufgerichtet, verehrten sie unter freiem Himmel, in der Volkssprache wurde er 'Irminsul' genannt, das bedeutet 'Weltallsäule', die gleichsam alles stützt... Die Weltalls- oder Himmelssäule im Mittelpunkt des Heiligtums sollte symbolisch den Himmel oder das Weltall tragen." [24)]

Die nordische Vorstellung von einer Weltalls- oder Himmelssäule, die in den Himmel ragt, war auch im Süden bereits sehr früh bekannt, wie wir das von Inschriften aus der Zeit von Pharao

Thutmosis III. (um 1500 v. d. Ztr.) und Ramses II. (1292 - 1232 v. d. Ztr.) her wissen, wo von 'Trägergöttern' die Rede ist, die in der Dunkelheit, d. h. in den Ländern des hohen Nordens, leben. Später hat der römische Historiker Tacitus in seiner 'Germania' davon gesprochen, wenn er sie dann auch die 'Säulen des Herakles' im Nordmeer nannte. Drusus Germanicus versuchte diese auszuforschen, mußte aber feststellen: „... aber der Ozean hat es nicht zugelassen."

Zu diesem Beispiel aus der nordischen Tradition mag noch hinzugefügt werden, daß die Insel Zypern, ein Stützpunkt der Seevölker auf dem Wege nach Ägypten, damals bei den Ägyptern 'la Danan' - die Insel des Dan (der Danen, Dänen) - genannt wurde. Auch dort wurden zahlreiche ausgesprochen nordische Griffzungenschwerter, u. a. in Alasia, entdeckt.

Die auf Sardinien gefundene Bronzestatuette eines typischen Seevölkerkriegers mit dem behornten Helm und rundem Buckelschilde aus dem 13. Jhdt. v. d. Ztr. möge die Nachweise in Zusammenhang mit dem Zug der Nordleute in den Mittelmeerraum abrunden.

Jürgen Spanuth hat in seinen Büchern auch nachgewiesen, daß die Philister bzw. Phönizier (eine spätere Bezeichnung für die in diese Gebiete um das Jahr 1200 v. d. Ztr. gekommenen Seevölker) nicht nur eine ganz neue, erste Alphabetschrift hier entwickelt haben, sondern darüber hinaus den eingeborenen Völkern das Wissen um die Sternenkunde, Navigation und neue Schiffstypen sowie die Metallurgie schenkten. Neben den Griffzungenschwertern entdeckten die Archäologen auch einen völligen neuen Baustil aus jener Zeit. Spanuth bezeichnet die damals Eingewanderten sogar als Konstrukteure des berühmten Tempels von Salomon, als dessen Baumeister er Hieram von Tyros nennt, der nach megalithischen Traditionen gearbeitet habe. - Auf die Herleitung der Schrift der Philister oder Phönizier aus dem Norden, die sogenannten Ur-Runen, kann hier aus Platzgründen leider nicht näher eingegangen werden. Jeder Interessierte findet aber leicht den Zugang zu diesen Fragen in der Fachliteratur.

Die neuen griechischen Buchstaben, die jene Nordvölker hier hinterlassen haben, und die u. a. im Palast von Ramses III. in Tell-el-Jehudieh gefunden wurden, werden in die Jahre zwischen 1200 und 1168 v. d. Ztr. datiert und haben frappierend große Ähnlichkeiten mit der nordischen Runenschrift, was auch jeder Laienphilologe leicht feststellen kann, der das griechische mit dem phönizischen Alphabet vergleicht. Empfehlenswert dazu ist das Buch von Otto Zeller 'Der Ursprung der Runenschrift und das Runenalphabet', worin es heißt, daß die Alphabete 'einander wie ein Ei dem anderen gleichen'.

„Die Megalithiker," sagt Spanuth, „also der eine Zweig der Vorfahren der Germanen, haben schon in der Jungsteinzeit, also schon im 3. Jahrtausend v. Chr., Runen an ihren Großsteingräbern angebracht. Die meisten befinden sich in Südspanien, Portugal, in der Bretagne und in Westdeutschland."

In Izbet Sarta bei Tel Aviv (Israel) wurde 1976 eine Tonscherbe gefunden, die Professor Demsky von der Jerusalemer Universität als eine 'sensationelle Entdeckung und das fehlende Glied der Geschichte der Schrift' bezeichnete und auf der alphabetische Schriftzeichen eingeritzt sind, die sich fundamental von allen anderen in Israel gefundenen Schriftsystemen unterscheiden und eine große Ähnlichkeit mit dem griechischen Alphabet aufweisen. Es handelt sich hierbei mit anderen Worten um ein vollständiges Alphabet der Philister, die um das Jahr 1200 v. d. Ztr. in dieses Land gekommen waren, und das sie dann etwa hundert Jahre später wieder in Richtung Norden nach Griechenland verlassen haben.

Wohin diese Seevölker im einstigen syrischen Raum auch hingezogen waren, hinterließen sie starke, von allen früheren abweichende Spuren neuer Kulturschöpfungen, die eine ganze

Kette von Funden heute belegen können. Ob dann, wie Spanuth vermutet, wirklich der Gott 'Baal' dem nordgermanischen 'Balder' entspricht, mag dahingestellt bleiben. Ausgeschlossen ist es jedenfalls nicht. Auch ist es noch nicht restlos geklärt ob und wie jene Seevölker es schafften mit ihren neuen hochseetüchtigen Schiffen von hier aus, an den Säulen des Atlas (bzw. Herakles-Herkules) vorbei, den Atlantik nach Nord- und Südamerika zu überqueren. Vieles spricht jedenfalls dafür.

So weisen z. B. umfassende Darstellungen auf Ritzbildern an einer 1932 entdeckten Felswand von Pedra de Gavea in der Nähe von Rio de Janeiro und in Sete Cidades (Brasilien) sowie auf einem Felsen von Peterborough in der kanadischen Provinz Ontario auf diese Nordleute, die damals aus dem syrischen Raum gekommen sein könnten. Der britische Prähistoriker Barry Fell führte diese Felsbilder in Ontario auf Runen zurück und auf die mit ihnen zusammenhängenden Tifinag- und Ogham-Schriften, die in vielem den bronzezeitlichen Felszeichnungen Schwedens entsprechen und wo u. a. von einem nordischen König 'Wodan-Lithi' aus Ringerike die Rede ist.

Auch in den USA, im Gebiet der Hopi-Indianer, so. z. B. in Oraibi, Shipalovi, Flagstaff, Aroyo Hono und Casa Grande, gefundene in den Fels gravierte Labyrinthe kretischen Musters sind möglicherweise solche Spuren vorkolumbischer Seefahrer aus dem Norden Europas. Es werden künftig sicher noch weitere archäologische Funde zu Tage treten, die eine nähere zeitliche Bestimmung dieser Bilder ermöglichen können. Neben dem französischen Anthropologen Jacques de Mahieu hat auch der britische Vorgeschichtsforscher Cyrus H. Gordon eindeutige Parallelen zwischen den Kulturen der Azteken in Mexiko und Vorderasiens und Ägyptens andererseits gezogen. Der Norweger Thor Heyerdahl hat mit mehreren Expeditionen und Seefahrten zumindest bewiesen, daß es solche Kulturkontakte zwischen Nordafrika und Zentralamerika durchaus damals schon gegeben habe.

Fassen wir kurz zusammen, so sehen wir, daß die durch die Flutkatastrophe zum Auswandern genötigten Nordleute auf ihren Zügen nach Süden auf allen Gebieten des Lebens schöpferisch aufgetreten sind, neue Kulturkeime gesetzt haben und nicht, wie es in den Geschichtsbüchern steht, Paläste und Kulturen in Griechenland und anderswo in 'barbarischer Absicht' zerstörten! - Zahlreiche archäologische Ausgrabungen belegen dies.

Ich habe selbst die Paläste des Peloponnes und Kretas besucht, noch bevor ich von all diesen Forschungsergebnissen Kenntnis hatte, und mich oft beim Anblick der zyklopischen Steinblöcke gefragt, die von den Palastmauern in Tiryns, Mykene, Knossos und Phaistos wie auch in Ephesos, Pergamon und Didyma heruntergeworfen worden waren, wie denn 'einfallende Barbaren' zu solch herkulischen Kraftakten fähig gewesen sein konnten, denn diese Felstrümmer haben oft 20 oder sogar 30 Tonnen an Gewicht. Auch wenn man bedenkt, daß die Nordeuropäer von größerer und kräftigerer Statur als die mediterrane Urbevölkerung war, ist es physisch nicht möglich, solche Brocken in der Gegend herumzuschleudern.

In der Zeit ihres etwa hundertjährigen Aufenthaltes in Syrien-Kleinasien haben diese Stämme aus Nordeuropa auch in Palästina eine Reihe von Steinringen und Dolmen hinterlassen, wie wir sie von Skandinavien her kennen. Die Bekanntschaft mit den alten Kulturen des Orients scheint in nicht zu unterschätzendem Maße anregend für die Entfaltung ihrer eigenen kulturellen Entwicklung gewesen zu sein und hatte zur Schöpfung des ersten Alphabets (der phönizischen Schrift) geführt. Eine neue Architektur (siehe Tempel Salomons) und neue Schiffstypen wurden geschaffen.

In Hellas haben dann die Nordatlanter in den darauffolgenden Jahrhunderten die ersten imposanten Tempelbauten errichtet, u. a. den Apollontempel von Bassai im 5. Jhdt. v. d. Ztr. in der großartigen Bergeinsamkeit jener weite Teile Arkadiens und Messeniens überblikkenden Landschaft, den ebenfalls Apoll geweihten Tempel von Delphi aus dem 6. Jhdt., sowie den Zeustempel von Dodona aus dem 5. Jhdt. v. d. Ztr. Die Friese der Tempel (von Bassai und vom Parthenon) befinden sich heute im 'British Museum' von London.

Die Besiedelung der um diese Monumentalbauten liegenden Landschaft wird heute von den Archäologen in die Bronzezeit, also in die Periode der 'dorischen Wanderung', wie sie vielfach bezeichnet wird, zurückverlegt. Wo sich die Nordleute auch in Hellas niederliessen, pflegten sie den Sitten ihrer alten Heimat gemäß auch mächtige Eichen anzupflanzen und ihre Glaubensvorstellungen waren von einem ausgeprägten Sonnenkult geprägt, ähnlich dem 'Ultima Thules'.

Als ich einst auf meiner Wanderung den Tempel von Bassai erreichte, bot sich mir der Anblick zweier Adler, die über dem Heiligtum kreisten, während sich zwei Tauben, die Gefahr nicht erahnend, auf den Stufen der Cella niederließen - die Symbole des Kampfes und des Friedens auch in der Natur in unmittelbarer Nähe - und die sintflutartigen Wassermassen eines Gewitterregens die zum Tempel führende Straße zum Einsturz brachten.

Die Nordleute wurden in Hellas 'Dorier' (die Goldenen) genannt, auch 'Herakliden'. Herakles, ihr hervorragendster Held, kennen wir von einigen Metopen in Olympia her, in Rom wurde er später Herkules genannt. Tacitus hat in seiner 'Germania' auch von einem 'allgemeinen germanischen Herkules' berichtet, den die Krieger beim Auszug in die Schlachten zu besingen pflegten. Dieser Herakles wurde dann in Griechenland zum Hauptхelden der dorischen Sage. Als einer der ersten berichtete Pindar etwa 500 v. d. Ztr. von ihm, daß dessen Mutter Artemis ihn im Lande der Hyperboreer empfangen hatte, wo - gemäß Hesiod - der Bernsteinstrom 'Eridanos' floß, den Spanuth als 'zweifellos mit dem Bernsteinfluß Eider identisch' hält. Ein Fluß, der heute noch Bernstein führt 'und an dessen Ufern 1968 noch viele Zentner Bernstein ausgebaggert wurden.' - Aus dem Geschichtsunterricht wissen wir, daß Apoll - neben Zeus einer der höchsten Götter der Griechen - jährlich in das Land der Hyperboreer zurückzukehren pflegte.

So wurde im Laufe der nächsten Jahrhunderte auch in Griechenland ein ganz neuer Glaube, eine neue Götterwelt und ein Schönheitskult geboren, eine wahrhafte Hochzeit der europäischen Kultur, wie sie das Abendland bis dahin noch nicht gekannt hatte. Kunst, Architektur und Philosophie erlebten eine Blüte, von deren Früchten wir heute noch zehren können. - War das Kraftsymbol des Labyrinthes ein entscheidender Impuls dafür?

Das Zeichen der Trojaburg und des Labyrinthes findet sich überall dort, wo die Nordatlanter gewandert waren, Meilensteine der großen dorischen Wanderung: Val Camonica, Pontevedra, Pylos, Delos, Akropolis, Tell Rifa'at in Syrien, Machtschesk im Kaukasus usw. - Diese Labyrinthe sind so gut wie durchgehend vom selben Typ wie die Hunderte von Trojaburgen des Nordens, die heute noch z. B. in Ulmekärr bei Grebbestad in Bohuslän oder in Storeberg bei Göteborg in Schweden zu bewundern sind. Beide liegen im Bereich vorgeschichtlicher Grabplätze. - Auch ist die Bezeichnung der meisten schwedischen Labyrinthe 'Trojaburg' auf dem großen, langen Zug nach Syrien, Ägypten und Griechenland nicht verlorengegangen und hat sich im Namen des homerischen Troja bis heute erhalten.

VIII.

Heilige Berge

Alle höheren Religionen hingen seit jeher stets mit Bergen zusammen. So wie die Brahmanen Indiens sich auf die Höhen des Himalaya begaben, um tiefere Einsichten und einen engeren Kontakt mit den Göttern zu finden, der biblische Moses auf dem Berge Sinai seine zehn 'Moralgebote' schrieb und 'Jesus' seinerseits sich in die Berge zurückgezogen haben soll, um seinen letzten schweren Kampf mit 'Luzifer' auszufechten, waren auch die Berge bei den alten Atlantern in Europa heilig. Die Götter der Griechen lebten auf dem Olymp, die Asen des Nordens in Jotunheimen, der Heimat der Riesen.

Da es aber nicht in jedem Landstrich einen 'Himalaya', einen 'Sinai' oder einen 'Olymp' gibt, mußten sich die Menschen zumeist mit geringeren Höhen begnügen. Zu diesen Hügeln begab man sich aber nicht nur, um seine Götter anzubeten, sondern auch um das Land ringsum besser überblicken zu können, wenn Gefahr von Feinden drohte. Allmählich sind dann diese Gipfel später überall mit Burgen oder Wehranlagen besetzt worden. Auch das einbrechende Christentum verlegte dann ihre Gotteshäuser dorthin, um gut sichtbar für die ganze Umgebung zu sein. In den meisten Fällen sind die heidnischen Heiligtümer, die sich dort befanden, dabei mutwillig zerstört worden.

Bei den Germanen wurden die heiligen Berge oft 'Wallburgen' genannt, auf denen man religiöse Zeremonien, besonders den Frühlingsanfang, das Mittsommerfest und die Wintersonnenwende, feierte. Diese Wallburgen sind meist astronomisch geortet, liegen auf miteinander verknüpften Höhen. Besonders in England sind diese Verbindungslinien heute schon näher erforscht und werden 'ley-lines' genannt. Eine große Anzahl vorgeschichtlicher Heiligtümer der alten Briten war so miteinander verbunden, daß sie mit Feuersignalen, auch bei bevorstehenden Angriffen von außen her, kommunizieren konnten. Die mathematische Exaktheit, mit der diese Linien gezogen wurden, hat so manchen modernen Astronomen unserer Zeit seit dem Beginn jener Forschungen in den Jahren ab 1920 einigermaßen verblüfft.

Die Hügel von Glastonbury Tor in Cornwall, das alte Sonnenheiligtum Stonehenge und der mächtige von Menschenhand errichtete Hügel von Silbury Hill haben eine besondere Rolle gespielt. In Frankreich waren es die schier endlos wirkenden Alignements von Carnac in der Bretagne und in Deutschland sind die Externsteine bei Horn im Teutoburger Wald wohl das beeindruckendste Beispiel einer 'heidnischen Kulturstätte'. Diese Felsengruppe hängt ebenfalls mit anderen höher gelegenen Merkpunkten dieser Region zusammen. Es gibt bereits zahlreiche Literatur, die sich sehr sachkundig mit diesem uralten Heiligtum befaßt, das von der Kirche verteufelt und verfemt und zu einer Kapelle degradiert worden ist.

Auf dem Brocken im Harz, wo sich ja einst auch eine alte heidnische Kultstätte befunden haben soll, auf der man den Frühlingsanfang - Walpurgis - feierte, haben nach 'christlicher' Auffassung sogar die 'Hexen' getanzt. Diese 'Hexen', weise und heilkundige Frauen, sind unter der kirchlichen Inquisition bekanntlich zu Tausenden zu Tode gefoltert und verbrannt worden. Noch Goethe hat in seinem 'Faust' sich auf alte Berichte stützend davon der Welt Kenntnis gegeben.

Daß nun 'Walpurgis' auf 'Walburg', bzw. 'Wallburg' zurückzuführen ist, leuchtet ein. Dort wo es eine Wallburg gab, da wurde dann auch überall die Walpurgisnacht, der Beginn des Frühlings, gefeiert. Zu diesen Bezeichnungen sind auch die Begriffe 'Walhall' (der Götterberg der nordischen Asen), die 'Walstatt' und die 'Walküre' zu nennen, wobei es gerade letzterer, als einer Jungfrau, oblag, die gefallenen Helden nach Walhall zu geleiten. Zu den Götterbergen, den Wallburgen, wallfahrtete man an großen Feiertagen.

1. Deutsche und österreichische Wallburgen

Was bei den Babyloniern und Sumerern die Tempeltürme - Zikkurate - waren, stellten bei den Germanen die Wallburgen dar. Bemerkenswert dazu ist, daß die zur höchsten Stufe der Zikkurate führenden Wege spiralförmig angelegt waren und auch die Pfade zu den Gipfeln der Wallburgen oft in der gleichen Weise verliefen. Daß man dabei unwillkürlich an das in der Natur gegebene Spiralprinzip der nach der Sonne strebenden Windungen der Pflanzen denkt, liegt auf der Hand. In diesen Spiralen verlaufen zudem ja auch die Weltenbahnen der Planeten und das gleiche Muster haben auch die Land- und Seeschnecken, die bei vielen Völkern - vielleicht aus diesem Grund? - als heilig angesehen werden. Zahlreiche Stämme der Südseeinseln und auch die neuseeländischen Maori tragen tätowierte oder bemalte Spiralen auf Gesicht und Körper und sehr viele Volkstänze in aller Welt verlaufen nach dieser Symbolik. Kurzum, die Spirale zählt zu den ältesten und häufigsten Sinnbildern der Menschheit und das Labyrinth oder die Trojaburg ist nur eine andere Form dieses Musters.

„Das Labyrinth," sagt der Symbolforscher A. Rosenberg in seiner 'Labyrinthenmeditation', „ist als Menschheitsmotiv eine Stabilisierung der Spiralbewegung. Es gehört wie Kreuz und Radkreuz zu den Ursymbolen, die über die ganze Erde verbreitet sind: stets und überall als der Ausdruck einer zentralen Lebensproblematik. In runder und eckiger Form bleibt das Labyrinth das Symbol der Verschlungenheit von Leben und Tod mit der Hoffnung auf ein todüberdauerndes Leben." - Ein anderer Forscher, Otfried Kastner, meint zur Spirale, daß wir es hier mit etwas Sakralem zu tun haben, mit „einer magisch-religiösen Erfahrung der ganzen Menschheit, die zu einer dauernden Verbindung des Menschen mit dem Heiligen führt... Die Feldlabyrinthe sind Denkmäler einer Menschheitshoffnung auf Erneuerung des Lebens. Das Leben wird als Wandelgang erkannt. Das Bild der Nachtmeerfahrt der Sonne spielt herein. Im christlichen Lebensmysterium wird sie schließlich als 'Morgenröte des Heils' eingeordnet. Die Rückkehr ist stets nur von der Mitte her möglich: bei der Rückkehr aus Mitternacht kommt es zum 'Sonne-Schauern'... Die Spirale symbolisiert die 'ewige Mobilität' (Goethe), die kreisende Umgestaltung des Wesens nach dem wandellosen gestalteten Gesetz. Goethe hat in der Spirale ein 'Urzeichen' gesehen... Seine Schau erwuchs ihm aus der Betrachtung der Pflanzen. Er sah sie als 'Grundgesetz des Lebens', als Zeichen für das unaufhörliche Werden im Sein und zugleich des ruhenden Seins im Werden, des sich aus seiner Mitte entfaltenden Kreises, die Kraft und Urbewegung des Lebens... Die Spirale ist ein Seelenweg zu höherer Bewußtseinsebene." [25)]

Ein anderer deutscher Symbolforscher, Hörnes, hat von der engen Beziehung zwischen den Wallburgen und Labyrinthen gesprochen: „Die Labyrinthe gleichen Grundrissen mehrfacher Ringwälle, aus welchen ein Weg ins Freie führt, während die Form einer Reihe von Wallburgen rein spiralhaft ist."

Die Spirale wie auch die Labyrinthe nordisch-germanischer Prägung sind in der Forschung oft als eine magisch-religiöse Erfahrung der Menschheit dargestellt worden, deren Sinn darin bestanden haben soll, eine Verbindung des Menschen mit der Gottheit, dem Heiligen, herzustellen. Man hat diese ebenfalls als Denkmäler des Menschen zur Erneuerung des Lebens charakterisiert.

Hier gilt in der Tat ein Streben des Menschen nach seiner seelisch-geistigen Wiedergeburt. Kein Wunder, daß die Wallburg in etlichen Fällen geradezu mit einem Labyrinth identifiziert worden war, wenn auch heute die meisten Wallburgen wie auch Labyrinthe auf deutschem Boden zumeist durch kirchliche Intoleranz verschwunden sind. Nur in ganz vereinzelten Ausnahmen sind bis zur letzten Jahrhundertwende hier und da noch Spuren davon übrig geblieben.

Rudolf Virchow, der berühmte Arzt und gleichfalls begeisterte Freund der germanischen Vorgeschichte, hat 1877 von deutlichen Spuren nach einer norddeutschen Trojaburg in Eberswalde, auf dem Felde des bei Frankfurt an der Oder gelegenen Weilers Arensdorf, gesprochen, wo nach Berichten früherer Forscher im Jahre 1713 noch vier eingesunkene Steinkreise von einer solchen kündeten. Von diesen, sagt er, „hatte der eine in der Mitte einen bloßen Stein und um diesen herum sechs Kreise von Steinen, der andere in der Mitte ein von Steinen gelegtes Kreuz und herum vier ovale Kreise... Die Einwohner nannten die Kreise Jekkendanz oder Wunderberg."

Virchow nannte auch einen 'Adams'- oder 'Steindanz' in der Nähe des seinen eigenen Namen tragenden Dorfes Virchow, Kreis Damberg in der Neumark, den er selbst besucht hatte. Es ist interessant, daß ein Vorgänger Virchows, Prof. Joh. Christian Bekman, an die hunderte Jahre zuvor in seiner 'Historischen Beschreibung der Chur- und Neumark Brandenburg' (1751) von den hiesigen labyrinthischen Steinsetzungen gesprochen hatte und betonte, daß diese seit alten Zeiten von der Bevölkerung als Wunderberge bezeichnet worden waren, obwohl sie in diesem Falle keineswegs auf einem Berge gelegen hatten. Das Wort 'Labyrinth' war auf deutschem Boden somit nach Bekman im Volksmunde gleich mit der Bezeichnung eines 'Wunderberges'.

Als Virchow hier nun Spuren jener 'Adams'- und 'Steindanze' zu entdecken suchte, fand er nichts mehr. Von den in Bekmans Bericht genannten „14 paarweise gestellten, 2 bis 2,5 Fuß hohen, ungestalten Steinen" stand kein einziger mehr da, ja, wie Virchow sich ausdrückte, es existierte „nicht einmal eine Erinnerung an dieses Monument unter der Bevölkerung". So radikal war das Werk der Zerstörung, ob nun von seiten der Kirche, durch die Uninteressiertheit der Gebildeten, die Sucht nunmehr uneingeweihter Bauern, durch das Wegräumen solcher Steinsetzungen ihr Ackerland zu erweitern, bzw. durch das Einsinken des Bodens durch die emsige Tätigkeit der Regenwürmer, die auch größere Steine gnadenlos unter die Erde bringen können, entzieht sich unserer Kenntnis. Jedenfalls sind es Hunderte von solchen Anlagen dieser Art in Deutschland, die verschwunden sind.

Auch Ernst Krause hatte sich für den '*Wunderberg von Eberswalde*' in der Mark Brandenburg interessiert, wo etwa um die Mitte des 19. Jhdts. archäologische Ausgrabungen eine Reihe von wertvollen Funden an den Tag gebracht hatten: 17 Pfeile, 3 Lanzenspitzen, 1 Schwert, große und kleine Ringe, mehrere Dolche, Diademe und Armspiralen. Krause stellte 1853 in 'Thors Donnerkeil und die steinernen Opfergeräte des nordgermanischen Heidentums' fest, daß all die genannten Funde aus Bronze waren, so daß es nicht schwer fiel, sie in die richtige Epoche zu datieren.

„Eine Tatsache veranlaßte uns, in eine genaue Untersuchung dieser Lichterfelder (der genannte Wunderberg lag bei *Lichterfelde*, in der Gegend von Neustadt-Eberswalde, Anm. FH) Verhältnisse einzutreten," sagt dazu Ernst Krause, „nämlich die Auffindung einer Anzahl von Stein-, und Bronzewerkzeugen, die uns lehren, daß hier, vermutlich im letzten Jahrtausend vor unserer Zeitrechnung, eine Völkerschaft mit hochentwickelter Bronze-Kultur seßhaft gewesen ist. Unter den Funden vom Wunderberge ist besonders der große, aus einem feinkörnigen

Granit zurechtgeschliffene Schleuderstein von fünf Zoll Durchmesser und fast drei Pfund Schwere bemerkenswert; denn er kann mit seiner sorgfältig ausgeschliffenen Randrinne für den Wurfriemen und in seiner ganzen sauberen Bearbeitung, wie Kirchner ganz richtig hervorhebt, nicht als ein gewöhnlicher Schleuderstein für den Kampf, der nur einen Wurf wert sein soll, betrachtet werden, sondern als Gerät für feierliche Spiele, wie sie bei Festen und zu Ehren von Verstorbenen abgehalten wurden. Auf solche Spiele könnten auch die zahlreichen hier gefundenen Pfeile und Lanzenspitzen gedeutet werden, von denen eine kleine Anzahl aus Feuerstein war. Unter der Voraussetzung, daß dieser Wunderberg in märkischer Redeweise ein wirklicher, mit Irrgarten versehener Wunderberg gewesen sei, würden sie als die einzigen eine Zeitbestimmung erlaubenden Fundstücke, die man jemals bei einer deutschen Trojaburg gefunden hat, von ungewöhnlichem Interesse sein, zumal sie eben auf daselbst abgehaltene Spiele hindeuten, und dieser Umstand konnte ein näheres Eingehen auf die Funde in diesem Zusammenhange rechtfertigen, zumal auch die russischen Forscher ihre Babylone der Bronzezeit zuschreiben." [26)]

Ein Nachfolger Ernst Krauses in der Erforschung der deutschen Labyrinthe, J. Becker, sagt 1939 vom sogenannten 'Boitiner Steintanz' (Boitin/Mecklenburg), der im Jahre 1890 von sich für die Vorgeschichte ihrer Heimat interessierenden Kreisen jener Gegend wiederhergestellt worden war, es habe sich um fünf bis sechs Steinkreise gehandelt und: „Wir müssen bedenken, daß der Tanz in alten Zeiten einen rituellen Sinn hatte, er galt als gottesdienstliche Übung. Hier waren heilige Stätten, die allem Anschein nach irgendwie der Sonnenverehrung dienten oder auch als Gerichtsplätze anzusprechen sind."

Zwei andere Deutsche, Willy Pastor und Willibald Hentschel, haben sich einige Zeit nach Krause ebenfalls mit den deutschen Wallburgen befaßt. In Pastors 'Die Walburgfrage' heißt es 1910 über die Trojaburgen als 'Nachbildungen der Sonnenlaufbahn': „Diesen zweidimensionalen Nachbildungen der nordischen Sonnenlaufbahn entsprechen nun aber dreidimensionale, ins Plastische übersetzte. Es sind die Walburgen; Hügel von oft recht stattlicher Höhe, die entweder terrassenförmig abgestuft oder von einem spiralig sich emporwindenden Gang umgeben sind... 'Walburg', der Name klingt heute der Wissenschaft noch fremd. Aber wir haben sehr zwingende Gründe, ihn hier an die Stelle der allgemein gebräuchlichen, verstümmelten und irreführenden Benennung 'Wallburg' zu setzen. Zunächst, weil durch die reinliche Unterscheidung von Walburg und von Wallburg ein mäßiger Gelehrtenstreit aus der Welt geschafft wird: der Streit, ob diese Werke als Kultstätten oder als bloße befestigte Plätze zu deuten seien. Den Kultcharakter der eigentlichen Walburgen kann nur leugnen, wer von all den Überlieferungen der Sagen und Sitten, die hier einen Mittelpunkt haben, nichts weiß und zudem die einfach taktische Frage so wenig verfolgt, daß er schließlich jeden Clochán als unbezwingbare Festung ansieht. Aber freilich gibt es auch vorgeschichtliche mit Wall und Graben umzogene feste Plätze, die mit irgendwelchem Kultus nichts zu schaffen haben. Will man sich entschließen, die letztcharakteristischen Anlagen Wallburgen, die Kultstätten Walburgen zu nennen, so wäre dieser ganze Streit erledigt. Eine bloße Verstümmelung der früheren Form *Walburg* nannte ich die in die Handbücher übergegangene Bezeichnung. Noch heute hat sich die ursprüngliche Form an vielen Orten rein erhalten. Walsburg heißt eine solche Anlage bei *Schleiz*, das Wal in Thüringen, 'Walburgsmay' nannte man die Maienzweige noch zur Zeit des Prätorius, und Walburgisfeuer ist die nordische Benennung der Höhenfeuer.

Suchen wir nach dem Ursprung der Höhenfeuer, so gelangen wir wie bei den Trojaburgen in schamanistisch alte Zeiten, und in ihrem Ebenbild, dem Feuer, wird die Sonne bezaubert. Es ist nicht unsere Aufgabe, die Geschichte der Walburgen von diesen Urzeiten her zu verfolgen bis zur Gegenwart, wo sie im Norden die Walburgisfeuer im dreifachen Reigen - einer Trojaburg aus Menschen - umtanzen. Die Urvorbilder der Truddhi und Clocháns, der ältesten Gewölbebauten mit ihrer seltsamen Terrassierung wollten wir kennenlernen. Das ist geschehen, und wir können nur der weiteren Entwicklung dieser zyklopischen Kunstwerke folgen.

Bei den Dolmen wird auch dem flüchtigen Blick die Ähnlichkeit mit einer vierfach abgestuften Walburg auffallen, deren Gipfel ein Altar krönt. Die reichsten Entwicklungsmöglichkeiten scheinen in neusteinzeitlichen Werken solcher Art enthalten. Und diese Entwicklungsmöglichkeiten haben sie in der Tat geboren, und man hat sie benutzt. Die babylonischen Türme sind die letzte und stolzeste Folgerung gewesen. Der kreisrunde Grundriß freilich ist aufgehoben. Dem Süden war er bedeutungslos, und bei den berühmten knossischen Münzen (die natürlich jüngeren Datums sind), sehen wir, mit welcher Kunst man im Süden die labyrinthischen Trojaburgen des skandinavisch-norddeutschen Kulturkreises umzuformen verstand ins rechtwinklig Mäandersche. Nur der quadratische Grundriß, dessen wir Seiten genau nach den vier Himmelsrichtungen orientiert sind, hatte im Süden Sinn und Bedeutung. Auf ihm bauen die babylonischen Türme sich auf, die im übrigen die Eigentümlichkeiten ihrer Urvorbilder, die Terrassierung und das Sonnenheiligtum der Höhe, beibehalten.

Europa hat Tempeltürme von dieser Schönheit und Pracht niemals besessen. Die Entwicklung wies hier auf andere Bahnen. Nicht prunkvolle Tempel, sondern wehrhafte Festen mußten die Heiligtümer in Gebieten werden, die immer wieder umbrandet wurden vom wildesten Völkerkreislauf. Eine feste Burg war ihr Gott schon Jahrtausende vor Luther. Dieser Wille zur Wehrhaftigkeit hat die Entwicklung bestimmt. Er hat die Walburgen zu Wallburgen gemacht, und die schlichten Heiligtümer altzyklopischer Bauart sich auswachsen lassen zu jenen trutzigen Festen, die auch in ihren Trümmern noch unsere Bewunderung erregen.“ [27)]

Hörnes sagte von der Beziehung zwischen den Walburgen und Labyrinthen, „die Labyrinthe gleichen Grundrissen mehrfacher Ringwälle, aus welchen ein Weg ins Freie führt,“ während die Form einer Reihe von Walburgen rein spiralhaft ist. „Weniger klar sind die Spuren bei den sogenannten Tanzbergen,“ meint dagegen Willy Pastor, „es sind kleine, bühnenartig geebnete Hügel. Auf dem freien Platz war bisweilen ein Labyrinth angelegt, aber auch wirkliche auf den Sonnenkult hinweisende Baulichkeiten scheinen errichtet worden zu sein.“

All die zahlreichen von vorgeschichtlichen in Schriften verschiedener Art der letzten Jahrhunderte vermerkten Wallburgen auf deutschem Boden aufzuzählen, würde aus dieser kurzgefaßten Übersicht über die heiligen Berge eine zu lange Abhandlung werden lassen. Daher sei nur eine kleine Auswahl aus Deutschland, Großbritannien und Skandinavien gestattet.

Daß viele deutsche Wallburgen sehr alt sind, hat uns bereits der Wunderberg von *Eberswalde* gezeigt, wo etliche Funde aus der Bronzezeit gemacht wurden und nach Rudolf Virchow einst auch eine Trojaburg auf dem Gipfel gelegen haben soll. Auch auf der ‘Walburg’ auf dem *Questenberg* im Südharz, wo man von alters her den Sonnenaufgang des dritten Pfingsttages zur Begrüßung der Frühlingssonne zu feiern pflegte, sind die Archäologen auf Funde aus dieser Epoche gestoßen. Die dritte sehr alte Wallburg, bemerkenswert für ihre stufenförmige Gliederung und sechs frühbronzezeitlichen Hünengräber, lag auf dem *Buntenberg* bei *Göstrup*, ca. zehn Kilometer nordöstlich von Lemgo. Über sie berichtet im Jahre 1933 der Vorgeschichtsforscher A. Meier-Böke [28)]:

„Daß wir in dem Buntenberge eine Wallburg ältester Art, die zur Zeit älteste in Lippe und im norddeutschen Raum, vor uns haben, das ist zweifelsfrei... Für nicht zufällig halte ich die Nachbarschaft der ‘tausendjährigen Eiche’ von Göstrup, die am Fuße des Berges steht... Der Platz der Eiche zu Göstrup kann späterer oder auch schon gleichzeitiger Mittelpunkt für gemeinschaftliche Volksbegebenheiten gewesen sein. Selbstverständlich nicht der heutige Baumriese, sondern ein Vorfahr, aber in Fortsetzung alter Traditionen.“

Vorgeschichtliche Funde sind auf deutschem Boden ferner noch u. a. auf folgenden Wallburgen gemacht worden: auf der *Grotenburg* bei *Detmold*, dem *Frauenberg* bei *Sondershausen*, der *Steinsburg* bei *Römild*, dem *Schloßberg* bei *Luisenthal*, dem *Sonnenberg* bei *Sulza*, dem

Schloßberg bei *Feldberg*, am Luziner See in Mecklenburg, auf der *Dreisonnenkuppe* bei *Lomig*, unweit von Koblenz, wo angeblich ein altgermanischer Thingplatz, umgeben von vorgeschichtlichen Grabhügeln, lag, auf dem *Galgenberg* von *Sahlenburg*, dem *Burgwall* von *Dierkow* bei Rostock, der *Papenburg* bei *Cuxhaven*, am Nordrande der Feldmark Gudendorf (Gotendorf!), und auf dem *Zobtenberg*, einem von alters her bekannten einstigen Vandalenheiligtum und Sonnwendfeuer-Feierplatz.

Über den 'Steinkreis' von *Boitin* im Kreis Greifswald, einem weiteren in *Hohenbarnekow* bei Franzburg, den Steinring von *Ötzenhausen* bei *Trier* sowie den Ringwall von *Uphlanor* in der Schwäbischen Alb heißt es, daß in deren Umgebung überall ganze vorgeschichtliche Gräberfelder gefunden worden seien. Der *Donnersberg* in der Pfalz und der *Tabarz* im Thüringer Wald werden dagegen als uralte Kultstätten der Germanen verzeichnet, von denen der erstgenannte, wie es der Name schon zeigt, mit dem Gott Donar (Thor) in Verbindung gesetzt wird. Zu jenen Götterbergen gesellen sich ferner der 1123 in einer Urkunde erwähnte *Wothenberck* des Dorfes *Utzberg*, zwischen Erfurt und Weimar und der *Wednshoog* bzw. *Wodanshoog* bei *Keitum* in Schleswig-Holstein, sowie schließlich der schleswig-holsteinsche *Düfhoog*.

Der Galgenberg von *Meldorf* in Dithmarschen fällt seinerseits durch seine spiralförmige Walburg wie auch durch seinen seltsamen Namen auf, da hier eine ausgesprochene Identität mit der alten gotländischen Trojaburg von Visby und dem hinter dieser liegenden Galgenberg vorliegt, während eine andere alte Kultstätte an der Südgrenze des Staatsforstreviers *Nikelsdorf*, Kreis *Pirna*, vom Vorgeschichtsforscher Friedrich Leuschner als „eine Anlage zur Bestimmung der Länge des Sonnenjahres und, seit Jahrtausenden, als eine himmelskundliche Beobachtungsstätte" unter dem Namen „Das Labyrinth" genannt wird.

Ein *„Die Babilonie"* genannter Burgberg im *Wiehengebirge* sowie eine weitere ebenso geheißene Wallburg bei *Lüddecke* werden als einstige germanische Labyrinthe angesprochen, wobei der auf deutschem Boden seltsame Name derselben auffällt, der ja offenbar auf das alte sumerische Babylon hinzudeuten scheint. In diesem Zusammenhang kann darauf hingewiesen werden, daß auch in Finnland Trojaburgen mit diesem Namen vorkommen, während bemerkenswerterweise sowohl in Deutschland (hier fast überall zerstört!) wie in Finnland eine große Anzahl an einstigen Labyrinthen den Namen 'Jerusalem' führen. In Norddeutschland sind allein 23 belegt, einige heißen auch 'Jerusalemsberg' oder 'Jerusalemshügel'. Da es in Finnland auch heute noch stehende Trojaburgen mit Namen 'Jerusalems Tempel', 'Jerusalems Stadt', 'Jerusalems Zerstörung' und 'Ninives Stadt' gibt, kann man verstehen, daß es sich in allen diesen Fällen um Labyrinthe gehandelt hat, die von kirchlicher Seite her 'verchristlicht' wurden, falls man sie nicht überhaupt unmittelbar abgetragen hat. Dafür zeugen ja auch all diejenigen Trojaburgen Finnlands, die mit der Bezeichnung 'Nonne' (z. B. in Form von 'Nonnentanz') versehen worden waren.

Diese Verchristlichung der altheidnischen Wallburgen, mit oder ohne Labyrinth auf dem Gipfel, geht ebenfalls deutlich aus den Namensänderungen hervor, die in Zusammenhang mit den dort gebauten Kirchen und Kapellen stehen. So wurde beispielsweise auf dem Frauenberg bei Sondershausen in Thüringen eine 'Unsere lieben Frauen' genannte Kapelle, auf der Steinsburg bei Römild ein St. Michaelis geweihtes Gotteshaus, auf dem Heiligenberg von Groß-Furra, auf der Hainleite, eine dem Bonifazius geweihte Kirche, auf der Wallburg von Diedesheim eine Michaeliskapelle und Wallburgen bei Fulda, Erfurt und Halle zu Petersbergen umgetauft, während auf dem Wodanshoog bei Keitum eine dem St. Severin geweihte Kirche errichtet wurde, um hier nur einige wenige Beispiele aus der Fülle zu nennen.

Halten wir hier auch fest, daß es ein Pastor war, der eine der ersten Schriften über die Wallburgen, „Die Trojaburgen in Thüringen", verfaßte.

Wohl die letzte kirchliche Umdeutung der Wallburgen sind die 'Kalvarienberge', jene spätmittelalterlichen Wallfahrtsorte, die als plastische Nachbildungen Golgathas geweiht wurden. Spielarten dieser Kalvarien sind die sogenannten Ölberge, und schließlich auch die Bittstiegen oder Bußtreppen, die gegenüber der Kanzel in der Ecke des hohen Chores der Kirchen angebracht wurden. Zu den eigentlichen Walburgen verhalten sich diese Kultstätten ungefähr wie die Labyrinthe oder 'Jerusalemswege' westeuropäischer Kirchen zu den alten Trojaburgen.

Zu dieser Übersicht über die deutschen Wallburgen wollen wir noch ergänzen, daß in der Nähe des brandenburgischen *Jüterbog*, und zwar in der Vorstadt Neumarkt, eine Wallburg 'Der Tanzberg' genannt wird. Ernst Krause hat in seinem Buch über die Trojaburgen Nordeuropas vor etwa hundert Jahren darüber berichtet, daß auf dieser ein Tempelchen gestanden habe, „in welchem sie die Göttin der Morgenröte anbeteten". Das Tempelchen habe kein Fenster gehabt, sondern „ein rundes Loch mit einem eisernen Gitter verwahrt, gegen Morgen, und zwar genau gegen Sonnenaufgang zur Nachtgleiche", was ja deutlich davon spricht, daß es sich hier um eine Parallele zu einem entsprechenden kleinen Raume, dem Sacellum, der Externsteine handelt, dem berühmtesten deutschen Sonnenobservatorium der Vorzeit.

Von diesem 'Tanzberg von Jüterbog' ist bekannt, daß man dort bis in unser Jahrhundert, auch durch die wendischen Zeiten hindurch, in der Walpurgisnacht getanzt habe, ebenso wie in der 'Jäckedanz' genannten Wallburg von Arendorf im Kreise Lebus. Es ist daher anzunehmen, daß es sich in beiden Fällen um Labyrinthe gehandelt hat, von denen jedoch im Laufe der Zeit, besonders in Deutschland die charakteristischen Steinkreise selbst verschwunden sind.

Bei einem bayerischen Labyrinth, „Das Tänzelfest" genannt, in *Kaufbeuren*, tanzte die Jugend den Lauf des Sonnenjahres verkörpernd jährlich durch die Spiralwindungen, um die Ankunft des Frühlings zu feiern. Dies ist uns bis in die Vierzigerjahre unseres Jahrhunderts überliefert.

Dieses labyrinthische Tanzen ist uns selbstverständlich auch noch von der wohl schönsten Trojaburg bekannt, die es je gegeben hat, nämlich von der *Windelbahn* von *Stolp* in Pommern, auch 'Windel-' und 'Wandelburg' genannt, mit ganzen achtzehn Windungen, einem Baum im Mittelpunkt und von zwanzig Bäumen umsäumt. Pastor Magdalinski, der zu Beginn der Zwanzigerjahre ausführlich darüber geschrieben hat, berichtete auch, daß dieses Frühlingstanzfest bis in das 18. Jhdt. zurückgeht. Er hat auch betont, daß diese schöne Anlage, die erst nach dem II. Weltkrieg abgetragen worden sein soll, nicht nur als Tanzplatz, sondern auch in seiner astronomisch ausgerichteten Planung selbst eine Spiegelung der Sonnenbahn darstellte, wobei die Linien, die rechts getanzt wurden, die Sonnenbahn bei Tag, die links herum jene der Nacht verkörperten. Die Tänze, heißt es in seinem Bericht weiter, sollen eine ausgesprochene Ähnlichkeit mit den delischen Geranos-Tänzen gehabt haben.

Magdalinski hebt noch hervor, daß er den Ursprung dieser Windelbahn im hohen Norden, jenseits des nördlichen Polarkreises, vermutet, wo ja bekanntlich die Sonne im Sommerhalbjahr überhaupt nicht untergeht und man daher ihre Bahn genauestens studieren kann. Auch ist dieses Labyrinth einst mit großer Wahrscheinlichkeit in einen Steinkreis gefaßt gewesen.

Der knossische Labyrinthentanz auf Kreta wurde von Ernst Krause geradezu als ein astronomischer Tanz bezeichnet, und ein anderer deutscher Mythenforscher, Friedrich Creuzer, nannte diese kultischen Tänze der Griechen sogar 'Planetentänze', in denen Sonne, Mond und Sterne in ihrem Kreislauf nachgebildet wurden. Vergessen wir nicht, daß einige Forscher (u. a. Krause) das Wort 'Trojaburg' unmittelbar aus 'troare', d. h. 'wenden', 'drehen', hergeleitet haben, woraus sich dann erst die Begriffe 'Troja', 'Troa', 'Troyes' des französischen Labyrinthentanzes 'Troyerlais' usw. entwickelt hätten. Kein Wunder also, daß sich diese Bezeichnungen und Worte so eng an das Labyrinth und den Tanz anlehnen.

Wir haben oben schon die Trojaburg der Sporthochschule von Gerlev des Dänen Henning Eichberg genannt, die in den letzten Jahren bei der Jugend so sehr populär geworden ist, ganz so wie die von Turnvater Jahn angelegte Trojaburg auf der Berliner Hasenheide die jungen Sportler begeisterte.

Neben Gerlev gibt es in Dänemark seit 1970 nur noch drei weitere neu errichtete Labyrinthe, davon eines in Lejre, in dem sich jährlich bis zu 130.000 Kinder und Jugendliche freudig tummeln. Dessen ungeachtet ist das Land reich an alten labyrinthischen Traditionen, denn nicht weniger als 32 dänische Ortschaften mit Namen wie 'Trojborg', 'Troyenborg' und 'Trojeberg' künden heute noch deutlich davon.

„Eine der Hauptfragen des Labyrinthes ist jene nach der eigenen Identität," betont Prof. Eichberg, der das Symbol als einen wesentlichen Teilfaktor in seine physische und geistige Erziehung der Jugend aufgenommen hat und damit heute bahnbrechend auf diesem Gebiet sein dürfte.

In Ojai und Navano (Kalifornien) hat man in den letzten Jahren einen ähnlichen Weg durch die Anlage eines Labyrinthes eingeschlagen. Auch hier will man den Versuch machen, den modernen, im seelischen Bereich aus dem Gleichgewicht geratenen Menschen mit Hilfe dieses Sinnbildes neue psychische Stabilität und Harmonie zu vermitteln. Vielleicht wird man künftig auch in Dänemark, Amerika und andernorts in den Fußspuren des Philosophen Swedenborg wandeln, der bei seinen täglichen Meditationen tiefsinnige Lebensweisheiten schmiedete. Wie es heute in zahlreichen Ländern 'Swedenborggesellschaften' gibt, könnte es später allmählich auch weltweit zu Vereinigungen von Menschen kommen, die sich der labyrinthisch gestalteten Geistes- und Seelenpflege widmen.

Fassen wir dieses Kapitel über die deutschen Wallburgen zusammen, so bemerken wir noch, daß die stufenförmige Gliederung der Anlage von *Göstrup* in Schleswig-Holstein und die ostpreußische Wallburg *Tyrklo* in der Nähe von *Lyck* in Süd-Auen, Masuren, mit ihren spiralhaften Windungen ihre ihnen sehr ähnlichen Gegenstücke in zwei österreichischen Wallburgen haben, dem *Stillfried* und dem Hausberg von *Obergänserndorf*, auf dem heute eine christliche Kapelle steht.

Nach den deutschen und österreichischen Wallburgen lenken wir unseren Blick jetzt auf ein paar französische und englische Anlagen, um uns danach wieder nordwärts, nach Skandinavien zu begeben.

Der „Hausberg" von Geiselberg in Niederösterreich

Stufenwalburg von Obergänserndorf

Abb. 11: Österreichische Wallburgen. W. Pastor: Altgermanische Monumentalkunst; 1910, Seiten 85 und 92.

Abb. 12: Das Labyrinth von Glastonbury Tor, Cornwall, England. CAERDROIA, Nr. 14/1984

2. Der britische Labyrinthenberg Glastonbury Tor

Auf der Insel Man zwischen England und Irland finden wir ebenfalls eine sehr berühmte Wallburg, 'The Thingwall', ein altes Heiligtum der Druiden, wo sich der Weg auch wie bei den deutschen und österreichischen Anlagen in Spiralen hinaufwindet. In England selbst ist wohl Glastonbury Tor in Cornwall die faszinierendste Wallburg, die wir kennen. Erst vor wenigen Jahren hat man das Spiralmuster dieses Berges entdeckt. Das erst jüngst erwachte Interesse britischer Labyrinthenfreunde brachte diese sensationelle Tatsache vor aller Augen. Bis dahin hatten wohl Generationen von Wanderern zwar diese Wallburg begangen, nicht aber deren wahre vorgeschichtliche Bedeutung erkannt.

Diese in Spiralen angelegten Wege erwiesen sich als ein perfektes Muster einer Trojaburg altnordischen Typs mit sieben Gängen, und auf dem Gipfel hatte ein weithin sichtbarer steinerner Turm gestanden.

Zwei britische Forscher, Geoffrey Ashe und Russell Scott, haben in der Fachzeitschrift für Labyrinthenfragen 'Caerdroia' (der walisische Name für eine Trojaburg) 1984 Zeichnungen veröffentlicht, die uns die ganze Perfektion dieser einzigartigen Labyrinthenanlage vor Augen führen.

Heute sind nach Glastonbury schon fast ebensoviele Touristen unterwegs wie nach Stonehenge. Beide Örtlichkeiten werden mit den Druiden in Verbindung gebracht und üben einen großen mystischen Reiz auf alle Besucher aus. In unmittelbarer Nähe von Glastonbury Tor befindet sich noch eine Kirchenruine, die nach Ansicht einiger britischer Forscher das Grab des sagenhaften Helden König Arthur und seiner Gemahlin Guinevra bergen soll, und eine ebenfalls benachbarte Höhle mit großen Steinen wird für den Sitz der Tafelrunde der Arthusritter am Heiligen Gral gehalten. Dazu sind vor allem zwei Studien Scotts interessant: 'The Ancient Wisdom' ('Die alte Weisheit') und 'Avalonian Quest' ('Die Suche nach Avalon'; d. h.: nach der Mythe um König Arthur).

Nigel Pennick, ein anderer britischer Labyrinthenforscher, beschrieb in 'Caerdroia' 1984 Glastonbury Tor als einen Kalvarienberg, wo hinauf im Mittelalter die Christen anstatt nach Jerusalem zu einer 'St. Michaels-Kapelle' pilgerten, die auf der Höhe errichtet worden war. Er schreibt dazu: „In einem solchen Labyrinth schritt der Pilger bis an das Ziel, in diesem Falle zum Gipfel, wobei er ganz bestimmte Passionsphasen seit seinem Aufstieg durchschritten ist. Jener Aufstieg fand jedoch nicht direkt statt, sondern wurde dem Pilger bewußt erschwert, so daß er die Mühen einer Pilgerfahrt, oder, als Analogie, die Passion Christi, bei seinem Aufstieg erleben sollte."

Da jedoch im Jahre 1539 ein Abt und zwei Mönche auf dem Berge ermordet wurden, wobei der Abt geköpft worden war, kann man verstehen, daß es damals dort offenbar noch 'Heiden' gab, die sich gegen die mißbräuchliche Verwendung des von alters her heiligen Berges als Kalvarienberg mit Kapelle zur Wehr setzten. Das Konzept der Kalvarienberge selbst stammte, wie die Herausgeber von 'Caerdroia', Jeff und Debb Saward, in ihrer Zeitschrift (Folge 14/ 1984) mitteilen, vom deutschen Mystiker Suso und von St. Bonaventure, also von einem dominikanischen Mönch und einem Franziskaner.

3. Götterberge des Elsaß

Auch im Elsaß lag ein berühmter Kalvarienberg, Mont Valerien, der aber während des deutsch-französischen Krieges 1871 von den Franzosen zu einer Militärbasis ausgebaut worden war und vernichtet wurde. Im nördlichen Elsaß existieren aber noch zwei weitere wichtige Wallburgen, der 'Odilienberg' und 'Die Hohe Donne'.

Goethe, der sich im Rahmen seiner Faust-Dichtung viel mit 'Hexenkulten' (Brockenberg im Harz) befaßte, hat auch vom Odilienberg als solchen 'Hexenplatz' sprechen gehört, so daß er sein Pferd sattelte und eines Tages, in Straßburg weilend, dorthin aufbrach. Er hat uns dazu einen sehr interessanten Bericht hinterlassen.

Der 762 Meter hohe, sich weit über die schöne elsässische Landschaft erhebende *Odilienberg* wurde vom deutschen Symbol- und Mythenforscher Otto Uebel vor etwa sechzig Jahren als „das größte und besterhaltene vorgeschichtliche Bauwerk auf deutschem Boden" dargestellt.(Das Elsaß, Haut-Rhin, gehörte damals noch zu Deutschland, Anm. FH.) „Den die ganze Ebene beherrschenden Berg umzieht ein riesiger, sich dem Gelände anpassender Ringwall, dessen gewaltiges Mauerwerk noch heute weithin erhalten ist," schreibt Uebel. „Der Berg dürfte schon in urnordischer Zeit eine besondere Rolle gespielt haben, denn unter den Fundgegenständen befinden sich auch jungsteinzeitliche Tonscherben und Waffen, die dem Michelsberger Kreis zugehören. Mehr läßt sich jedoch erst aus altgermanischer Zeit, d. h. aus der keltischen Latènezeit, sagen. Man setzt die Entstehung des eine Fläche von über 100 Hektar umschließenden Ringwalles in die Zeit zwischen 500 und 250 v. d. Ztw. ... Außer längeren Strecken der über 10 Kilometer langen Ringmauer selbst sind einzelne Tore sowie die Straßen, die auf sie zuführen, noch heute festzustellen. Die Wallburg selbst war durch zwei Querwälle in drei Teile geteilt, aus deren mittlerem sich der nach Nordosten vorspringende Gipfel erhebt; dort entspringt auch die größte der drei Quellen des Berges. Dort wo heute das Kloster steht, war einst ein Steinkreis, an dessen Stelle, wohl in der Römerzeit, ein Tempel aus sechs mächtigen Steinsäulen errichtet wurde; wie Forrer wohl mit Recht vermutet, befand sich hier *ein Steinkreis in der Art der Großsteingräber,* wie ihn noch Stonehenge zeigt. Etwas westlich davon, unterhalb der Plattform des Berges, auf der heutigen 'Großmatt', fand Forrer eine *Steinkreisanlage* von nur 1.30 Meter Durchmesser, die, aus einer Unmenge von kleinen Steinen zusammengesetzt, *ein winziges 'Stonehenge"* bildete.[29)]

Otto Uebel, der sich sehr eingehend mit dieser Wallburganlage beschäftigt hat, berichtet uns weiter: „Die zuvor den keltischen Mediomatrikern beim Germanensturm als Fliehburg dienende Felsenfeste wurde die Gauburg der germanischen Triboker. Daß sie damit zugleich das Stammesheiligtum dieses germanischen Volksstammes wurde, ist nicht nur deshalb anzunehmen, weil wohl alle germanischen Wallburgen zugleich Heiligtümer umschlossen, sondern auch aus dem Umstand zu folgern, daß auch die Römer auf dem Berg den oben erwähnten Tempel dem Jupiter Maximus weihten. Jupiter Maximus ist aber in den römischen Provinzen nur die römische Bezeichnung für den obersten Gott überhaupt; in dem keltisch-germanischen Gebiet bezeichnet Jupiter den keltischen Hauptgott Visucius bzw. den germanischen Wodan; statt Wodan kann aber auch je nach dem Volksstamm Donar oder Ziu gemeint sein."

Neben den bereits erwähnten Funden wurden auf dem Odilienberg auch 'Topfscherben mit Bronzezeit-Ornamenten' sichergestellt, wie der im obigen Zitat schon genannte zweite Erforscher dieses Heiligtums, Forrer, schreibt: „Die Kirche übernahm jenen *heiligen Berg* der Elsaß-Alemannen und errichtete dort ein Kloster, welches der Jungfrau Maria und dem Heiligen Petrus gleichzeitig geweiht war... Der bis anno 1734 erhaltene 'Heidentempel' bildete in der Tat das urzeitliche Heiligtum des Odilienberges. Ursprünglich dürften dort wohl mehrere ineinandergelegte Steinkreise bestanden haben, nach Art jener von Stonehenge." [30)]

Dazu ist wichtig zu wissen, daß die 'Jungfrau Maria' als 'Gottesmutter' und 'Himmelskönigin' eine Nachfolgerin der höchsten weiblichen heidnischen Himmelsgottheit war, bei den Römern der der Juno oder der Diana, bei den Germanen der Frija, Fricke, oder wie immer ähnlich die Gemahlin des obersten Gottes genannt wurde, wie Otto Uebel dies schon angemerkt hat.

Ganz so verhält es sich mit Petrus, nach dem etliche deutsche Wallburgen benannt wurden. Er ist nichts anderes als eine christliche Personifizierung Donars. Auch die Wallfahrten, die schon seit Urzeiten auf diesen heiligen Berg und zu seinen heiligen Quellen führten, wurden von der Kirche übernommen und bis heute fortgesetzt. Die besondere Berg- und Quellenheilige wird hier zu einer 'St. Odilie', so wie andernorts von 'Walpurgiskapellen' die Rede ist.

Auf einem dem Kloster benachbarten 'Hexenplatz' hat man im Gestein Vertiefungen gefunden, die man als Schalensteine angesprochen hat. Wahrscheinlich haben wir hier, nicht auf dem alten Tempelplatz, dann dieses alte germanische Heiligtum zu suchen. An den 'Hexenplatz' knüpft sich auch die Sage vom 'Wilden Jäger' (Wodan) an, ein weiterer Beweis für die Heiligkeit dieses Ortes in vorchristlicher Zeit.

Noch eine andere Überlieferung mag dazu von Interesse sein. Von der nördlich des Klosters errichteten Engels- oder Hängenden Kapelle sagt der Volksglaube nämlich folgendes: „Wenn ein Mädchen neunmal die Runde um die Kapelle macht, bekommt sie noch in demselben Jahr einen Mann". Ist dies vielleicht ein Überlieferungsrest zu Fruchtbarkeitskulten bei labyrinthischen Steinsetzungen? Uebel vertritt schließlich in Verbindung mit dem Odilienberg noch die Ansicht, daß jener astronomisch geortet gewesen sei, was uns bei einem so herausragenden Heiligtum keineswegs erstaunen würde.

Die Hohe Donne, der zweitbedeutendste heilige Berg des Elsaß (frz. Donon, vom kelt. 'dun' = 'Zaun') kündet durch seinen aus keltischer Zeit stammenden Ringwall davon, daß auch hier ursprünglich eine keltische Walburg vorliegt, die sogar um 200 Meter höher als der Odilienberg ist. Auch hier lag bereits zur Römerzeit ein Heiligtum der Kelten und Germanen vor.

Neben Resten des auf jener Hohen Donne einst von den Römern dem Merkur geweihten Tempels sind auch Teile von drei Altären gefunden worden, die dem Jupiter Maximus eigen waren. „Wir finden also hier," sagt Otto Uebel, „die Verehrung derselben Gottheit wie auf dem Odilienberge vor, denn Merkur ist, wie Jupiter, auch hier nur die römische Bezeichnung für den keltischen Visucius, bzw. den germanischen Wodan, wie die Beispiele von Baden-Baden, Heidelberg, Miltenberg u. a. zeigen. Auf die Wodansverehrung im germanischen Elsaß weisen noch zwei andere Tatsachen hin: neben zahlreichen Steinen, die Merkur-Wodan geweiht sind, finden sich, und zwar nach Süden bis etwa Straßburg, die sonst besonders im Gebiet des Mittelrheins anzutreffenden sogenannten Jupiter-Giganten-Säulen; die bedeutendste im tribokischen Gebiet ist der sogenannte Selzer Reiter."

4. Die heiligen Berge von Ultima Thule

Wenn Menschen der Vorzeit sich die Mühe gemacht haben, Hunderte von größeren Steinen auf einen Berg zu tragen, so muß das einem höheren Zweck gedient haben. Wenn jene Berge dann oft auch nicht die Ausmaße eines Odilienberges oder der Hohen Donne hatten, muß es sich dennoch um eine gewaltige Leistung gehandelt haben. Und aus diesen Steinen legten die Menschen im Norden dann mit großer Kunstfertigkeit ihre Trojaburgen, die für Ultima Thule typischen Labyrinthe, in denen die Jugend an bestimmten Festtagen die Schlingen entlangtanzend oder auch nur schreitend, die Wiederkehr des Frühlings, den längsten Tag des Jahres - den Mittsommertag - und die Wintersonnenwende feierte. Daß diese Höhen bei der Bevölkerung auch aus der weiteren Umgebung bekannt waren, ist anzunehmen.

Aus neuerer Zeit hat insbesondere ein südschwedischer Berg am Mälaren-See in *Kungsör* mit einem Labyrinth durch Königin Christina (1626 - 1689), die Tochter von König Gustav II. Adolf, größere Bekanntheit erlangt. Die zwölf Meter im Durchmesser breite Trojaburg trägt eine ganze Reihe von Namen, u. a. 'Rundelborg' (Rundburg) und 'Jerusalems väg' (Jerusalemer Weg), 'Drottning Kristinas ridbana' (Die Reitbahn Königin Christinas) und 'Drottning Kristinas gångborg' (Die Gangburg der Königin Christina). Andere Benennungen lauten: 'Spazierweg', 'Reitweg' und einfach 'Das Labyrinth der Königin Christina'; alles Anzeichen dafür, daß sich die berühmteste Königin Schwedens (Kinofreunden ist der Film 'Königin Christina', von der Schauspielerin Greta Garbo so eindrucksvoll dargestellt, sicher unvergessen) hier immer wieder gern aufzuhalten pflegte. Wer den Hügel selbst besucht hat und kennt und seinen Blick über einen weiten Teil des Mälarsees hat schweifen lassen, weiß, daß dieser Platz auch einer Königin gefallen haben muß. Sonst wäre sie nicht so oft dorthin zurückgekehrt.

Weil die Gänge dieses Labyrinths ziemlich schmal sind, hat der schwedische Forscher Arvid Hamrin die Ansicht vertreten, daß Christina dann möglicherweise noch in ihren jüngeren Jahren auf einem Pony hier herumgeritten sein könnte.

„Daß die Königin Christina eine Vorliebe für Labyrinthe besessen haben muß, ersehen wir aus den verschiedenen Medaillen (heute im Stockholmer Königlichen Münzkabinett zu besichtigen), die die Königin mit dem berühmten Labyrinth von Knossos auf Kreta als Vorlage hatte prägen lassen. Auf diese wurden lateinische Texte wie 'Fata viam invenient' - 'das Schicksal wird einen Weg finden' - geprägt," berichtet uns Hamrin.

Auf der nordöstlichen Seite des Mälaren-Sees, an dem insgesamt vier Labyrinthe zu finden sind, stoßen wir in unmittelbarer Nähe einer Reihe von vorgeschichtlichen Gräbern auf einen weiteren Hügel mit einem Labyrinth auf dem Gipfel, die Trojaburg von *Tibble* in der Gemeinde Badelunda, 'Trojenborg' genannt, mit 15 Gängen und einem Durchmesser von 12 Metern. Die 50 in unmittelbarer Nähe des Labyrinths sowie die weiteren 110 beim Fürstengrabe des Anundshügels liegenden vorgeschichtlichen Gräber mit anderen Grabfeldern im benachbarten Tuna und Närlunda künden deutlich von einem ausgesprochen alten Kultplatz. Das Fürstengrab mit 12 Metern Höhe und 60 Metern Durchmesser sowie zwanzig andere kleinere Grabhügeln und zwei prachtvolle aus hohen Steinen gelegte Schiffssetzungen sind nach Meinung des bekanntesten schwedischen Labyrinthenforschers John Kraft den Gottheiten Ull und Nerthus geweiht worden, die angeblich lange vor Odin (Wotan), Thor (Donar) und Frö im Norden angebetet wurden.

„Vieles weist darauf hin," sagt Kraft dazu, „daß die ältesten Königreiche ihre Wurzeln in Gemeinschaften hatten, in denen der König und die Königin religiöse Funktionäre waren, welche die Rollen eines Himmelsgottes und einer Erdgöttin in Fruchtbarkeitsriten spielten. Man kann aus anderen heidnischen Gemeinschaften schließen, daß die Anbetung des Himmelsgottes und der Erdkönigin u. a. in einem von den Menschen imitierten Jahreszeitdrama Ausdruck fand, in dem die Erdgöttin befreit und dann mit dem Himmelsgott in einer kultischen Hochzeit verheiratet wird. Durch solche Riten hofften die Heiden sich eine gute Nachkommenschaft und ein gutes Wachstum sichern zu können."

Ein in unmittelbarer Nähe liegender 'Jungfernquell' (Jungfrukällan), an dem - wie so oft an heidnischen Stätten - ein christliches Gotteshaus, die Kirche von Badelunda, errichtet wurde, und ein anderer 6 Meter hoher und 40 Meter breiter Grabhügel, Grytahögen, um den sich ebenfalls die Mythe von einer Jungfrau rankt, weisen ihrerseits auf sehr alte Traditionen in diesem kultischen Bereich hin. Da in der Mythe um den Grytahügel auch ein goldener Wagen vorkommt, der wahrscheinlich die Sonne symbolisiert, und von einem berühmten Schwert - Excalibur der britischen Arthussage? - die Rede ist, sehen wir, daß wir es hier durchaus mit ältestem nordisch-germanischem Sagengut zu tun haben, wenn auch die hiesigen Gräber 'nur' in die jüngere Eisenzeit (400 - 1050 n. d. Ztr.) und einige Grabfunde in das 4. Jhdt. n. d. Ztr. berechnet werden.

John Kraft, der sich eingehend mit diesem heidnischen Kultzentrum befaßt hat, hebt noch hervor, daß alten Berichten zufolge das Labyrinth ursprünglich die Unterwelt und eine magische Burg bezeichnet habe, wo die Erdgöttin im Winterhalbjahr eingesperrt gewesen war. Ihre Befreiung aus der Unterwelt wurde durch rituelle Kämpfe gefeiert, so daß sie sich dann mit dem Himmelsgott in einer lebenspendenden Frühlingshochzeit vereinigen konnte. Daß wir dabei unwillkürlich an unseren früheren Bericht über den sonnenhaften athenischen Königssohn Theseus denken müssen, der im Palast von Knossos Ariadne aus der Gefangenschaft des finsteren Minotauros befreite, ist klar, denn es handelt sich ja offensichtlich einwandfrei um ein und dieselbe Mythe.

Wer sich für Trojaburgen und Labyrinthe interessiert, dem kann ich eine Autofahrt empfehlen, die von Stockholm ausgehend rund um den Mälaren-See führt. Auf dieser Route kann man auch ein neueres Labyrinth besuchen, und zwar in Hässlö, am Flughafen von Västerås. Wenn man mit der Travemünder Fähre in Trelleborg ankommt, ein Ort, der schon durch seinen Namen auf ein Labyrinth hindeutet, denn 'trelle' heißt 'drehen' (Troja), und den Küstenweg nach Stockholm über Ystad einschlägt, hat man zunächst die Möglichkeit, in Kåseberga die größte Schiffssetzung der Welt, 'Ales stenar' (Ales Steine), zu besichtigen. In diesem aus gewaltigen Steinblöcken errichteten Schiff ist angeblich ein Wikingerfürst oder ein Herrscher aus noch älteren Zeiten bestattet worden. Dieses eindrucksvolle auf einer Anhöhe liegende Monument soll nach neueren Forschungen, ebenso wie einige gotländische 'Schwertschleifsteine' astronomisch geortet sein.

Im nahegelegenen Kivik kann man einen imposanten bronzezeitlichen Grabhügel mit berühmten Felsmalereien (Sonnenräder und zeremonielle Darstellungen, die an den in Badelunda ausgeübten Kult erinnern könnten) besuchen. Wer eine Autofahrt nach 'labyrinthischen Gesichtspunkten' durch Schweden plant, sollte mit diesen Sehenswürdigkeiten beginnen, um einen ersten wichtigen Eindruck zu bekommen.

In Stockholm selber gibt es vier stattliche Labyrinthe zu bewundern, die einzigen, die eine Weltstadt überhaupt vorzuweisen hat. Eines davon liegt im Nationalpark *Skansen*. Wer weiterfährt, kann in *Låssa* (Sanda) bei *Bro* - auf dem Wege zur Trojaburg von Tibble - ein viertes Mälar-Labyrinth finden, ebenfalls auf königlicher Höhe, das in einigem von allen anderen Trojaburgen des Nordens abweichen dürfte.

Abb. 13: Die Trojaburg von Stockholm-Gubbängen; CAERDROIA, 1992, Seite 3.

Hier führt nämlich ein aus Steinplatten gelegter Weg - eine Art Paradestraße - zur Anhöhe, auf der sich dieses Labyrinth befindet, so daß man geneigt ist, dabei von einem 'Zeremonienweg' zu sprechen, etwas Einzigartiges im ganzen Norden, da man verstehen kann, welche Mühe eine solche Anlage den Menschen in dieser frühen Zeit gekostet hat. Man weiß leider nicht, wer in diesem hohen Grabhügel beim Labyrinthe bestattet wurde, das 17 Meter im Durchmesser hat und 15 Kreise und zu den großen des Landes zählt. Man nimmt aber an, daß es sich um eine hohe Persönlichkeit gehandelt haben muß, die man auf diese Weise doppelt ehren wollte. Der Besucher wird vielleicht etwas wegen der Bewachsung dieser Trojaburg mit Erika und wegen des Torfs enttäuscht sein, man hat aber von hier oben wie bei Kungsör eine herrliche Aussicht über die Mälarlandschaft.

Schwedenurlauber, die mit ihren Segel- oder Motorbooten unterwegs sind, können auch einige der 15 steinernen Labyrinthe der Stockholmer Schärenwelt besuchen, u. a. ein sehr schönes auf dem *Svenska Högarna*, oder - gegenüber von Oskarshamm - die stattliche Trojaburg auf einem Bergrücken der Insel *Blå Jungfrun* (die blaue Jungfrau).

Wer nach Gotland fährt, die Insel der Rosen und Ruinen, darf es nicht versäumen, von den 25 Labyrinthen der Insel wenigstens die vor dem nördlichen Stadttor liegende Trojaburg von Visby zu besuchen. Geht es dann weiter durch das entgegengesetzte Stadttor nach Süden kommt man auf einer Anhöhe des Dorfes Petsarve zur 'Majbacken' (Maienhügel) genannten Trojaburg mit einem angrenzenden vorgeschichtlichen Grabfeld. Die Stelle ist leider nicht so leicht zu finden, da Wegweiser fehlen. Die verhältnismäßig breiten Gänge dieses Labyrinths könnten darauf hindeuten, daß dieses einst für Tänze (Frühlingsfeiern) benutzt worden ist. Auch der relativ große Grabhügel (3 Meter hoch und 16 Meter im Durchmesser) in unmittelbarer Nachbarschaft mit anderen Steinsetzungen läßt auf einen alten Kultplatz schließen.

Wie eng auf Gotland das Symbol des Labyrinths einst mit dortigen Kulten und Traditionen der Vorzeit verknüpft gewesen sein muß, zeigt uns - neben der Parallele der berühmten Trojaburg von Visby mit einem Galgenberg - ein heute leider verschwundenes Labyrinth bei der Kirche von *Fole*, das noch in den Zwanzigerjahren auf einen vorgeschichtlichen Grabhügel gelegt worden war, von dem jedoch bedauerlicherweise alle Spuren abhanden gekommen sind.

Grab und Labyrinth erinnern stark an den Totenkult des alten Ägypten und Kreta - sonderbare Verbindungen über eine so große zeitliche wie räumliche Entfernung! Krause und Spanuth haben diese rätselhaften Fragen sehr anschaulich und beweiskräftig zu lösen versucht.

In der Kirche von Lye, wo sich angeblich noch ein Labyrinth befinden soll, das ich aber beim besten Willen nicht finden konnte und auch von einem mürrischen Kirchendiener nichts Näheres zu erfahren war, kletterte ich eine knarrende Treppe in den Turm hinauf, wo ich dann doch nach einigem Suchen - leider ohne Taschenlampe - fündig wurde und eine ganz kleine Labyrinthenzeichnung auf dem weißen Boden entdecken konnte. Es war interessant zu sehen, daß auch einige Runen um diese herum in den Kalk geritzt waren, die davon zeugen könnten, daß derjenige, der dieses Labyrinth hier verewigen wollte, auch der alten Schrift des Nordens kundig war.

Was ich beim Lesen des Runentextes in Lye für besonders bemerkenswert fand, war die Tatsache, daß die Worte 'Ich bin ein armer, sündiger Mensch' offenbar von einem Christen und nicht wie man annehmen könnte von einem 'Heiden' geschrieben worden sein mußten. Vielleicht wollte er nur festhalten, daß vor dem Kirchenbau an diesem Ort schon eine alte Trojaburg bestanden habe? - So etwas können wir auch im Falle von Fröjel erleben.

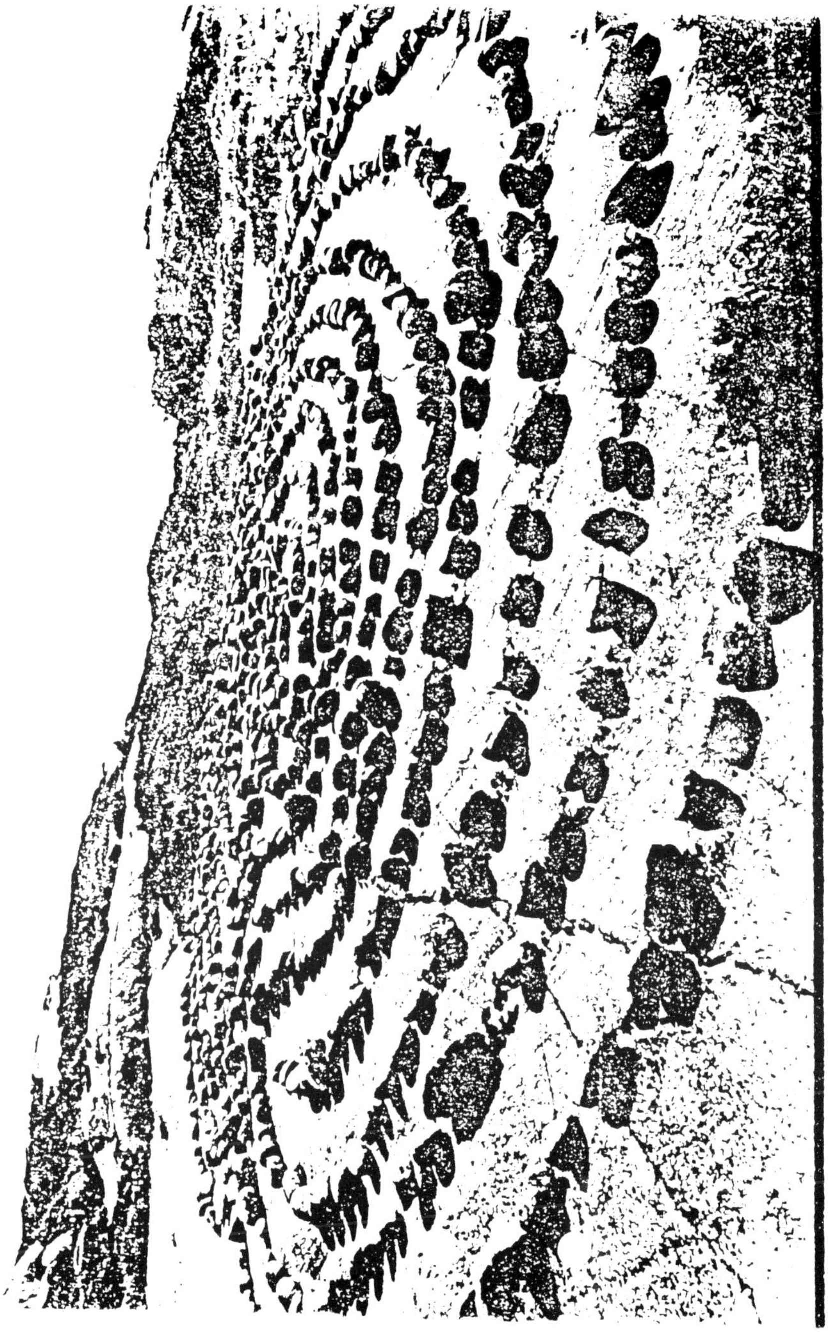

Abb. 14: Die Trojaburg von Svenska Högarna. Schwedisches Pressebild.

Nach dem Besuch des 'Majbackens' zwischen den Dörfern Petsarve und Guffride empfehle ich die Besichtigung der Trojaburg von *Fröjel*, neben der Kirche gelegen. Es ist dies eines der meistbesuchten Labyrinthe der Insel, wo das 'Gotteshaus' direkt über einer weiteren Trojaburg errichtet wurde. Die eine Hälfte der alten Kultstätte lugte noch bis in die neueste Zeit unter dem Fundament hervor. Hier hat man ein mächtiges steinernes Schiff vor sich, wie wir es schon zuvor bei 'Ales stenar' und in Badelunda kennengelernt haben. Wie vorsichtig die Kirche - siehe Fröjel - bei der Beseitigung von schwedischen Trojaburgen als Sinnbilder eines uralten 'Heidenglaubens' ans Werk ging, konnte ich noch bei zwei anderen gotländischen Kirchen feststellen.

Erstaunen ließ mich eine große Labyrinthenzeichnung an der westlichen Turmwand der Kirche von *Hablingbo* mit der ungewöhnlichen Zahl von ganzen 19 Wällen und einer eingemalten menschlichen Figur. John Kraft sieht darin einen Mann, der ein Schwert in der Hand hält. Sollte er vielleicht den griechischen Helden Theseus darstellen und der Zeichner die antike Mythe gekannt haben? Warum gerade die Kirche die Toleranz hatte, dieses große Labyrinth hier nicht zu beseitigen, ist fast unerklärlich. Vielleicht hat auch hier einst ein wirkliches Labyrinth gelegen, das dann einer der alten 'Heiden' - nach der Errichtung des Gotteshauses - mit der Zeichnung hatte verewigen wollen. Möglicherweise hatten es die Priester nicht gewagt, auch noch die Zeichnung selbst zum Verschwinden zu bringen, so daß sie uns bis heute erhalten geblieben ist.

In Fröjel war nur eine Hälfte über dem ehemaligen steinernen Labyrinth mit der Kirche überbaut worden, der andere Teil kam noch im Freien zu liegen. Man hatte es offenbar nicht gewagt, die ganze Trojaburg - Ende des 13. Jhdts. - beim Bau der Kirche zu beseitigen. Jener sichtbare Teil des Labyrinths war jedenfalls bei meinem Besuch 1970 noch erhalten, später ist auch er abgetragen worden. Das zweite Labyrinth, 13 Meter vom Kirchentor entfernt, gilt heute als eines der schönsten der Insel und wird geradezu von den Touristen überlaufen. John Kraft meint, daß 'Fröjel' seinen Namen von 'Fröja', der alten Göttin der Fruchtbarkeit, erhalten habe, und hier einst sehr alte Traditionen walteten.

Im labyrinthenreichsten Gebiet der Welt, d. i. an den Küsten des Bottnischen Meerbusens entlang von der Stockholmer Inselwelt ausgehend und um den ganzen nördlichsten Teil der Ostsee herum bis nach Finnland, finden wir einige hundert steinerne Trojaburgen so gut wie durchgehend nur in Höhenlagen bis etwa 10 Meter über dem Meeresspiegel, im Gegensatz zu Gotland, wo nur ganz wenige in höheren Lagen vorkommen.

Zehntausend Jahre nach den nordischen Eiszeiten, wo ungeheure Eismassen das ganze Land flachdrückten, ist heute die allmähliche Landerhöhung aus den Wogen des Meeres gerade im Bottnischen Meerbusen am größten. Bei einem Steigen des Landes mit nur 9 Millimetern pro Jahr ergibt das schon 90 cm im Jahrhundert und seit der Bronzezeit, in der die ersten schwedischen Labyrinthe gelegt wurden, ist eine Landerhöhung von 31,5 Metern zu verzeichnen, während das Land im Süden dagegen ständig im Sinken begriffen ist. So seltsam sich diese geologische Entwicklung in Nordschweden für einen Mitteleuropäer anhören mag, wächst durch diese Landerhöhung das Areal Nordschwedens von Jahr zu Jahr, im Bereich der Schären um die Stadt Luleå beispielsweise um 225 Hektar pro Jahr.

Was hat diese Tatsache mit den Labyrinthen zu tun? - Ein in Steinen in Meereshöhe - am Bottnischen Meerbusen - vor etwa 3500 Jahren gelegtes Labyrinth würde heute in einer Höhenlage von etwa 30 Metern zu suchen sein. Die zu dieser Zeit in den Schären West- oder Südschwedens unmittelbar an den Gestaden des Meeres gelegten Labyrinthe haben die Wogen verschlungen. Dazu kommen im Süden noch andere ökologische Faktoren zum Tragen, wie das sich ständig erwärmende Klima, das Schmelzen der Gletscher und der polaren Eismassen, die küstennah gelegte Labyrinthe sinken und somit verschwinden ließen.

Heute beträgt die Steigung der Meeresniveaus nur mehr 1 Millimeter pro Jahr, und es ist zu hoffen, daß Süd- und Westschweden sowie Norwegen seine althergekommenen Trojaburgen noch viele Jahrhunderte lang behalten können.

Von Stockholm aus nordwärts fahrend, kommt man zunächst auf den *Högberget* (Hochberg) bei *Jävre*, unweit von *Plteå*, auf dem ein 'Wiborgska stan' (Stadt Wiborg) genanntes Labyrinth mit zehn Windungen liegt, das jedoch vom üblichen nordischen Muster abweicht, weil es rektangulär ist. Wenn auch dieses hier in einer Höhe von 80 Metern angelegte Labyrinth angeblich erst neueren Datums sein soll, zeugt trotzdem ein dort neben diesem liegender Grabhügel mit einem Durchmesser von 15 Metern und einer Höhe von 1,75 Metern davon, daß es sich um eine Anhöhe handelt, die vorgeschichtliche Bedeutung hat und als eine Kultstätte gelten darf. Zwei weitere in unmittelbarer Nähe liegende Labyrinthe, eines nach herkömmlichem Trojaburgtyp, das andere mit Spiralmuster, sowie bronzene Grabfunde lassen die Epoche ziemlich genau festlegen, in der dieser Ort hier am Jävrefjärden (Jävre-Fjord) seine Blütezeit hatte.

Am Rande von *Gothenburg* finden wir in der Nähe des Friedhofes von Kviberg den *Storeberget* (Großberg), einen ebenfalls 'heiligen Berg' Schwedens, um den sich besonders John Kraft insoferne verdient gemacht hat, als es ihm 1981 gelungen war an Hand von älteren Dokumenten das teils schon überwachsene und versunkene Labyrinth wiederzuentdecken. Wie beim Högberget liegt auch dieses Labyrinth auf etwa 80 Höhenmeter, ist aber vom herkömmlichen Trojaburgmuster und vom einfachen Winkeltyp mit 8 Wällen und einem Durchmesser von 11,6 x 12 Metern. Auf einer Karte von 1827 finden wir den Namen 'Troyenborgs slätt' (Trojaburg-Fläche) und auf einer solchen aus dem Jahre 1855 die Bezeichnung 'Troijenborg' (vielleicht auf die nordische Göttin der Fruchtbarkeit 'Fröja' oder 'Frigge' hinweisend). Nach Kraft kann es sich im ersten Fall durchaus um eine Fehlschreibung handeln zu 'Troyenborgs slott' (Schloß Trojaburg). Fünf benachbarte vorgeschichtliche Gräber, wahrscheinlich aus der vorrömischen Eisenzeit, lassen den Schluß zu, daß es sich auch hier um einen sehr alten Kultplatz handelt. Das genaue Alter dieser westschwedischen Trojaburg kann allerdings erst nach eingehender Untersuchung in Form von Ausgrabungen und durch die Altersdatierungen der in der Umgebung des Labyrinthes gefundenen Menschenknochen festgestellt werden.

In *Grebbestad* auf Bohuslän liegt eine ganz besondere Trojaburg in den Ausmaßen von 12 x 10 Metern und 12 Kreisen auf einem Moränenplateau neben einem Berggipfel. Sie ist nahezu nierenförmig gebaut. Man findet sie etwa einen Kilometer vom Ufer der Nordsee entfernt in Richtung Norwegen. Nahebei befinden sich ein in den Erdboden versenkter hoher Stein (Menhir) und eine Reihe von tieferen Erdlöchern, die nach dem Abtragen anderer Monolithen dieser Art Anfang vorigen Jahrhunderts hier übriggeblieben sind. Auch hier ist ein Grabfeld aus der römischen Eisenzeit und der Zeit der Völkerwanderung (200 - 600 n. d. Ztr.) das Indiz dafür, daß es sich wiederum um ein vorgeschichtliches Labyrinth handelt. Bohuslän ist zudem bekanntlich ja übersät mit Felsritzungen aller Art aus diesen frühen Epochen.

Das Gebirgsplateau bei *Sunmöre* mit einer Höhe von etwa 900 Metern über dem Meeresspiegel, zwischen dem nördlichen und südlichen Vartedal, beherbergt mit seinen zwei Trojaburgen Norwegens schönsten prähistorischen Kultplatz. Mehr als zwanzig weitere Labyrinthe des Landes erstrecken sich bis über den Polarkreis hinaus. Das auf einem Gebirgssattel im Hintergrunde liegende Labyrinth von *Myklebostad* - 'Den julienske borg' = 'Die julianische Burg' genannt -vervollkommnet hier bestens das Bild, zumal man von hier oben die beiden Vartedal-Labyrinthe überblicken kann. Auch in diesem Umfeld liegen wieder altertümliche Gräber. Die Entstehungszeit der beiden erstgenannten Trojaburgen schätzt man auf etwa fünfhundert Jahre v. d. Ztr. Sie haben sich offenbar gerade wegen der öden Lage und schweren Zugänglichkeit so gut erhalten können. Auf einem benachbarten Plateau zwischen dem

Sydsfjorden und dem Vannglvfjorden stehen fünfundzwanzig imposante Megalithe. Sagen und Mythen künden von einer Schlacht des Königs Ring in dieser Gegend, wie es die isländische 'Edda' und die Tegnérsche 'Frithjofs-Saga' berichten. - Heilige Berge und sagenhafte Kultplätze künden von der Welt unserer Ahnen aus altersgrauen Zeiten Europas...

IX.

DIE MOSAIKLABYRINTHE DER RÖMER

Über das ganze einstige Weltreich der alten Römer verbreitet kann man heute noch an vielen Orten Mosaike eines ganz besonderen Musters, meist auf Fußböden und Wohn- und Badehäusern, bewundern. Es sind etwa hundert an der Zahl, die sich hauptsächlich im Mittelmeerraum befinden, es gibt sie darüber hinaus aber auch in England, Frankreich, Spanien, Portugal, Jugoslawien, Österreich und der Schweiz.

Diese römischen Mosaiklabyrinthe geben aber nur in ganz wenigen Fällen das klassische Muster der nordischen Trojaburgen wieder, wie diese zweifellos oft als Vorlagen für all die verschiedenen Kirchenlabyrinthe Europas ab etwa dem 13. Jhdt. an dienten. Der Grundtyp des römischen Fußbodenlabyrinths wurde sehr oft mit der Minotauromachia - Theseus und Minosstier - im Mittelpunkt, jedoch zumeist aus Mäandern verschiedenen Musters, gebildet. Der Größe nach waren sie aber meist in so begrenzten Maßen gelegt, daß ein Begehen derselben unmöglich war.

Diese Labyrinthe dienten somit mehr oder weniger ausschließlich ästhetischen Zwecken, etwa als Zierde des römischen Wohnhauses. Ohne hier ein weitläufiges Register sämtlicher Anlagen dieser Art aufstellen zu wollen, möchte ich den interessierten Lesern doch einen Leitfaden zur besseren Orientierung mitgeben, wenn jemand das eine oder andere Mosaiklabyrinth besichtigen möchte.

1. Italien

In *Pompeij* seien an erster Stelle das 'Casa del Labirinto' (Haus des Labyrinths) und ein Labyrinth in der 'Villa di Diomede' erwähnt. Während ein paar in *Rom* gefundene Labyrinthe zum Teil zerstört sind und das auf dem Gelände des Protestantischen Friedhofs bei der Cestius-Pyramide liegende Mosaik, 'Das Labyrinth' genannt, kein solches ist, sondern nur einen größeren Flächenmäander darstellt, liegt dagegen ein wohl nur 75 cm in der Kantenlänge messendes aber wohlerhaltenes quadratisches Labyrinth aus schwarz-weißen Steinen im 'Palazzo Imperiale' der alten römischen Hafenstadt *Ostia* vor, das einen Leuchtturm - als Symbol des Hafens - im Zentrum hat.

In *Cremona* finden wir im 'Museo Civico' ein gut erhaltenes schwarz-weißes Mosaiklabyrinth in den Maßen 1,44 x 1,13 Metern mit einer Minotauromachia im Mittelpunkt, und im benachbarten *Piadena* (Calvatone) ein ebensolches - im Antiquarium Platina - mit 135 cm Kantenlängen und einem polychromen Mittelfeld.

Abb. 15: Römisches Fußboden-Labyrinth von Tigirt-Sur-Mer, Algerien, ca. 450 n. d. Zr.; Kern (ital. Ausg.), Seite 121

2. Nordafrika

Auf nordafrikanischem Boden liegt - in der Kathedrale von *Algiers* - das erste römische Mosaiklabyrinth mit christlicher Sinngebung, ein gut erhaltenes Symbol mit den Seitenlängen von 2,5 Metern, und das Nationalmuseum von *Tunis* beherbergt ein römisches Villenmosaik mit einer Minotauromachia in den Maßen 3,75 x 3,05 Metern. In den römischen Thermen von *Mactar* ist das wohl größte bekannte erhaltene Mosaiklabyrinth mit den Ausmaßen von 16,5 x 7,8 Metern zu bestaunen. Es stammt aus dem Jahre 199 n. d. Ztr. und ist halbkreisförmig angelegt.

3. Zypern

In *Kato Paphos* befindet sich ein großartiges polychrom gemaltes rundes Mosaiklabyrinth mit einem Durchmesser von nicht weniger als sechs Metern und dem Theseus-Minosstier-Motiv in Form eines Gemäldes.

4. Portugal

Coimbra kann - als atlantischer Ausläufer des römischen Imperiums - heute noch mit drei gut erhaltenen Labyrinth-Mosaiken im dortigen Antikenmuseum aufwarten. Eines davon weicht ganz stark von den herkömmlichen Mustern ab, es ist vom kretischen Typ mit sieben Umgängen und einem Durchmesser von 1,4 Metern. Außerdem ist es rund und zeigt nicht die übliche mäanderhafte Sektorengliederung oder Mauerumwallung.

5. Spanien

In einer römischen Villa aus den Jahren um 150 v. d. Ztr. - 'Haus des Labyrinths' genannt, in *Italica bei Sevilla*, liegt ein 6,5 x 3,5 Meter messendes polychromes Labyrinthenmosaik, bei dem jedoch leider das Zentrum, die Minotauromachia, zerstört ist.

6. Frankreich

Aus dieser ehemals großen römischen Kolonie sind uns bis heute nicht weniger als fünf wohlerhaltene Mosaiklabyrinthe bekannt: Ein Rundlabyrinth im vielbesuchten Schloß von *Blois* in den Maßen von 3,75 x 2,3 Metern, das von Mauern und Tor-Türmen eingerahmt ist. - Das quadratische Labyrinth von *Chusclan* (Gard) mit 3 x 2,3 Metern ist ebenfalls mit Mauern und Türmen versehen. - Das Rundlabyrinth von *Lyon* in den Maßen von 10,33 x 6 Metern, mit Theseus und Ariadne im Zentrum. - Das kleine quadratische und modifizierte Labyrinth kretischen Typs von *Nimes* mit 45 cm Seitenlängen aus dem 1. Jhdt. n. d. Ztr., und das mit Flechtbändern versehene Labyrinth von *Sainte Colombe* bei *Lyon*.

7. England

Das bekannteste Mosaiklabyrinth des Landes liegt in *Caerleon on Usk* (Harpham, Monmouthshire) im Legionary Museum und hat eine Kantenlänge von 2,43 Meter. In *Kingston upon Hull* finden wir in der Stadthalle ein 3,36 x 3,37 Meter messendes schwarz-weißes Mosaiklabyrinth aus einer römischen Villa des 4. Jhdts. n. d. Ztr., und in *Cirencester* (Gloucestershire) wurden vor ein paar Jahrzehnten zwei beschädigte quadratische Labyrinthe entdeckt, die heute im Corinium-Museum der Stadt zu besichtigen sind.

8. Schweiz

Hier gibt es noch zwei alte Mosaiklabyrinthe: ein rundes, schwarz-weißes in *Fribourg* (Cormerod) aus einer römischen Villa von 200 - 225 n. d. Ztr. mit einer Kantenlänge von 4,2 Metern und ein polychromes, quadratisches Labyrinth einer römischen Villa aus den Jahren um etwa 200 n . d. Ztr. mit Mauern und Zinnen.

9. Österreich

Im Kunsthistorischen Museum zu Wien befindet sich eines der besterhaltensten und schönsten Mosaiklabyrinthe. Es wurde ursprünglich 1815 in den Thermen von *Loig* bei Salzburg entdeckt, stammt aus den Jahren um etwa 275 - 300 n. d. Ztr. und hat die Maße von 4,08 x 4,18 Metern. Im Zentrum der Minotauromachia wird Theseus' Kampf mit dem Minosstier dargestellt. Bei diesem Mosaik fallen besonders die schönen und ergänzenden Bilder auf, die das Labyrinth einrahmen. Prinz Theseus, Ariadne, die Befreiung aus der knossischen Unterwelt mit Hilfe des berühmten Fadenknäuels, das Verlassen von Kreta und Ariadne auf Naxos wurden hier von Künstlerhand eindrucksvoll verewigt.

Abb. 16: Römisches Fußboden-Labyrinth von Loig bei Salzburg (Österreich), heute in Wien, 275 - 300 n . d. Ztr.; Kern Seite 137.

X.

KIRCHENLABYRINTHE

An der Kunstgeschichte interessierte Leser haben sicher schon des öfteren beim Besuch berühmter Kirchen und Kathedralen Mittel- und Südeuropas Mosaik- und Fliesenlabyrinthe entdeckt, die man in der Mehrzahl der Fälle ab dem 12. Jhdt. auf den Fußböden dieser Sakralbauten gelegt hat. Zur Römerzeit waren diese nachahmenden antiken Muster nur Zierat für Villen und Thermen. Vielleicht dienten sie aber auch hier schon der Meditation? In den späteren Jahrhunderten wurden diese kunstfertig angeordneten Mäander dann in die Kirchen verlegt.

Die römischen Mosaike waren entweder mit schwarz-weißen oder polychromen Steinchen gelegt worden, während man später - besonders in Nordfrankreich - weiße und blau-schwarze Farben und Platten bevorzugte. Die Kirchenlabyrinthe können rund, vier- oder achteckig sein. In der Kathedrale von Reims wurde ein quadratisches Labyrinth gelegt, das mit vier Bildern - von Mönchen geschmückte Bastionen - verziert wurde. Im Zentrum ist anstatt des antiken Theseus-Minosstier-Motivs die 'Jungfrau Maria' dargestellt.

Diese Art von Labyrinthen liegen entweder am Eingang, im Mittelschiff oder auch vor dem Hochaltar, wobei sie meist so groß konzipiert sind, daß die Kirchgänger auch durch deren Windungen schreiten können. Von der Kathedrale von Chartres liegt eine Federzeichnung aus dem 18. Jhdt. vor, auf der wir acht Personen gleichzeitig durch das Labyrinth gehen sehen. Offenbar hatte damals die Priesterschaft gegen diese Gepflogenheit nichts einzuwenden gehabt. Ist gelegentlich ein solches Labyrinth in die Krypta verlegt worden, erklärt man dies damit, daß man dort die Kinder der Gottesdienstbesucher umhergehen ließ, damit sie nicht die Messe stören konnten...

Aus Schweden kennen wir ja schon die Tatsache, daß man dort in einigen Fällen Kirchen entweder direkt auf einstige Trojaburgen oder in unmittelbarer Nähe davon errichtete. In den Siebzigerjahren konnte ich das in Fröjel noch genau beobachten, einige Jahre später war das Labyrinth, das noch zur Hälfte vom Kirchenrand zu sehen war, bereits verschwunden. Heute kann man sich kirchlicherseits so etwas schon erlauben, was offensichtlich zur Zeit des Übergangs vom Heidentum zum Christentum noch nicht gewagt worden war. Ein ähnliches Beispiel kann ich dazu auch aus einer anderen gotländischen Kirche bringen, wo ich vorerst noch ein in die innere Turmwand geritztes Labyrinth entdeckt hatte, das dann einige Zeit später bereits überkalkt worden war.

In der Folge möchte ich wieder einige der bekanntesten und am besten erhaltenen Kirchenlabyrinthe anführen und deren Lage beschreiben.

1. Algerien

Das älteste heute noch erhaltende Kirchenlabyrinth stammt aus dem Jahre 324 n. d. Ztr. aus der Repartus-Basilika von *Orléansville* und liegt heute in der Kathedrale von Algiers. Es ist oben schon erwähnt worden.

2. Belgien

Im Rathaus von *Gent* finden wir ein in seiner Linienführung vom üblichen Muster abweichendes schwarz-blau-weißes Labyrinth mit einem christlichen Kreuz im Zentrum. Es stammt aus der Mitte des 16. Jhdts. und entspricht in vielem dem Typ des französischen St. Omer-Labyrinths.

3. Dänemark

Hier - wie im übrigen Skandinavien - gibt es keine auf den Fußböden der Kirchen verlegte Mosaiklabyrinthe. In diesem geographischen Raum sind die Labyrinthe stattdessen an Wände und Gewölbe der Gotteshäuser gemalt.

An der Kirche von *Gevninge bei Roskilde* kann man zwei rotbraune Labyrinthe von ca. 50 cm Durchmesser aus dem Ende des 14. Jhdts. bewundern. In der Kirche von *Hesselager* auf Fünen existiert ein solches vom kretischen Typ. Ein ebenfalls rotbraunes Labyrinthenfresko mit sieben Umläufen und der Jahreszahl 1841 befindet sich in *Skive* auf Jylland, hinter der Orgel ist noch ein solches, sogar mit fünfzehn Umläufen. In der Kirche von *Taaning* bei *Skanderborg* war ein sehr schönes Labyrinth an das Gewölbe gemalt. Es ist leider 1957 bei einer 'Renovierung' zugekalkt worden.

4. Deutschland

In Deutschland selbst ist das einzige etwas ältere Kirchenlabyrinth, es stammte aus dem Ende des 13. Jhdts., in der Kirche St. Severin zu *Köln* inzwischen verschwunden. 1977 hat man allerdings auf einem Treppenabsatz zur Krypta des Domes ein achteckiges schwarz-weißes Labyrinth mit 50 cm langen Seiten und einem Kreuz im Zentrum gelegt, das heute von vielen Besuchern bewundert und fotografiert wird.

Abb. 17: Kirchenlabyrinth im Kölner Dom, Krypta-Treppenabsatz; Kern, Seite 229.

Abb. 18: Kirchenlabyrinth von St. Mary Redcliffe, Bristol, vom Typ Chartres; Kern, Seite 223.

Auch in der Kathedrale von *Trier* ist erst vor wenigen Jahren ein Labyrinth mit einem halben Meter Durchmesser und acht Umgängen gelegt worden.

5. England

In der Pfarrkirche von *Alkborough*, Lincolnshire, finden wir zwei neuere, runde Labyrinthe aus dem Jahre 1877, für die bemerkenswerterweise ein dort befindliches Rasenlabyrinth als Vorlage diente. Auch in der Kirche St. Mary Redcliffe von *Bristol* liegt ein Steinrelief-Labyrinth vor, das nach dem Muster eines Rasenlabyrinths geformt wurde. Es hat nur 10,2 cm Durchmesser und soll im 15. Jhdt. gelegt worden sein. 1870 wurde in der Kathedrale von *Ely* ein Labyrinth mit Kantenlängen von 6 Metern gelegt.

6. Finnland

In *Räntmaki* bei *Åbo* und in *Sibbo* (nordöstlich von *Helsingfors*) finden wir an die Kirchenwände gemalte Labyrinthe vom Trojaburgtyp mit elf Umgängen. Hier ist jeweils eine Jungfrau im Labyrinth dargestellt, typisch finnische 'Jungferntänze' also, wobei der Tanz um die Jungfrau wirbelt.

7. Frankreich

Wenn auch mehrere der bedeutendsten französischen Kirchenlabyrinthe - zum Teil durch die Einwirkung der kirchenfeindlichen Revolution von 1789 - verschwunden sind, finden wir hier dennoch eines der beeindruckendsten Labyrinthe in der Kathedrale von *Chartres*, das größte der Welt überhaupt. Es hat einen Durchmesser von 12,5 Metern in ellipsoider Form und eine Rosette im Zentrum, durch das einst die Kirchgänger zu schreiten pflegten, bevor sie zum Altar gingen. Die Gesamtlänge der Umläufe beträgt 294 Meter.

Abb. 19: Kirchenlabyrinth von Chartres (Kathedrale), nach einem Stich aus dem 18. Jhdt.; Kern, Seite 226.
nächste Seite (125) oben: Grundrißschema

In der Kathedrale von *Bayeux* liegt das in das 13. Jhdt. datierte runde Labyrinth nicht im Kirchenschiff, sondern im Kapitelsaal und hat einen Durchmesser von 'nur' 3,78 Meter. Ein noch kleineres Labyrinth, Durchmesser 60 cm und gleiches Muster wie Chartres, gibt es in der Kathedrale von *Mirepoix* zu bewundern. Es soll zwischen 1497 und 1537 entstanden sein, als dort ein Umbau stattfand. Das Labyrinth in der Klosterkirche St. Bertin in *St. Omer* ist leider zerstört worden. Wir finden aber in der dortigen Kathedrale ein im 16. Jhdt. gelegtes Labyrinth, das ebenfalls sehr schön ist. In der Stiftskirche von *St. Quentin* gibt es ein achteckiges Labyrinth aus dem Jahre 1495 mit einem Durchmesser von 11,60 Meter. Es ist aus schwarz-blau-weißen Steinen geformt.

In *Schlettstadt* (Sélestat) im Elsaß, heute Frankreich zugehörig, befindet sich schließlich noch ein achteckiges Labyrinth aus den Jahren 1875 - 1893 mit 7 Meter Durchmesser am Westportal der Pfarrkirche Ste. Floy. Hier fällt besonders auf, daß in den vier Zwickeln desselben die vier 'Paradiesflüsse' Ganges (Phison), Geon, Tigris (Hiddeke) und Euphrat (Phrat) - Genesis 2,10-14 - eingearbeitet sind.

8. Griechenland

Wer das Kloster Agios Barlaam von *Meteora* besucht, kann hier ein um das Jahr 1840 gelegte rundes Labyrinth sehen, das 'Das Gefängnis des Salomo' heißt und vom Chartres-Typ ist. Es hat auch noch den Namen 'Das Labyrinth, das sich Salomon erbaute'.

9. Irland

In der kleinen Dorfkirche St. Laurence in *Rathmore* (Meath) wurde bei einer Restaurierung 1931/1932 ein gut erhaltenes rundes Kalksteinrelief eines Labyrinths von gleichem Muster wie in Chartres entdeckt. Es hat einen Durchmesser von 35 cm. Leider gibt es über sein Alter keine näheren Angaben.

10. Italien

Italien ist sowohl reich an römischen Mosaik-Labyrinthen als auch an gut erhaltenen Kirchenlabyrinthen. Im vielbesuchten *Ravenna* finden wir in der Kirche St. Vitale ein schwarz-weißes Labyrinth mit 3,40 Meter im Durchmesser unter der Kuppel des Gotteshauses, das im 16. Jhdt. gelegt wurde. Es ist vor allem auch deshalb interessant, weil der Durchgang im Mittelpunkt beginnt und - den Pfeilen folgend - dann zum Ausgang führt, was nach Hermann Kern „der Situation in der Sündenwelt entspricht."

In der Kirche S. Michele Maggiore von *Pavia* hatte das ins 12. Jhdt. datierte runde Labyrinth einen Durchmesser von 3,25 Meter, von dem jedoch heute leider nur mehr ein Teil davon erhalten ist. Die darin dargestellte Minotauromachia mißt etwa 75 cm. Besonders auffallend sind einige Umrandungsbilder mit einem Drachenkämpfer, einem geflügelten Pferd und einem Mann, der auf einer Gans reitet. Diese Bilder hat man bisher vergeblich zu deuten versucht.

Das Labyrinth von S. Maria in Trastevere zu *Rom* wird von der Forschung nicht als solches anerkannt. Der Grund mag wohl darin zu suchen sein, daß es im Laufe der Zeit verschiedentliche Umbauten erfuhr. - Dagegen finden wir noch ein interessantes an eine Kirchenwand verlegtes Labyrinth alten Musters in *Lucca* vor. Es ist einen halben Meter im Durchmesser groß und wieder vom Chartres-Typ. Auffallend ist die lateinische Inschrift rechts neben dem Symbol: „Hier ist das Labyrinth, das Daidalos aus Kreta gebaut hat, und aus dem niemand herauskommen kann, der einmal drinnen ist; nur dem Theseus ist dies dank des Knäuels der Ariadne gelungen." Die Entstehungszeit des Labyrinthes schätzt man auf das ausgehende 12. Jhdt. bzw. an den Anfang des 13. Jhdts.

11. Norwegen

Hier finden wir zwei an Kirchenwände gemalte Labyrinthe, das eine mit elf Umgängen in *Selfjord*, Telemarken, an der westlichen Außenwand, das andere in der Kirche von *Slidre* in Valdres an der südlichen Türöffnung.

12. Schweden

Neben einem fehlerhaft an ein Gewölbe der südschwedischen Kirche von *Båstad* gemaltes Labyrinth finden wir auf der Insel Gotland ein Labyrinthenfresko an der Turmwand der Kirche von *Hablingbo* mit einem Durchmesser von etwa 1 Meter, ein weiteres in der Dorfkirche von *Lye*, beide mit typischem Trojaburgmuster. Es ist klar, daß sämtliche skandinavische Labyrinthenfresken an Gewölben und Wänden nicht von kirchlicher Seite geschaffen wurden, sondern es malten oder ritzten diese Symbole die Kirchenbesucher wohl mit dem Gedanken und der versteckten Botschaft, daß es hier an diesen Orten früher schon alte Labyrinthe und Trojaburgen gab und sie diese alten Traditionen eben jetzt in 'christlichen Zeiten' nur auf diese Weise am Leben erhalten konnten.

XI.

GARTEN- UND PARKLABYRINTHE

Fassen wir kurz zusammen, so sehen wir, daß man in der griechischen und kretischen Antike Labyrinthe an erster Stelle aus mythologischen und religiösen Überlegungen heraus angelegt hatte, bei den Römern waren die Labyrinthe - vorwiegend in Bädern und Villen - eher nur Zierat und Schmuck der Häuser und in den Kirchen und Kathedralen Mitteleuropas wurden später dann beide Aspekte zusammengefaßt. Die Kirchenlabyrinthe sind sowohl Zierde, dienen aber gleichzeitig auch religiösen Zwecken, z. B. als Bußgänge oder 'Jerusalemwanderungen in den Spuren der Kreuzritter' usw.

Bei den Garten- und Parklabyrinthen haben wahrscheinlich eher rein ästhetische Motive im Vordergrund gestanden. Diese 'Irrgärten' dienten daneben auch in hohem Maße den damals privilegierten Ständen - vorwiegend in der Zeit der Romantik - als Mittel zum Zeitvertreib, wobei Versteckspiele zur Unterhaltung und Erbauung von Liebespaaren arrangiert wurden, so daß man nicht selten solche Irrgänge auch als 'Liebeslabyrinthe' zu bezeichnen pflegte.

Die europäische Kunstgeschichte bietet eine große Anzahl von Labyrinthskizzen von Gartenanlagen verschiedenster Art, die uns alle denkbaren Typen und Muster des Symboles von der Antike an bis in unsere Zeit vor Augen führen. Daß diese Ideen oft nicht aus dem 'Stadium der Phantasie' herauskamen und nie verwirklicht wurden, kann man durchaus verstehen. Es gibt jedoch auch viele, die dann - oft in ausgeprägt geometrischen Mustern - von Architekten kunstvoll in den Gartenanlagen und Parks gestaltet wurden. Wir halten wiederum Rundschau, länderweise geordnet, wo es die schönsten und berühmtesten zu sehen gibt.

1. Deutschland

Nach einem Gemälde des frühen 17. Jhdts. soll einst im Schloßgarten von Heidelberg ein Labyrinth gelegen haben, das aber heute nicht mehr existiert. Es gibt aber ein aus Hecken gepflanztes im 'Großen Garten' von *Herrenhausen* bei *Hannover* (siehe Abb. 20, Seite 124). Der achteckige Irrgarten mit einem Durchmesser von 23 Metern und einer hölzernen Laube im Zentrum geht auf einen Plan aus dem Jahre 1674 zurück und wurde erst 1936/1937 hier angelegt. - In *Bonn* ist, in unmittelbarer Nähe des Beethoven-Hauses, erst jüngst ein Wasserlabyrinth angelegt worden.

2. England

England hat seit Jahrhunderten wohl die meisten Garten- und Parklabyrinthe sowie Irrgärten aller Art zu bieten. Aus diesem Grund kann ich hier nur die bedeutendsten Anlagen angeben, die für Englandtouristen zu besichtigen sind: Einer der schönsten Hecken-Irrgärten liegt in *Hampton Court Palace*, London, der im ausgehenden 17. Jhdt. angelegt und trapezförmig gestaltet wurde. 1903 hat der Amerikaner William Waldorf Astor im *Hever Castle* (Kent) aus Eibensträuchern einen quadratischen Irrgarten gepflanzt, nachdem er das Schloß verkauft hatte.

Abb. 20: Park-Labyrinth von Herrenhausen, bei Hannover (Ursprung: 17. Jhdt.); Kern, Seite 382.

Weitere alte aus Hecken geformte Irrgärten auf britischem Boden finden wir heute noch in den Gärten und Parks von: Bridge End Gardens, *Saffron Walden*, Essex, *Glendurgan* bei *Falmouth*, Cornwall (1833) und Hazlehead Park, *Aberdeen*. Zwischen 1970 und 1980 wurden folgende Anlagen neu geschaffen: *Leeds Castle,* Kent, wo die Gänge eine Königskrone darstellen, Longleat House, *Warminster,* Wiltshire (1978). Dieses ist mit seinen 114 x 52 Metern und 6 Brücken das größte Heckenlabyrinth der Welt und besteht aus 16.180 Eiben! In *Lechlade*, Gloucestershire gibt es ein Labyrinth, das die Form eines rechten Fußes hat, dann das 'Jubilee Maze' bei *Ross-on-Wye,* Hereford (1981) und den im Garten von *Hatfield House,* Herefordshire, angelegten Irrgarten in den Maßen von 52 x 32 Metern, der im Entwurf wohl auf das frühe 17. Jhdt. zurückgeht, aber erst vor etwa fünfzehn Jahren gestaltet wurde.

3. Frankreich

Nach der Zerstörung des bekannten Labyrinths von Versailles gibt es nur noch zwei nennenswerte französische Gartenlabyrinthe, und zwar im Garten des Schlosses von *Montargis*, die in das 16. Jhdt. zurückgehen und von denen eines rund und das andere quadratisch angelegt ist.

4. Italien

Auch in Italien sind mehrere Anlagen dieser Art bereits nicht mehr vorhanden, lediglich noch zwei Heckenlabyrinthe, das eine im Garten der Villa Pisani in *Strà* bei *Padua* mit einem Turm im Zentrum, aus dem Jahre 1721, und eines - als vierfache Labyrinthenanlage in quadratischer Form - im Park der *Villa d'Este* von *Tivoli* bei Rom aus dem 16. Jhdt. Wer dieses Labyrinth besuchen möchte, muß in den hinteren Teil des großangelegten Gartens gehen. Es ist besser dies tagsüber zu tun, da man abends durch die vielen Wasserspiele leicht in die Irre geführt werden kann und es nicht so leicht findet.

5. Schweden

Auf dem Gut von Baron H. Falkenberg ist vor einigen Jahren ein aus 1474 Felsenmispelsträuchern geformtes Heckenlabyrinth im Ausmaß von 55 x 44 englischen Yards gepflanzt worden. Es wurde von Randoll Coate entworfen und hat den Namen 'Das Schöpfungs- und Falkenei', wohl in Anspielung auf den Familiennamen.

6. Spanien

Im Alcazar von *Sevilla* liegt ein schöner Irrgarten neueren Datums, der hier - nach der Zerstörung eines älteren Labyrinths von 1540 - in quadratischer Form angelegt wurde.

XII.

RASENLABYRINTHE

Es ist eigenartig, wie oft immer wieder ein und dasselbe Symbol in Felsen und größere Steine einst in grauer Vorzeit in England eingemeißelt worden war - eine Reihe von konzentrischen Ringen mit einem Querstrich, der dann von der Mitte ausgeht und, meist leicht verschlungen, seinen Weg ins Freie sucht. Manchmal können es drei oder vier, oft aber auch fünf oder sechs Kreise sein, und wir finden sie über ganz England vom Süden bis nach Schottland - etwa hundert an der Zahl - verbreitet.

Wir haben oben schon bei der Entwicklung des Labyrinthenmotivs diese Felsbilder mit den Ringen und Querrinnen als 'Urlabyrinthe' bezeichnet, weil wir dieses Muster eben als am ursprünglichsten betrachten. Wir wissen allerdings nicht genau, welche Gedanken die Menschen der Frühzeit beim Meißeln und Hammern dieser Ringe in den Stein bewegt haben.

Felsbilder dieser Art findet man in weiten Teilen der Welt. Einzelne gezogene Kreise mit ausgehenden Strahlen können im Vergleich mit den britischen Symbolen durchaus als 'Sonnensymbol' angesprochen werden. Mit dem Bild des Mondes verhält es sich aber nicht anders.

Auf einer Felsritzung aus der Bronzezeit in Ekenberg (Schweden) sehen wir einen Mann, der sechs Paar ineinandergestaffelte Doppelringe mit seinen Armen emporhebt. Diese Ringe haben aber keine Querrinne. Hier könnte man von einer bildlichen Darstellung der zwölf Monate des Jahres sprechen. Was aber hier von besonderer Bedeutung ist, ist das hohe Alter des Fundes, der wie tausend andere auch, durch archäologische Grabungen in die Jahre um 1500 v. d. Ztr. datiert werden kann.

1. England

Nehmen wir an, daß alle die genannten altbritischen Felsbilder als Urtypen in der Entwicklungsgeschichte des Labyrinthes, also als 'Urlabyrinthe' betrachtet werden können, dann dürfen wir auch sagen, daß das alte England in der Tat diesbezüglich ein sehr traditionsreiches Land ist. Dafür sprechen auch die vielen über die ganze Insel verbreiteten Rasenlabyrinthe der verschiedensten Arten, wenn auch das eine oder andere bereits - z. B. durch Straßen- und Hausbau - heute schon verschwunden ist, meist aber doch durch neue Anlagen ersetzt wurde.

In Skandinavien war es so, daß die im Freien liegenden steinernen Trojaburgen als Vorlagenmuster für die an Kirchenwände und Gewölbe geritzten oder gemalten Labyrinthe dienten. In England dagegen verlief die Entwicklung in entgegengesetzter Richtung, wie Hermann Kern dies eindeutig nachgewiesen hat. Die britischen Rasenlabyrinthe bilden nämlich seines Erachtens klare 'Transpositionen von Kirchen-Labyrinthen', wobei dann aber nicht die kleinformatigen italienischen, sondern die großformatigen und begehbaren französischen Kirchenlabyrinthe, insbesondere vom Typ der Kathedralen von Reims und Chartres, als Muster galten.

Das Labyrinth („Troytown") in Pimperne, Yetminster, Dorsetshire

zu den Seiten 132 - 135
Abb. 21: Schemen britischer Rasen-Labyrinthe. Hallman: Labyrinthe und Trojaburgen, 1988 + CAERDROIA

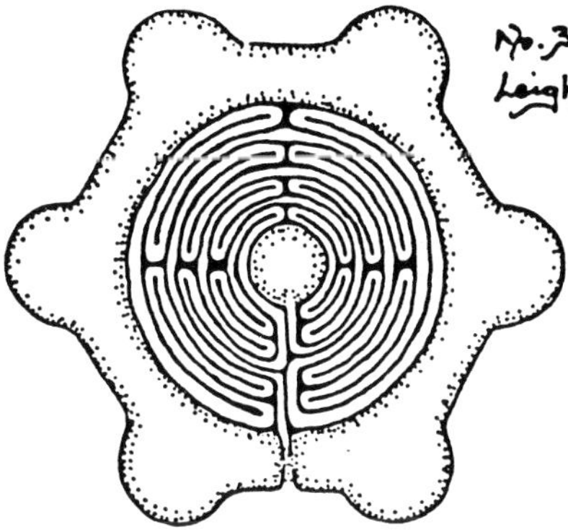

No. 30
Leigh

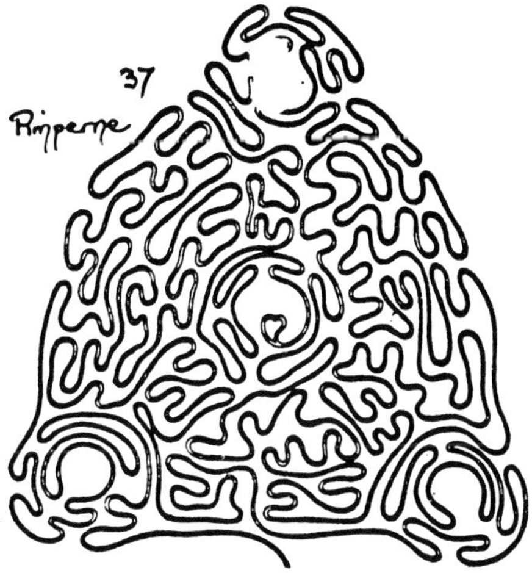

37
Rinperne

No. 42
Rockcliffe.

No. 44
St. Agnes.

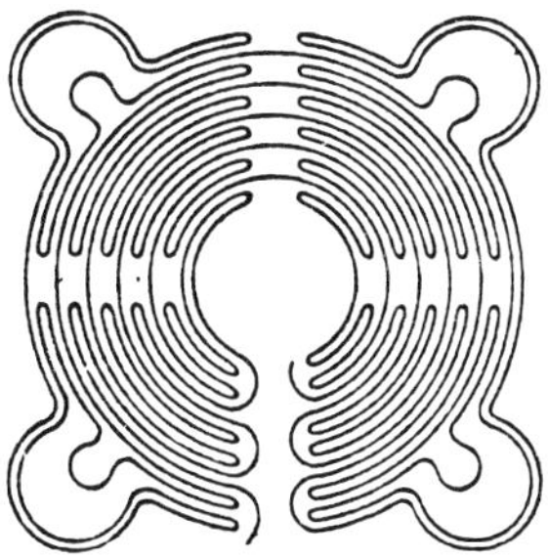

No. 43
Saffron
Walden

No. 46
Sneinton

No. 57
Wing

No.1 (No.8?) No.15
Alkborough
Bishop Stortford?
Comberton

No.3 & No.40
Asenby Fairy H
&
Ripon Common

No.7
Boughton
Green.

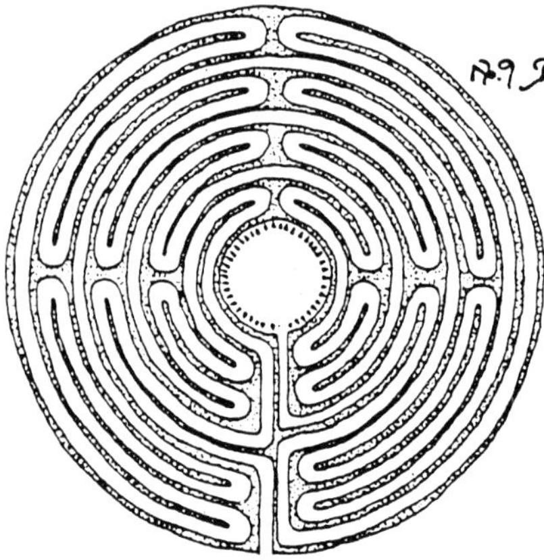

No.9 Breamore

No.16
Dalby

No.25:
Hilton

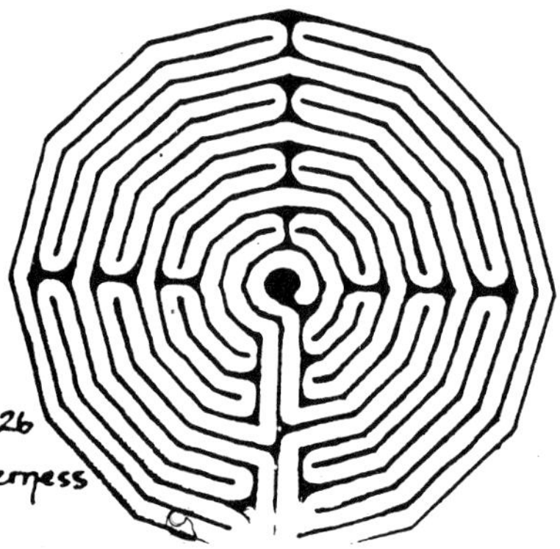

No.26
Holderness

Das Labyrinth von Sneinton, Nottingham, England

Diese Rasenlabyrinthe kamen dadurch zustande, daß zunächst die Grasnarben in den Rasen gestochen wurden, deren Trennmauern - das erhöhte Rasenband - den eigentlichen Ariadnefaden bildeten, dem man beim Durchgang folgt.

Diese einführende Schrift in die 'Welt der Labyrinthe' erlaubt leider nur eine kleine Auswahl der repräsentativsten und schönsten Rasenlabyrinthe, die wir wieder nach Landschaften gereiht nennen wollen:

Lincolnshire

In der Nähe der Parochialkirche von *Alkborough* liegt ein Labyrinth nach dem Chartres-Muster im Durchmesser von 13,4 Metern, das 'Julian's Bower' ('Der Felsen Julians' - nach einem Sohn des Trojaners Aeneas) heißt und seinerseits wiederum als Muster für andere britische Rasenlabyrinthe diente. Es wird nicht für ausgeschlossen gehalten, daß dieses Labyrinth aus der Zeit zwischen 1080 - 1220 stammt, als sich hier Benediktinermönche niederließen.

In *Appleby* finden wir ein 'Troy's Walls' (Die Mauern von Troja) genanntes Labyrinth, ebenfalls stark mit trojanischen Überlieferungen verbunden.

Yorkshire

Hier liegen zwei Labyrinthe vor, und zwar in *Asenby*, am 'Fairy Hill' ('Feenberg'), von dem berichtet wird, daß früher hier die Kinder ihr Ohr an die Windungen des Labyrinthes legten, „um die Feen erzählen zu hören", und in *Brandsby*, das 'City of Troy' ('Stadt Troja') heißt, vom kretischen Typ ist und 9 Meter Durchmesser hat.

Northamptonshire

In *Boughton Green* liegt der 'Shephard's Ring' ('Schäferring'), ein Labyrinth nach dem Chartres-Muster mit 11 Metern Durchmesser, das nach seiner Zerstörung durch Soldaten im Ersten Weltkrieg wieder neu gebaut wurde und in seinen Ursprüngen bis in das 14. Jhdt. zurückreicht.

Hampshire

Ein guterhaltenes Labyrinth mit Namen 'Mizmaze' finden wir in *Breamore*. Es hat den stattlichen Durchmesser von 25 Metern und seine Vorlage ebenfalls im Chartres-Muster.

Das Labyrinth von *Winchester* (bei Chilcombe), 'St. Catherine's Hill' bzw. 'Mizmaze' geheißen, hat 26 Meter Seitenlänge, ist quadratisch und wurde im 19. Jhdt. nach altem Muster wiederhergestellt. Hier deuten die Doppellinien der Windungen den berühmten Faden der Ariadne der griechischen Mythe vom Labyrinth von Knossos an. Befestigungsreste aus der Eisenzeit beweisen das hohe Alter dieser Anlage.

Cambridgeshire

In *Hilton* gibt es ein guterhaltenes rundes Labyrinth mit einem Durchmesser von 16 Metern, das als eine Kopie desjenigen von Alkborough angesehen wird und in der Mitte des 17. Jhdts. entstanden ist, wenn es auch heißt, daß hier schon noch früher ein Labyrinth gelegen haben soll. Auffallend ist ein Steinpfeiler im Zentrum mit einer lateinischen Inschrift aus dem Jahr 1641, die das Alter dieser Anlage andeuten könnte.

Essex

Das Labyrinth von *Saffron-Walden* hat einen Durchmesser von 33,5 Metern und bekam bei einer Renovierung 1911 die Gänge mit Ziegelsteinen ausgelegt, um diese vom Gras freizuhalten. Jährlich kommen zahlreiche Besucher zu diesem schönen Rasenlabyrinth. Wie beim Labyrinth von Sneinton hat auch dieses vier Bastionen und führt somit sein Muster auf das Labyrinth der Kathedrale von Reims zurück.

Oxfordshire

Gut erhalten ist auch das Labyrinth von *Somerton* bei Banbury, das sich jedoch auf einem Privatgrundstück befindet. Es hat einen Durchmesser von 17 und 15 Metern, je nach Richtung, und sein 'Ariadnefaden' ist etwa 365 (!) Meter lang. Diese Anlage hat das französische Labyrinth der Abtei von Toussaints in Chalons-sur-Marne zum Vorbild. Beide Teile des Labyrinths sind vom kretischen Typ.

Rutland

Ein Rundlabyrinth vom Chartres-Typ liegt in *Wing* bei Uppingham mit einem Durchmesser von 12 Metern und gekiesten Trenngräben. Ein benachbarter Grabhügel, 21 Meter durchmessend und 1,2 Meter hoch, läßt auf eine alte Kultstätte schließen.

2. Deutschland

Neben England, dem klassischen Land der Rasenlabyrinthe, gibt es aber auch in Deutschland noch vier solcher Anlagen, zwei davon in Thüringen: in Steigra, unweit von Burgscheidungen, und in Graitschen. Ein weiteres existiert in Hannover und eines im bayerischen Kaufbeuren, beide jüngeren Datums.

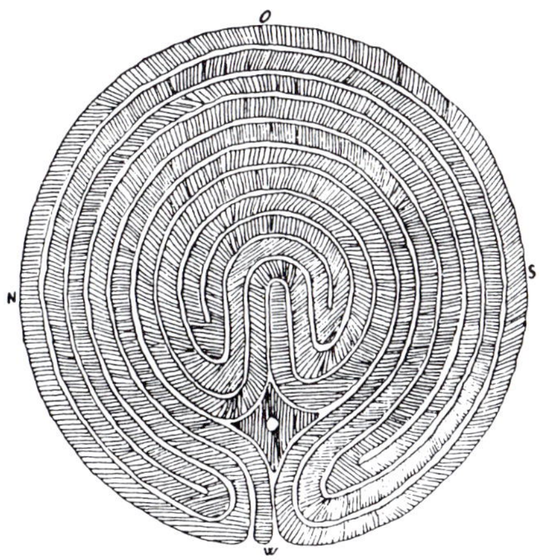

Abb. 22: Die Trojaburgen von Graitschen und Steigra, Thüringen. - Steigra, Zeichnung aus CAERDROIA, Nr. 3/1984 – nächste Seite (138): „Vorland" - Zeitschrift für Europäische Vorgeschichte, Nr. 7/1973, Seite 172

Ein Blick von oben auf die Trojaburg von Graitschen. Das Bild ist aus mehreren Teilaufnahmen zusammengesetzt.

Zum Labyrinth von *Graitschen* berichtet der Pfarrer Paul Liebeskind, ein deutscher Symbolforscher der alten Schule, in seinen Erinnerungen folgendes: „Wir sind als Kinder oft durch dieses Labyrinth hindurch gesprungen und ergötzten uns an den sich immer wiederholenden Bewegungen. Auch in Steigra vergnügen sich noch heute die Kinder am Durchlaufen der Windungen... Die Thüringer Trojaburgen werden übereinstimmend Schwedenkreise, in Graitschen noch Schwedenhieb, in Steigra noch Schwedentanz genannt. Diese Namen erinnern an die unzähligen mit den Schweden in Verbindung gebrachten Örtlichkeiten gerade bei uns in Thüringen, die sich unter dem Namen Schwedenschanzen oder auch bloß Schanzen im ganzen Lande verteilt haben. Der alte Dr. Adler, der sich vor nun bald hundert Jahren im Vogtländischen altertumsforschenden Verein ein bleibendes Ehrenamt errichtet hat, wollte in seinem Büchlein über die Grabhügel im Orlagau das Wort Schanze durch Schant = Teufel erklären, was fraglich sein mag. Annehmbarer ist die schon von ihm gegebene und bis in unsere Tage erhalten gebliebene Erklärung des ersten Teiles dieses Wortes Schweden = Sueven. Wie man sich auch zu dieser Erklärung stellen mag, sicher ist, daß sie vieles besser ist, als die auch noch heutigen Tages sich vieler Orts breitmachende Erklärung dieser Schanzen als Befestigungen, Verteidigungspunkte, Zufluchtstätten u. a.

Ich meine, wir dürfen von vornherein unter all den zahlreichen Schwedenschanzen die letzten Überbleibsel früherer Trojaburgen vermuten, eben kultische Tanzplätze, von denen die in Graitschen und Steigra unverändert und wohlerhalten auf uns gekommen sind.

Gehen wir nun näher auf die Anlage und Bedeutung der Trojaburgen ein, so ist aus den noch jetzt vorhandenen und aus den alten Abbildungen festzustellen: die Trojaburgen sind Labyrinthe. Ihre Erklärung geht bei E. Krause von der neuerdings mehr und mehr zur Anerkennung gelangten These aus, daß die Wanderung der arischen Stämme nicht von Osten nach Westen, aus den Steppen und Hochländern Zentralasiens heraus erfolgte, so daß der Völkerstrom zuletzt nach Westen und Nordeuropa kam, sondern von Norden nach Süden von den Gestaden des Nordmeeres durch die sarmatischen Ebenen nach Iran und Indien, frühzeitig auch schon nach Italien und Griechenland. Wir können auf dieses Ereignis der neuesten Forschung nur hindeuten." [31)]

Liebeskind geht dann näher auf die Erzählungen der Alten ein, nach denen alle in Deutschland vorkommenden 'Schwedenkreise', 'Schwedentänze', 'Schwedenhiebe' usw. auf die im Dreißigjährigen Krieg hier kämpfenden Schweden der Armee Gustav II. Adolfs zurückzuführen seien. Er betont aber, daß seines Wissens damals weder in Steigra noch in Graitschen schwedische Truppen gelegen hätten und sagt: „Zieht man von allen diesen Geschichten die Stücke ab, die sich leicht als Ergebnis der ausschmückenden Volkssage zu erkennen geben, so könnte durch voreilige Schlußfolgerungen von jemand als geschichtlicher Kern vielleicht der Tatbestand herausgestellt werden, daß schwedische Soldaten meinetwegen im 30-jährigen Kriege hier zur Kurzweil und zur Erinnerung an die alten Trojaburgen der fernen Heimat Nachbildungen jener vorgeschichtlichen Bauwerke im Rasen ausgeflochten hätten. So erinnere ich mich der Erzählung aus meiner Jugend. Hiergegen legt die ganze merkwürdige Umgebung zuerst in Graitschen ein sprechendes Zeugnis ab.

Es ist eine altbekannte, durch hunderte von Beispielen belegte Tatsache, daß christliche Kirchen mit Vorliebe entweder unmittelbar auf solchen altheidnischen Kultstätten oder in ihrer Nähe errichtet wurden. Ich erwähne als besonders treffende Beispiele hierfür aus dem Reussischen Gebiet nur die Kirchenanlagen in Dorna und Roben, wo in beiden Fällen Kirche, Schule und Pfarrhaus abseits vom Dorfe auf einem von Wällen umringten Platze liegen, ebenso in Geissen im Saartale und in Hundhaupten. Dort in Graitschen ist aber mehr als das festzustellen: es befindet sich nicht nur in nächster Nähe der Trojaburg das alte einfache Kirchlein, die Kapelle genannt, umgeben vom Friedhof, sondern von beiden Kultstätten gleichweit entfernt der alte Dorftanzplatz, jetzt freilich verlassen und verfallen, nur noch durch eine Runde Kastanienbäume kenntlich, zu meiner Kindheitszeit aber noch im festlichen Gebrauch zum Pfingsttanz und, wenn ich nicht irre, auch zum Erntefest. Da bewegte sich das ganze Dorf unter einer uralten, weithinschattenden Föhre nach den Tanzweisen damaliger Zeit auf dem blanken, heiligen Heimatboden in freier, frischer Luft... Die Stätte und ihre merkwürdige Kombination: der altheidnische Frühlingstanzplatz, zerlegt in seine beiden zusammengesetzten Teile, das christliche Kirchlein und den weltlichen Tanzplatz, gibt selbst davon Zeugnis, daß älter als die ältesten Schweden und ihre vermeintliche Spielerei, religiöse Feier diesen Boden weihte im Streben nach der Gemeinschaft mit dem allwaltenden Lebenselement, vor Zeiten geahnt in der mildwaltenden Sonnenfrau, unserer lieben Frauen, in der Zeiten Erfüllung erschienen in dem, der von sich sagte: 'Ich bin das Licht der Welt'".

Wir wollen nicht versäumen hier noch zu erwähnen, daß im alten Gemeindesiegel von Graitschen die Trojaburg dargestellt ist mit der Unterschrift: 'Die Gemeinde Graitschen K. S. (Kreis Saalfeld)' und darunter 'Denkmal vom 30-jährigen Kriege'. Das Bild der Trojaburg ist hier auffällig in die Breite gezogen, nieren- oder mondförmig, wie es in mittelalterlichen Darstellungen der Labyrinthe vorkommt und 'Plan der Stadt Jericho' (hebr. 'der Mond', 'die Mondstadt') genannt wird. Besondere Sagen aus dem Volksmund, Spukgeschichten und dergleichen konnten bis jetzt hier nicht festgestellt werden, außer einem 'Schatz unter der Föhre'...

Mit der Anlage von Steigra verhält es sich ähnlich. Hören wir auch dazu Paul Liebeskind, den Spezialisten dieser beiden thüringischen Rasenlabyrinthe:

„Wenn man auf der breiten Heerstraße von Freyburg-Naumburg her, die ich schon als vierjähriger Junge in der Rumpelpost passierte, in das Dorf kommt, wie ich wieder ungefähr 50 Jahre später zu Fuß wandernd, so grüßt einem das Schild des Wirtshauses am Dorf-Eingang: Zum Ritter Georg.

Na, dachte ich, das ist ja äußerst stilvoll und versetzt mitten hinein in die Handlung der Trojaburg, denn der Ritter Georg, der Drachentöter, ist mehr als bloß der christianisierte Siegfried, er ist der Sonnenbräutigam und Sonnenbefreier in eigener Person, wie sein Fest am 23. April noch heute in den slawischen Ländern mit Reigentanz und Gesang in der Kirche und um die Kirche mehr als ein Frühlingsfest, denn ein kirchliches Fest begangen wird.

Ich erkundigte mich natürlich an Ort und Stelle, wie man auf dieses Wirtschaftsschild verfallen sei, und bekam zögernd den Bescheid: der solle in früheren Jahren hier gehaust haben. Wie doch solche Volkssage die pure, lautere Wahrheit kündet!

Wie ein frisch sprudelnder, nie versagender Quell, wenn man ihm nur Geschmack abgewinnt. Ja, Ritter Georg hauste in der ganzen Unstrutgegend.

Im romanischen Tympanon des Portals der Kirche in Nebra, das vom Westen her über die Höhe herüberlugt, ebenso wie in dem Kirchen- und Stadtsiegel, ist er als streitbarer Held abgebildet, wie er auf seinem Wunderroß einherstolzierend den Drachen tötet, daneben steht die befreite Jungfrau, die bald Aja bald noch anders genannt wird, und niemand anders ist, als die befreite, liebe Sonnenfrau.

Es sei mir hier nochmals eine kleine Abschweifung in das griechisch-römische Altertum gestattet. Auch das griechische Altertum verehrte die Licht und Wärme spendende Gottheit ursprünglich unter der Gestalt der Sonnenfrau, das war Pallas, die wir schon erwähnten, und ihre Nebenfiguren Helena, Ariadne, Medea, Anomeda. Die Pallas ward aber später im Lichte der geschichtlichen Zeit zur Vertreterin eines höheren, vollkommeneren Lichtes erhoben als die Göttin der Weisheit. Als Spender des Lichtes treten an ihre Stelle männliche Gottheiten, Apollo, Helios, auch ein männlicher Pallas; ebenso wird den Römern Sol das männliche und Luna, der Mond, das weibliche Prinzip.

Die deutsche Mythologie hat bis heute in dem Geschlecht von Sonne und Mond die uralte Überlieferung bewahrt: wir sagen noch heute: *die* Sonne, aber *der* Mond. Ich habe mich bis jetzt vergebens nach einer Hervorhebung dieses Verhältnisses umgesehen und will es deshalb an dieser Stelle nachdrücklich hervorheben.

Die Steigraer Trojaburg wird auch Schlangenburg genannt nach den sich schlängelnden Windungen. Das erinnerte mich im Zusammenhang mit den Labyrinthentänzen an einen dort in der Nähe, nämlich in Naumburg, dann aber weithin in Thüringen bekannten Volksbrauch, den des sogenannten Schlangenziehens. In Naumburg wird das zum Kirchfest geübt auf der Vogelwiese. Ebensowenig wie der Schwedenkreis von Gustav Adolf erfunden ist, ist das Kirchfest und die Vogelwiese in Naumburg von den Hussiten und Prokop eingeführt, wie neuerdings wieder in ganz reizender Weise auf dem neuen Naumburger Notgeld nach dem alten Hussitenlied dargestellt ist. Das alte Naumburger Volksfest weist auf eine frühe Vorzeit zurück und der Gebrauch des Schlangenziehens ist meiner Meinung nach nichts anderes als ein Überrest des labyrinthischen Tanzreigens, in welchem die Gefangennahme und Befreiung der Sonnenfrau vorgeführt wurde. Das Schlangenziehen ist ferner nicht bloß als Kinderbelustigung in Gebrauch. Auch die Erwachsenen üben es im schönsten deutschen

Tanze, den wir haben, der aber leider unter dem verwelschten Namen der Polonaise, des polnischen Tanzes, bekannt ist."

Paul Liebeskind hebt ganz deutlich die in der Gegend dieser beiden thüringischen Labyrinthe waltende und ausgeprägt starke trojanische Überlieferung hervor. - In der „sagenumwobenen *Raniser Gegend"* liegt nicht nur, wie er berichtet, „eine Teufelskanzel und Teufelstreppe" (vgl. oben 'Schwedentreppe') vor. Hier begegnet uns zweimal der Name '*Troja*' oder '*Truja*' selbst, den Adler in der Verbindung in der schwungvollen Vorrede erwähnt: *unter dem Schatten der Eiche, wo die Truja einst schaurige Opfer fielen. Was der sich wohl dabei gedacht haben mag!*

„Nach damaliger Gewohnheit, die heutigen Tages unter dem Namen Keltomanie abgetan ist, sucht er das Wort auf keltische Druiden beziehen zu müssen. An Ort und Stelle angebrachte Anfragen erregten wieder ein allgemeines Schütteln des Kopfes, bis der Herr Pfarrer von *Großkamsdorf*, dessen Sohn als praktischer Zahnarzt in Zeulenrode sitzt, nach eifriger Anfrage einen Flurnamen: Im Trage, gesprochen *Troje*, feststellte. Das war die schaurige *Truja* unter der Eiche. Noch wertvoller ist im *Sormitzgrund* ein auch von Adler erwähnter *Trujabach*, aus dessen Namen die Erklärung des Wortes TROJA als Schlinge, Falle hervorleuchtet und uns an den klassischen *Trojabach Mäander* mit seinen bekannten Windungen erinnert. Diese entsprechen wieder genau den Labyrinth-Windungen der Trojaburgen."

Die deutschen Prähistoriker A. Götze, P. Höfer und P. Zschieche haben zu Beginn unseres Jahrhunderts in einer Studie über die vor- und frühgeschichtlichen Altertümer Thüringens [33) berichtet, daß man im Dorfe Steigra ornamentierte Steinhammer sowie Beile und in Graitschen, in der Nähe des zweiten thüringischen Labyrinths, Steinhammer und Bronzen aus der älteren Bronzezeit und Halsringe bei Steinkistengräbern in der Nähe der sogenannten 'Totenhügel' des Ortes, 'eine angebliche Kultusstätte östlich vom Dorfe' bei Ausgrabungen gefunden hätte, zu denen in Graitschen noch eine Bronzeaxt und Steinbeilstücke kamen, alles Zeichen für eine sehr alte Besiedelung.

In beiden Fällen ist bemerkenswert, daß hier Labyrinthe angelegt waren, die scheinbar auf sehr alte vorgeschichtliche Zeiten zurückgehen. Die beiden thüringischen Trojaburgen weisen wohl keine Ähnlichkeit mit jenen von Visby auf Gotland auf, haben aber mit einer Reihe finnischer und nordrussischer Labyrinthe Gemeinsamkeiten, d. h. mit urtümlichen Labyrinthenmustern, wo das Kreuz im Zentrum nicht wie beim vorgenannten Trojaburgtyp auftritt.

In Deutschland haben wir aber noch zwei weitere Labyrinthe, und zwar in *Kaufbeuren* (Bayern) und in *Eilenriede* bei Hannover. Beide sind doppelspiralig und ausgeprägt nierenförmig gestaltet. In Kaufbeuren wurde die Anlage erst im 19. Jhdt. gelegt. Der Überlieferung nach hätte aber schon vorher an diesem Platz ein Labyrinth bestanden und es wird berichtet, daß hier schon Mitte des 16. Jhdts. ein jährliches 'Tänzelfest' stattgefunden haben soll. Ein solches Fest hat sich bis in unsere Vierzigerjahre erhalten. Die Tanzenden zogen Hand in Hand die immer enger werdenden Windungen entlang zum Zentrum, um dann wieder zum Ausgang zurückzukehren und haben auf diese Weise offenbar den spiralhaften Sonnenlauf, das Auf und Ab des Lebens, nachempfunden.

'Das Rad von Eilenriede' ist bereits in einer Stadtchronik von 1642 erwähnt und ist die Jahrhunderte hindurch, u. a. 1736 und 1858, dokumentiert. Der Schwede Ringbom hat in seiner 1938 erschienenen Arbeit über dieses Labyrinth geschrieben, daß es nicht ausgeschlossen sei, daß diese nierenförmige Anlage mit ihren unregelmäßig schlingelnden Gängen auf die Trojafigur zurückzuführen ist, wenn auch ihre Form später in hohem Grade von unwissenden Erneuerern abgeändert worden sei.

In der Stadtchronik von 1642 ist auch dargestellt wie ein herzögliches Brautpaar in Gesellschaft des Landesfürsten und einer Kammerjungfer die Gänge des Labyrinthes bzw. Rades - wie man dieses hier bezeichnete - entlangläuft. Daß ein solches in den Rasen gelegtes Symbol sich nunmehr 350 Jahre lang in Eilenriede hat erhalten können, kann man nur aus der starken Symbolkraft und der Zähigkeit der Überlieferung erklären. Es tut nicht viel zur Sache, wenn die Anlage in ihrer derzeitigen Gestalt nicht mehr das uralte Muster der Trojaburgen hat. Im übrigen gibt es in Skandinavien auch sehr viele solcher nierenförmiger Labyrinthe mit dem Muster desjenigen von Eilenriede. Faszinierend sind jedenfalls die Zusammenhänge und Gemeinsamkeiten, die sich immer wieder in unserem atlantischen Kulturkreis erkennen lassen.

XIII.

DIE TROJABURGEN

Fährt man nach Skandinavien, kann man hier weit über fünfhundert in Steinen aller Größenordnungen ausgelegte Labyrinthe sehen, während man im ganzen Mittelmeerraum nicht ein einziges finden kann.

Wenn die alte Regel der Archäologen stimmt, daß der Ursprung eines kulturgeschichtlichen Objektes dort zu suchen ist, wo seine Häufigkeit am größten ist, dann ist es zweifellos der Norden und nicht der Süden, wo wir den Ausgangspunkt der Labyrinthsymbolik zu lokalisieren haben. Natürlich darf auch eine zweite archäologische Regel darüber nicht vergessen werden, und zwar die der Diffusion, d. h. der Ausbreitung eines Kulturobjektes von einem Gebiet in ein anderes. - Völkerschaften können somit auf ihren Wanderungen auch Kulturen verpflanzen, was wir mit dem Beispiel der Griffzungenschwerter belegen wollen:

Wenn man im nordisch-germanischen Raum an der Nord- und Ostsee bei Ausgrabungen etwa 10.000 solcher bronzezeitlicher Schwerter gefunden hat, in Illyrien (entspricht dem geographischen Raum des heutigen Jugoslawiens) dagegen nur an die 100 und schließlich in den Königsgräbern von Mykene in Griechenland nur mehr 3 Stück davon, dann ist es schwer zu behaupten, daß der Ursprung jener schön geformten Waffen in Hellas und nicht in Nordeuropa zu suchen sei.

Kurzum, es steht immer noch die Frage offen, was die Menschen der Frühzeit dazu bewegt hat, ein so kompliziertes Symbol wie das des Labyrinthes zu schöpfen.

Bei den nierenförmigen Labyrinthen Rußlands und Finnlands haben wir angemerkt, daß diese mit dem Fischfang in Verbindung gebracht wurden. Legt man aus den vielen am Strand herumliegenden Steinen eine Art 'steinernes Netz' und 'beschwört die Götter', dann schenken sie vielleicht einen reichen Fang. Dieser Gedanke ist jedenfalls nicht abwegig für einen Fischer der vorchristlichen Zeit. Dazu kommt noch die Tatsache, daß die Labyrinthe in übergroßer Zahl gerade auf kleinen Inseln (Schären) und in Küstengegenden liegen, wo sich die Menschen in der Hauptsache vom Fischfang ernährten. Das Labyrinth hätte damit den gleichen Symbolwert gehabt wie etwa das christliche Kreuz ihn heutzutage hat, wenn es der Gläubige ansieht und anbetet, um Hilfe von 'Jesus' oder 'Christus' oder dem 'Himmlischen Vater' selbst zu erlangen.

Wenn auch einige Forscher diese Theorie vertreten, so ist doch die Mehrzahl von ihnen dagegen, da sie die Ansicht vertreten, daß hier noch tiefere geistige Kräfte am Werke gewesen sein mußten, um ein solches Sinnbild zu schaffen.

Es ist bekannt, daß nordische Fischer schon lange vor Kolumbus auf ihren weiten Seefahrten Amerika entdeckt hatten und besonders hohe sternenkundliche Kenntnisse gehabt haben müssen, um die Atlantiküberquerung überhaupt durchführen zu können. Kann es da nicht sein, daß das Labyrinthsymbol nicht als einfaches 'Fischnetz', sondern als eine Spiegelung höherer, kosmischer Einsichten zu sehen ist?

Gerade im Norden, wo im Sommerhalbjahr in diesen Regionen die Sonne Tag und Nacht zu sehen ist und nicht 'untergeht', hat der Mensch die einzigartige Gelegenheit gehabt, den Lauf der Gestirne und Planeten zu beobachten und daraus Erkenntnisse für das tägliche harte Leben zu gewinnen.

Auch Pytheas, der griechische Astronom, Geograph und Mathematiker, der als erster Mittelmeerbewohner im Jahre 334 v. d. Ztr. das 'Bernsteinland', d. h. die Länder der Nord- und Ostsee, insbesondere die altgermanischen Küstenländer, und 'Ultima Thule', d. h. Skandinavien, besuchte, war verblüfft, als er in diesen Breiten den Tag- und Nachtlauf der über dem Horizont liegenden Sonne studieren konnte, wobei er den hohen Stand astronomischen Wissens der nordischen Einwohner klar hervorhob.

Stellt man sich eine Reihe konzentrischer Kreise vor, beispielsweise zwölf an der Zahl, wie sie in der heute jährlich von vielen Touristen bei Visby auf Gotland besuchten berühmten Trojaburg vorliegen, so denkt man doch unwillkürlich an die zwölf Monate des Jahres. Andere nordische Trojaburgen, mit sieben Ringen, können durchaus die sieben Planeten darstellen, die man damals sehr wohl kannte und beobachtete, während der Mittelpunkt, das Zentrum des Labyrinths, entweder den Standort des Beobachters oder auch die Sonne selbst fixiert haben könnte. Die Öffnung, der Ein- und Ausgang des Labyrinths, mag wahrscheinlich ein Anhaltspunkt für die geographische Ausrichtung des Symboles gewesen sein.

Da die meisten nordischen Trojaburgen die Öffnungen nach Süden haben, können wir annehmen, daß man von dort her zum Frühlingsbeginn zuerst die Ankunft der Sonne erwarten konnte. Man muß sich dabei immer die tiefe Finsternis des nordischen Winters vorstellen, wo die Sonne, wenn überhaupt, oft nur ein paar Stunden lang den Tag erhellt, um diese Erwartungssehnsucht zu begreifen. Damit wäre der eigentliche Sinn des Labyrinthes deutlich genug erklärt und die Frage nach der Herkunft dieses Symboles auch für den Laien leicht verständlich beantwortet.

Schweden und Finnland, die labyrinthenreichsten Länder Europas und der ganzen Welt, weisen alleine mehr als 500 aus zumeist größeren Steinen gelegte Labyrinthe auf, in Schweden oftmals Trojaburgen genannt. Zählen wir die norwegischen, russischen, estnischen und dänischen Labyrinthe hinzu, ergibt das ungefähr eine Stückzahl von 650 solcher Anlagen.

Im Bottnischen Meerbusen - der nördlichste Teil der Ostsee zwischen Schweden und Finnland - liegen die Küsten entlang, meist auf kleineren, oft nicht einmal in den Karten verzeichneten Inselchen, von Stockholm herum bis nach Südfinnland etwa 380 Labyrinthe, so daß man von einer wahrhaften 'Halskette' von Labyrinthen um den Bottnischen Meerbusen herum sprechen kann. Ein Mythologe wird sofort an den Brisingsamen denken, das Halsband der Göttin Freya (Frigga), das wiederum seine Entsprechung im Halsband der griechischen Liebesgöttin Aphrodite gefunden hat.

Die skandinavischen Trojaburgen

Wer sich für Labyrinthe interessiert und nach dem Norden reist, hat oft Schwierigkeiten, den Weg zu diesen Anlagen zu finden. Es gibt leider bis heute noch keine 'Labyrinthenkarten', nach denen man sich orientieren könnte. Deshalb werde ich hier einige nordische und kontinentale

Trojaburgen typisch schwedischen Musters der genauen Ortslage nach vorstellen, die an den Landstraßen entlang oder in der Nähe von Städten und Dörfern liegen, so daß man sie mit dem Auto ohne großes Herumsuchen leicht finden kann.

1. Schweden

Kommt man mit der Fähre von Dänemark und fährt von Trelleborg, Malmö oder Hälsingborg aus nordwärts in Richtung Norwegen nach Oslo, so gelangt man zunächst nach *Göteborg* (Gothenburg), die zweitgrößte Stadt Schwedens. Hier finden wir an der Kirche von Kviberg, *Storeberg*, das bereits im Kapitel 'Heilige Berge' besprochene Storeberg-Labyrinth mit acht Kreisen im herkömmlichen kreuzförmigen Trojaburgmuster. Es liegt inmitten eines vorgeschichtlichen Grabfeldes auf einem dominierenden Hügel und bietet eine weite Aussicht auf das etwa 10 km weit entfernte Meer.

In den die Stadt umgebenden Schären liegen weitere 13 Labyrinthe, u. a. auf dem *Koholmen, Vinga, Vrångö, Hästholmen, Ramnö, Särö,* in *Råö,* auf der Mönsterhalbinsel, und in *Hedared* sowie im Dorfe *Sörgården* der Gemeinde *Vårgårda.*

Es geht weiter nordwärts die Küste entlang ins felsbildreiche Bohuslän, wo wir in der Gemeinde *Tanum* das Labyrinth von *Ulmekärr* finden, das bei den Einwohnern 'Trinnebergs slott' (Trinnebergs Schloß) heißt und mit seinen 12 Kreisen einen Durchmesser von 12 x 10 Metern aufweist. Hier in Bohuslän liegen wiederum 23 Labyrinthe im Inselbereich, so auf *Hönö, Rörö, Kalvön, Lundön, Ulsholmen, Rörvik* und je drei auf den Inseln *Burholmen* und *Koholmen.*

Schlägt man die Richtung Stockholm ein, kann man unterwegs in der Region Blekinge Labyrinthe u. a. in *Tvingelshad, Perstorp, Buskaboda* und zwei in *Kuleryd* finden.

Die Küstenstraße über Kalmar eignet sich bestens zu einem Besuch von Oskarshamn aus mit der Fähre zur Insel *Blå Jungfrun* im Kalmarsund, wo ein selten schönes mehrhundertjähriges Labyrinth erhalten ist, das aus lose auf den Felsen gelegten Steinen im typischen Trojaburgstil errichtet wurde.

In Södermanland, südlich von Stockholm, befinden sich elf Labyrinthe, so auf den Inseln *Skarv, Borgen* und *Mälsten,* in *Öja-Landsort* und in der Vorzeitburg von *Rällingborg* bei Hässleholm.

In *Arnö,* Lindbacke (Nyköping) gibt es ein Labyrinth mit 9 Meter im Durchmesser, das sehr gut erhalten ist und in dessen Nähe ein Opferquell und Grabhügel auf alte Kulte schließen lassen. Dieses Labyrinth liegt auf dem östlichen Abhang eines Hügels, etwa 650 Meter vom Bahnhof Östra entfernt, von dem man etwa 250 Meter südwärts und dann nach ca. 400 Meter zur Kreuzung des Weges zur Jagdschießbahn fährt.

Nordlandfahrer, die von Oskarshamn aus mit der Fähre nach Gotland kommen, dürfen auf keinen Fall den Besuch der Trojaburgen von *Visby* außerhalb der nördlichen Stadtmauer auf dem Wege zum Snäckgärdsbadet und *Fröjel,* südlich von Visby, versäumen.

Die übrigen Labyrinthe jener an prächtigen Schiffssetzungen aus großen aufrecht stehenden Steinen reichen Insel, die im Südteil Gotlands liegen, 33 an der Zahl, sind oft nicht so leicht für einen Fremden zu finden. Sie liegen in *Folhammar* (Gemeinde Ardre), *Norrlanda, Autsarve, Ottes, Fleringe, Stenstu, Sysne, Dibjärs, Tofta södra, Sanda, Ardre, Alskog, Nisseviken, Butrajavs, Kyllei, Holmudden* und *Graute.* Wer nach *Fårö,* in den Nordteil der Insel fährt, kann dort an der Schule ein neuangelegtes Labyrinth besichtigen und dann einen Abstecher in Richtung Hall machen, wo man in *Hallshuk* eine schöne Trojaburg findet, von der man einen großartigen Ausblick über die kleine Ortschaft und das Meer hat.

Bevor man Gotland, die 'Insel der Rosen und Ruinen' verläßt, kann man eventuell noch in Visby ein ebenfalls neu angelegtes Labyrinth neben der Domkirche besichtigen. Der goldweiße Stein im Zentrum wurde eigens dafür aus Jerusalem geholt. Dieses Labyrinth ist nach Vorbild derjenigen der großen europäischen Kathedralen des Mittelalters nachempfunden und wurde 1986 vom Architekten Jerk Alton als eine Spiegelung der einstigen Pilgerfahrten nach Jerusalem konstruiert.

In *Stockholm* selbst liegen - wie schon erwähnt - vier Labyrinthe, drei davon sind relativ leicht zu finden: im Nationalpark *Skansen* (neben dem Restaurant Solliden, eine etwa hundert Jahre alte Kopie der Visbyanlage), das Labyrinth im Gelände des *Karolinska sjukhuset* (Krankenhaus - ca. 75 Meter gegenüber dem Radiumhemmet, am Parkplatz) aus etwa 200 großen Steinen und das Labyrinth von *Gubbängen* in einem südlichen Vorort der Stadt, bei Farsta, auf einem Kinderspielplatz des Lingvägen. Dieses wurde in den 60-er Jahren aus 240 großen Findlingen gelegt.

Empfehlenswert sind auch die ebenfalls schon genannten Labyrinthe von *Badelunda, Kungsör* und *Låssa.* Von diesen bieten die Anlagen von Kungsör in Kungsörstorp, die 'Reitbahn der Königin Christine', und von Låssa bei Bro ein einmaliges Panorama über den Mälarensee. Auch die auf einer Anhöhe angelegte Trojaburg von Badelunda in der Nähe des hohen Grabhügels von König Anund, neben dem zwei schöne Bootgräber mit reichen Goldfunden ausgegraben wurden und wo zwei große Schiffssetzungen liegen und ein Runenstein steht, bietet einen schönen Rundblick. Sie wird seit dem Jahre 1764 'Trojienborg' genannt.

Wer Zeit hat, kann auch die auf den Stockholm umgebenden Schären liegenden Labyrinthe besuchen, z. B. auf *Svenska Högarna, Västra Båtskär, Spjutskär, Flågskär,* auf *Köpmansholmen, Bodskär, Bredskär, Rödlöga, Runmarö* oder im Dorfe *Bodkobben* (Kåvorna) auf *Blidö.* Überall dorthin kann man aber nur mit Fähren gelangen.

Für Touristen, die an Labyrinthen interessiert sind, gibt es jetzt zwei Möglichkeiten: entweder geht man von Stockholm aus nordwärts, den Bottnischen Meerbusen entlang, Richtung Lappland weiter, wo sich etwa 200 Labyrinthe befinden, oder über die ebenso labyrinthenreichen Ålandsinseln nach Finnland.

Wer die Nordroute wählt, muß darauf aufmerksam gemacht werden, daß sich die Mehrzahl der Labyrinthe auf den verschiedenen Inseln befinden, wie wir das schon beim Besuch von Göteborg, Bohuslän und Stockholm gesehen haben. Dies bezieht sich vor allem auf die Regionen Gästrikeland und Hälsingland, während wir in Husum, Ångermanland, etwa 30 Kilometer nördlich von *Örnsköldsvik,* auf die ersten an der Küste liegenden Labyrinthe stoßen, etwas weiter auf dieser Strecke auf ein weiteres in *Sillviken.*

Von den Labyrinthen in *Husum* sind besonders zwei davon noch gut erhalten, eines etwa hundert Meter östlich vom Malnsviken mit einem Durchmesser von 5 Metern und 7 Kreisen im herkömmlichen Trojaburgmuster, und das andere in Spiralform mit 8 Meter Durchmesser und 6 Kreisen, ca. zweihundert Meter nördlich von *Dombäck,* auf einer Steinplatte am höchsten Punkt eines Hügels. Von einem dritten Labyrinth mit etwa 2 Metern Durchmesser sind leider nur mehr drei Innenringe erhalten. Die Trojaburg von *Sillviken* befindet sich 35 Meter östlich von der Meeresbucht am Stubbarsandsviken auf einer leichten Neigung zu einer größeren Steinplatte, ist konzentrisch und hat einen Durchmesser von 6,5 Metern.

Im Regierungsbezirk Västerbotten liegen 31 Labyrinthe, drei davon an der Küste. Die Anlage im Dorf *Blacke* (Gemeinde Lövånger) befindet sich etwa 30 Meter vom Strand entfernt und mißt 8 x 6,5 Meter, das andere in *Bjuröklubbshamn,* ebenfalls in der Gemeinde Lövånger, hat einen Durchmesser von ca. 9 Metern und ist von etwa fünfzig Gräbern u. a. Vorzeitfunden umgeben.

Das dritte Labyrinth liegt auf *Hamnskär*, außerhalb von *Skellefteå*, an der Mündung des Skellefteälven auf einem Hügel, 8 Meter über dem Meer, und mißt 8 x 9,2 Meter.

In Norbotten, dem nördlichsten Bezirk Schwedens, gibt es 120 Labyrinthe, die meisten entlang der Küste. Natürlich sind auch etliche Trojaburgen auf den einzelnen Inseln zu finden. Vom Labyrinth auf dem *Högberget* in der Gemeinde Hortlax haben wir schon im Kapitel 'Die heiligen Berge von Ultima Thule' gesprochen, es ist von einer Reihe vorgeschichtlicher Gräber umgeben und liegt auf einem Berg, 80 Meter über dem Meeresspiegel.

Im Stadtgebiet des benachbarten *Piteå*, auf der kleinen Insel Stenskäret, trifft der Reisende auf drei Labyrinthe, eines davon in den Maßen 5,5 x 4,6 Meter und 8 Kreisen, das andere mit 10 Meter Durchmesser und 12 Kreisen, und das dritte mit etwa 9 Meter Durchmesser und ebenfalls 12 Kreisen. Alle befinden sich in der Nähe eines Aussichtsturmes.

In *Karlsborg*, Gemeinde Nederkalix, finden wir ein gut erhaltenes Labyrinth in der Nähe einer Schiffssetzung mit 7 Metern Durchmesser und 9 Ringen.

In *Pellikä*, Gemeinde Neder Torneå, liegen dann zwei Labyrinthe vor, das eine 'Jatulintaras' (Riesenhof) genannt, mit einem Durchmesser von 6 Metern. Es ist etwa 100 Meter südlich des 'Russengräber' genannten zweiten Labyrinths zu finden, das ungefähr 200 Meter West-Süd-West vom Hof in *Revonsaari* auf einem birkenbewachsenen Bergrücken liegt.

In der Gemeinde Nederkalix finden wir noch folgende Labyrinthe vor: die Anlage von *V. Nikkula* im Dorfe *Koski* in der Nähe der Schule mit 8 Meter Durchmesser und 6 Kreisen, im Eingang etwas zerstört; das Labyrinth von *Mattila* mit 7 Meter Durchmesser und 7 Kreisen, etwa 200 Meter NW vom Kötnerhof Tano und 80 Meter östlich von der Eisenbahn gelegen auf einem Hain an einem Moränenrücken; das Labyrinth von *Vojakkala* mit 7 Meter Durchmesser im Hofe Pekkola, etwa 100 Meter östlich vom Gemeindehaus, ebenfalls an einem Moränenhügel, das 'Jatulin tarha' ('Riesenberg') und 'Trojeborg' genannt wird, und ein weiteres Labyrinth in der Gemeinde Hietaniemi in *Rovavaar*, das 6 Meter im Durchmesser mißt und nördlich von der Kirche an der Kreuzung einer Kraftleitung und eines Waldweges an einem Bergrücken liegt.

Wir sind jetzt im äußersten Winkel Nordschwedens am Bottnischen Meerbusen angelangt und müssen nun entscheiden, ob wir unsere Reise jetzt die finnische Küste entlang in Richtung Helsingfors fortsetzen, wo wir auf dieser Strecke auch viele Labyrinthe finden könnten, oder von Luleå aus mit der Fähre die Route nach Stockholm einschlagen. In diesem Falle können wir von dort aus in einigen Stunden nach Mariehamn auf den Ålandsinseln gelangen. Es ist dies die labyrinthenreichste Inselgruppe der Welt mit 35 Anlagen der verschiedensten Muster. Man kann aber auch direkt nach Südfinnland weiterreisen, wo sich neben vielen anderen Sehenswürdigkeiten auch etwa 150 Labyrinthe befinden.

2. Die Labyrinthe der Ålandsinseln

Diese Inselgruppe besteht aus hunderten oft weit auseinanderliegenden Eilanden, die man entweder nur mit dem eigenen Boot oder mit kleinen Fähren von Mariehamn aus erreichen kann. Aus diesem Grunde möchte ich für die Nordlandfahrer nur einige wenige größere Inseln angeben, auf denen Labyrinthe liegen. Diese Gegenden sind heute noch fast ausschließlich vom Fischfang geprägt, und es ist einleuchtend, daß es nur Fischer gewesen sein können, die diese Steinsetzungen bauten.

Der Volksglaube geht davon aus, daß man sich durch diese Symbole Glück im Fischfang erhoffte. Der Schwede Stjernström, ein Spezialist für die derzeit 35 åländischen Labyrinthe, bezeichnet die Erbauer geradezu als 'die letzten Labyrinthenmagiker', die bis in unsere Tage hinein trotz aller Zerstörungen durch Wirrnisse und den Bau immer neuer Wege und Straßen nicht davon abließen, auch immer wieder neue Labyrinthe hier anzulegen.

Wie alt die hiesigen Labyrinthe sind, ist oft schwer festzustellen, da, wie Stjernström mit Recht bemerkt, ja auch hier, wie im übrigen Norden, die meisten Labyrinthe 'schweigen', d. h. es können unterhalb dieser archäologisch keine Anhaltspunkte geortet werden, obwohl dies vielleicht in unmittelbarer Nähe schon möglich wäre und z. B. erforschbare Vorzeitgräber Schlüsse über das Alter ermöglichen könnten.

Wer auf seiner Reise nach Finnland mit der Fähre in Mariehamn ankommt und nur wenig Zeit zur Verfügung hat, die auf dieser Hauptinsel und dem benachbarten Eckerö, Lemland und Lumperland liegenden 20 Labyrinthe der verschiedensten Bauart zu besichtigen, dem kann zunächst ein ausgedehnterer Besuch *Mariehamns* selbst empfohlen werden. Hier liegt auf dem 'Tullarnas äng' (der 'Zöllnerwiese') ein großes Labyrinth, eine Nachbildung des Eckerölabyrinthes. Von hier aus ist das Labyrinth auf dem *Stenrösberget* (Mellantorp) in Hammarland, das zwischen vorzeitlichen Gräbern liegt, und das Labyrinth von *Eckerö Enskär* leicht erreichbar.

3. Die finnischen Jungferntänze

Auch in Finnland liegt die überwiegende Mehrzahl der Labyrinthe auf den zahlreichen Inseln, insbesondere im Südwestteil des Landes. Was hier aber auffällt ist die Vielzahl der Bezeichnungen dieser Anlagen. Die meisten Labyrinthe heißen einfach 'Jungfrudans', d. h. 'Jungferntanz', oft tragen sie aber auch Namen wie 'Jatulintarha' ('Riesenhage'), 'Pietarkin leikki' ('Petersspiel'), 'Nunnantarha' ('Nonnenhage') und 'Jätin katu' ('Riesenstraße'); manche Bezeichnungen sind auch mit Ortsnamen wie 'Jeriko', 'Ninive', 'Jerusalemin hävitys' ('Jerusalems Zerstörung') und 'Lissabon' kombiniert, wobei der starke christliche Einfluß unverkennbar ist. Was die finnischen Labyrinthe oft von den schwedischen unterscheidet ist deren Spiral- oder Nierenform, wie wir dies auch bei den nordrussischen Trojaburgen sehen.

Legt man mit dem Schiff in Helsingfors an, kann man - etwa zwanzig Kilometer entfernt - zwei Labyrinthe in Esbo (Lövo-Kytäsaari) besuchen, wovon das eine 8 Steinringe hat, und nach Porkkala weiterfahren, wo man ebenfalls zwei Anlagen in *Kyrkslätt*, nördlich von Byviken, findet. Die Richtung nach Viborg, im früheren Karelen, einschlagend, liegen dann um *Borgå* - der Stadt des großen Freiheitsdichters Runeberg - 7 Labyrinthe vor, in *Finby*, Jerusalemberget, genannt, eines in *Kullo* (Ribacka) mit 5 Kreisen und 7,5 Meter Durchmesser, und die anderen in *Haverholmen, Hacksalö* (Skallerhamn) mit einem Durchmesser von 12 Metern und zwei auf den Onasholmarna mit den Durchmessern 10,5 und 7 Metern, die nierenförmig angelegt sind. Ca. 40 km östlich von Borgå wird man dann in *Pernå* (Skinnarberg) mehrere Labyrinthe antreffen und kann dann die Fahrt nach Viborg fortsetzen, um in *Pyttis* (Svartvira) ein weiteres größeres Labyrinth von 12 Metern Durchmesser mit 11 Kreisen zu besichtigen.

Auf der Fahrt von Helsingfors nach Åbo, bzw. wenn man von Åland aus dort landet, können hier im südwestlichen Landesteil noch folgende Labyrinthe gefunden werden: 3 Anlagen in *Dragsfjärd* (Jungfrusund, Hitis und Holm), 6 Anlagen in der Umgebung von *Nagu*, eines in *Pontuis* mit 10 Meter im Durchmesser, eines in *Finby* (Södergård) mit 14 Meter Durchmesser und 11 Kreisen, 2 Anlagen in *Kvilax* (Halsholm) mit 11 Meter Durchmesser und 1 in *Högsar* mit 9 Meter Durchmesser sowie 1 in *Pokmo*. Etwa 75 Kilometer weiter liegen auf *Korpo* noch 6 andere Labyrinthe, 5 davon in *Jurmo* auf einer Anhöhe, und 1 auf *Utö* mit 15 Meter Durchmesser und 11 Steinkreisen. Westlich davon finden wir in *Kustavi* noch 3 weitere Labyrinthe, und zwar in *Enskär*, dann 1 beim Leuchtturm aus dem Jahre 1838 und 1 in

Lehmämaa mit 11 Meter im Durchmesser und 11 Kreisen und schließlich in *Lypertö* ein Labyrinth aus den letzten Jahren des 19. Jhdts.

Hat man die nördliche Route den Bottnischen Meerbusen entlang gewählt oder fährt man in umgekehrter Richtung, von Nordschweden in den Süden des Landes, so kommt man (bei der Nordfahrt) auf folgende Labyrinthe, die man ohne Schwierigkeiten erreichen kann: In *Luvia* (vor Pori), *Sideby, Karijoki,* auf 8 Labyrinthe in *Närpes*, davon 1 in *Finbyskogen*, 2 in *Svartbäck*, am Mattberget (wovon jedoch nur 1 teilweise erhalten ist), während hier - bei einem 'Riesensteine' - einst heidnische Gottesdienste veranstaltet worden waren, 1 an der Grenze gegen *Teuva*, 1 auf dem *Kompassberget*, und 1 kreuzförmiges Labyrinth auf dem *Svartlidsbacken* und 2 in *Grytskär* mit Spiralmustern.

Dann folgen nördlich von Vasa die Labyrinthe von *Oravais* (Subben), 10 Labyrinthe in *Munsala (Stor Ljuset, Svartön, Stubb-Lill* und *Stubb-Storskär)* und - nördlich von Gamla Karleby - 2 Labyrinthe von *Lohtaja* (Ohtakari), 3 Labyrinthe von *Kalajoki* (Hervoskari und Holsti), davon 1 mit 8,5 Meter Durchmesser und mit 8 Kreisen, 2 Labyrinthe von *Pyhäjoki* (Prästgården und Matinsaar), 5 Labyrinthe in *Kuivaniemi* (Munaluoto), sowie 1 Labyrinth in *Simo* an der finnisch-schwedischen Grenze, 6 Labyrinthe in *Kemi* (Ajoskrunni, Ajossaari, Rivinokka, Kallinkangas, Kivilouvuori) und 1 Labyrinth in ungefähr fünfzehn Kilometer Entfernung vom Gasthaus Rantamänla sowie ein zwischen Jatulin lehto und Ylipenikka liegendes Labyrinth. Fährt man etwa fünfzig Kilometer den Kemifluß entlang, findet man die beiden Labyrinthe von *Tervola*, das eine (in Hannuksenvaara, etwa 7 Kilometer vom Friedhof entfernt) mit ca. 6 Meter Durchmesser, und das andere in Pajerin Kangas. In beiden Anlagen sind Knochenfunde gemacht worden, was bei Labyrinthen eher selten ist.

Hier, in unmittelbarer Nähe des Polarkreises endet unsere Labyrinthenfahrt durch Finnland. Auf die genauere Lage der nordrussischen Labyrinthe einzugehen, können wir jetzt verzichten, da zum gegenwärtigen Zeitpunkt bedingt durch die politische Lage der Nachfolgestaaten der ehemaligen UdSSR ein Besuch ohnehin nicht oder nur sehr schwer möglich ist. Vielleicht ändert sich dies aber bald und man kann auch die dort liegenden etwa 60 Labyrinthe besichtigen, was sicher sehr faszinierend wäre. Sobald wir Näheres wissen, werden wir unsere Leser davon benachrichtigen.

4. Estland

Wer die Fähre von Helsingfors nach Tallinn (Reval), der estnischen Hauptstadt nimmt, um über die baltischen Länder zurück nach Deutschland zu fahren, muß auch hier mit Schwierigkeiten rechnen, wenn er Labyrinthe besuchen möchte. Da sich aber die politische und militärische Lage ständig ändert und die Bestimmungen für Reisende zunehmend gelockert werden, kann es durchaus möglich sein, daß man in Kürze auch die fast ausschließlich auf größeren und kleineren Inseln der West- und Nordküste Estlands liegenden Labyrinthe aufsuchen kann. Es ist unbedingt ratsam, wenn man vor Antritt einer solchen Reise genaue Informationen von den zuständigen Botschaften und Konsulaten einholt.

Urmas Selirand aus Estland und der Schwede John Kraft besuchten 1990 die dort liegenden Labyrinthe mit bester Ausrüstung zur Vermessung dieser Anlagen und wir können kommenden Besuchern ein paar kurze Hinweise bieten:

Labyrinthe befinden sich auf den Inseln *Aegna, Prangli* und *Aksi* (in Doppelspiralen gelegt mit je etwa 10 Metern Durchmesser), westlich davon die Anlagen von *Kootsaare* (im Volksmund 'Jerusalem' genannt) und *Tahkuna*, beide auf *Dagö*. Im Museum Rocca al Mare, außerhalb der

Hauptstadt gelegen, findet man ein an eine Mühlenwand geritztes Labyrinth mit typisch nordischem Trojaburgmuster. Die Ritzung ist wahrscheinlich aus dem Jahre 1748 und stammt von der einst schwedisch bevölkerten Insel Ormsö.

Auch in Estland finden wir die sehr bemerkenswerte Tatsache, daß dort ein Bach und ein Dorf den Namen 'Troja' tragen und die Labyrinthe selbst - nicht wie in Schweden, von dorther sie eigentlich gekommen sein mögen - 'Trojaburg' heißen.

5. Norwegen

Auch aus Norwegen wollen wir nur jene Labyrinthe nennen, die ohne Mühe mit dem Auto erreicht werden können, obwohl auch sehr viele relativ bequem mit Fähren erreichbar wären.

Von Oslo kommend kann man folgende Labyrinthe besuchen: *Bragenäs* am Dramsfjord (ca. 50 Kilometer von der Hauptstadt entfernt), *Kongsberg* (ca. 85 Kilometer westlich von Oslo), und in der Nähe von *Skagan* das Labyrinth 'Truber slot' am Tönsbergfjord. 'Truber' wird in Norwegen oft als Bezeichnung der heimischen Trojaburgen selbst gebraucht.

Im Dorf *Mykleborst*, zwischen Bergen und Trondheim, liegt auf 1000 Meter über dem Meeresspiegel in majestätischer Höhe des Gröthornsberges ein 'Den julianske borg', d. h. ein Labyrinth mit dem Namen 'Die julianische Burg', der sofort wieder an 'Troja' erinnert. Das Labyrinth hat etwa 6 Meter im Durchmesser. - Auf dem benachbarten Vartadalsfjället liegt auf 900 Meter Höhe auf einem Plateau ein Labyrinth, das erst 1950 entdeckt wurde und auch 'Trojaburg' heißt. Es wirkt wie ein mächtiges Amphitheater. Unweit von hier, zwischen dem Syvdsfjord und dem Vanylvfjord, stehen die 25 Bautasteine des sagenhaften Königs Ring zur Erinnerung an eine Schlacht, wie man dies in der 'Edda' und der schwedischen 'Frithjof-Saga' nachlesen kann.

Nach der Anzahl der bestehenden Labyrinthe ist Norwegen nach Schweden, Finnland und Rußland das viertgrößte Land mit heute noch 22 solcher Anlagen, deren Standorte sich über die ganze Länge bis an das Nordkap erstrecken.

Fährt man vom Vartadalsfjället aus weiter nach Norden, kommt man in *Grimsholm* bei Tromsö an ein Labyrinth mit der Bezeichnung 'Troieborgslotte' ('Trojaburgschloß'). Weitere Labyrinthe sind noch ein gutes Wegstück nördlich davon in *Repvåg* am Porsangerfjord, in *Stikkelvåg* auf der Südseite des Magerösunds, in *Masöy* (bereits 1699 in einer Chronik erwähnt) und in *Holmengrå* (2 Anlagen) auf der Westseite des Jarfjords zu finden. Die zwei bekannten Labyrinthe in *Kjö-Öya*, im Kjöfjord, als vorgeschichtliche Denkmäler auch schon in der Fachliteratur erwähnt und beschrieben, sind allerdings nur mit der Fähre vom Bugöyfjord aus zu erreichen.

Auf der *Varangerhalbinsel*, an der äußersten Westseite des Tanafjords, liegt das nordöstlichste Labyrinth des Landes in Dypvik, westlich von Berlevåg, über das mir jedoch zur Zeit leider keine näheren Angaben bekannt sind. Wer sich hier in Nordnorwegen befindet, kann seine Reise entweder nach Schweden oder Finnland fortsetzen, deren Labyrinthanlagen wir ja schon beschrieben haben.

6. Britische und deutsche Trojaburgen

Daß das Symbol der Trojaburg nordischer, bzw. klassisch-knossischer Prägung auch für die alten Briten - wie im Falle des berühmten 'Holywood Stone' Irlands aus der Grafschaft Wicklow, der aus den Jahren um 2000 v. d. Ztr. stammt - ein Begriff war, wissen wir von den ebenfalls bereits genannten Felsritzungen von Tintagel in Cornwall, der heute im Witchcraft Museum von Bocastle liegenden Felsritzung, sowie den fünf aus dem Mittelalter stammenden Kreidesgraffiti von Chalden der Grafschaft Surrey.

In England gibt es heute nur eine einzige etwas ältere Trojaburg. Sie wurde 1729 angeblich von einem Leuchtturmwärter gebaut, liegt auf der Insel *St. Agnes* - Scillygruppe - bei Land's End und heißt 'Troy Town' ('Trojastadt'). Bevor einige Steine von Touristen umgelegt wurden, hatte die Anlage ursprünglich 19 Fuß Durchmesser und 7 Windungen. Heute mißt sie nur etwa 16 Fuß. - Erst in den letzten Jahren sind wieder einige weitere steinerne Labyrinthe gelegt worden, so daß man durchaus von einer Neubelebung der alten Überlieferungen zu diesen Symbolen sprechen kann. Auffallend ist auch, daß ein solches ganz in der Nähe liegendes neues Labyrinth mit etwa 30 Fuß Durchmesser sehr dem 'Rad von Eilenriede' bei Hannover nachempfunden ist. Es soll angeblich 1986 von dorthin gekommenen Touristen (vielleicht sogar aus Deutschland?) gelegt worden sein.

Die übrigen erst in jüngster Zeit gelegten britischen Steinlabyrinthe befinden sich auf *St. Martins*, einer anderen *Scilly-Insel* in der Three Cliffs Bay, bei *Pennard*, auf der Gower-Halbinsel von South Wales (1972 nach dem klassischen Trojaburgmuster in den Maßen von 31 x 29 Fuß gelegt) mit dem Namen 'Faerie Ring' ('Feenring') und in *Blackstone Edge,* Yorkshire, aus den späten Siebzigerjahren.

Viele neue Labyrinthe, die oft für Ausstellungen errichtet wurden, sind leider bald darauf entweder durch den Massentourismus oder aber auch von den Wogen des Atlantiks wieder zerstört worden, wie in *Ilkley Moor* (Yorkshire), *Blackstone Edge* (Yorkshire), *Isle of Portland,* am *Ginst Point*, bei Lanugharne (South Wales), auf dem *Ardnave Point, Islay*, in *Lyng* (Norfolk) und *Pilton* (Somerset).

Aber auch in Deutschland ist erst 1940 ein steinernes Labyrinth im Trojaburgstil neu gebaut worden, und zwar in *Bünde* (Westfalen) von Prof. Friedrich Langewiesche, der es auf dem Hofe des dortigen Kreisheimatmuseums legen ließ. Wie bei der heute leider schon zerstörten Windelbahn von Stolp in Pommern befindet sich auch hier ein Baum im Zentrum der Trojaburg anstatt des herkömmlichen großen Steines. Zahlreiche Museumsbesucher erfreuen sich jährlich an dieser schönen Anlage.

Abb. 23: Die Trojaburg von Bünde, Westfalen. CAERDROIA, Nr. 20/1987.
Siehe auch nächste Seite (152) oben.

Die Trojaburg von Bünde, Photo Kreisheimatmuseum

Was die deutschen Trojaburgen anbelangt, hat Jürgen Spanuth bereits 1953 in seiner aufsehenerregenden Studie 'Das enträtselte Atlantis' nachzuweisen versucht, daß sich (heute auf dem Boden der Nordsee bei Helgoland) in der einstigen Königsstadt *Basileia* der Atlanter eine große Trojaburg befunden habe. Spanuth ging von den Berichten Platons 'Timaios' und 'Kritias' aus sowie von Homers 'Odyssee' und stellte eine Expedition von Tauchern zusammen, die dann - zur Überraschung aller - tatsächlich Mauern auf dem Meeresgrunde ausfindig machen konnte. Die Steinkreise, die man hier entdeckt und gemessen hatte, sind die Überreste einer ausgesprochen uralten Trojaburg altherkömmlichen Musters.

„Wie man sich auch immer zu dieser Frage stellen mag," betonte Spanuth in seinem Buch, „feststeht, daß die Erzählung von der Trojaburg auf Basileia nicht eine märchenhafte Erfindung Solons oder Platons sein kann. Hier muß die Schilderung einer einst wirklich gewesenen Trojaburg dem ursprünglichen Bericht zugrundegelegen haben. Auch in diesem Punkt hat die Edda offensichtlich eine gute Erinnerung bewahrt, denn sie sagt von Asgard: 'Asgard wurde *Trojaburg* genannt' (Edda, Gylfaginning). Daß die Insel Basileia eine 'heilige Insel' (Helgoland = Heiliges Land, Anm. FH) war, verraten schon die mächtigen kultischen Anlagen, die dort errichtet waren."

Spanuth schildert zwar diese Mauern und Wallanlagen sehr genau, trotzdem dürfte es sehr schwer fallen endgültig zu beweisen, daß die von den Tauchern entdeckten konzentrischen Kreise in ca. zwanzig Metern Tiefe tatsächlich eine Trojaburg vom Visbyer Typ gewesen sind. Jedenfalls sind seine diesbezüglichen Hypothesen zum gegenwärtigen Stand der Forschung nicht von der Hand zu weisen.

Der schwedische Geologe Nils-Olof Bergquist hat (in: „Ymdogat-Atlantis“ mit dem Untertitel „Eine neue Weise der Betrachtung für die historische und kulturelle Entwicklung einige Tausend Jahre vor Platon“) 1971 in vielen Punkten Jürgen Spanuth bestätigt. Auch konnte vor einigen Jahren durch neue Tauchereinsätze in diesem Gebiet der Nordsee eine vorgeschichtliche Kupfergrube festgestellt werden, ein Metall, das gerade für die Bronzezeit von größter Bedeutung gewesen war.

Harald Steinert hat in einem Artikel der FAZ ('Frankfurter Allgemeine Zeitung') vom 9. 4. 1980 von „der Bedeutung Helgolands als vor- und frühgeschichtliches Kupfer-Bergbauzentrum“ folgendes geschrieben: „Letzte noch mögliche Zweifel über die Bedeutung Helgolands als Rohstoffzentrum für Kupfer in den vergangenen Jahrtausenden sind jetzt durch Taucherfunde eines Verhüttungszentrums im Meer südlich der heutigen Düne und durch die Entdeckung von frühestbronzezeitlichen von Helgoland stammenden Kupfergegenständen beseitigt worden: Ende März (1980) glückte es der Tauchgruppe des Geologischen Institutes der Universität Kiel, südlich der heutigen Düne eine Serie von Kupferbarren von rund neunzig Kilo Gewicht zusammen mit zahlreichen Schlackenresten zu finden, klare Beweise für eine Kupfergewinnung an Ort und Stelle... Anfang des Vorjahres hatte der Kieler Geologe Dr. Horst Schulz anhand einer umfangreichen Analyseserie nachgewiesen, daß das Barrenkupfer, das man vor *Helgoland* im Meer gefunden hatte, aus Erzschichten der Felseninsel stammen mußte.“

Der Artikel trägt den Titel „War Helgoland vielleicht doch Atlantis? - Mit dem Helgoländer Kupfer begann im Norden die Metallzeit“ und hebt dankenswerterweise die Forschungen Jürgen Spanuths sehr sachlich hervor. In dieser Abhandlung ist auch von den schweren Sturmfluten in der Deutschen Bucht die Rede, wonach „um 1000 n. Chr. nach einer sturmflutarmen Periode von einigen Jahrhunderten wieder 'Schub' schwerer Sturmfluten in einer bis heute anhaltenden Serie eintrat“, und bringt somit nicht nur einen neuen wissenschaftlichen Beweis für Spanuths Erkenntnisse, sondern auch für Nils-Olof Bergquists Theorien. „Außerdem liegen,“ schreibt Steinert dazu abschließend, „C-14-Altersbestimmungen für die früheren Funde vor, die diese als mittelalterlich ausweisen - etwa 11. bis 13. Jahrhundert - als scheinbar nach den Sturmfluten vor 1000 n. Chr. jenes vor- und frühgeschichtliche Kupfer-Bergbauzentrum mit großer Wahrscheinlichkeit im Tagebau wieder in Betrieb genommen wurde.

Viel weitergehende Bedeutung haben die Funde allerdings für die Rekonstruktion des Lebens und der Wirtschaft der nordischen Bronzezeit: Man glaubte bisher, die Bronzegießer, die in Südschweden, Jütland und Schleswig-Holstein großartige Bronzekunstwerke und -Waffen schufen, hätten ihren Rohstoff als teuren Import aus Mitteleuropa oder Spanien beziehen und eventuell mit Bernstein bezahlen müssen... Mit dem einheimischen Helgoländer Kupfer wurde überhaupt erst die 'Metallzeit' in den Norden Europas eingeführt.“

XIV.

LABYRINTHE IN ÜBERSEE

1. U.S.A.

Die Geschichtsforschung hat nach dem Ende des Zweiten Weltkrieges beweisen können, daß es nicht Christoph Columbus gewesen war, der 1492 Amerika entdeckte, sondern Wikinger aus Nordeuropa, u. a. Leif Erikson, die schon etwa fünfhundert Jahre vor Columbus diesen großen Kontinent im Westen Grönlands angesegelt waren. *(Sehr genaue Details zu diesen Fragen findet man in Jörg Lechler: 'Die Entdecker Amerikas vor Columbus' mit einem Beitrag von Edward F. Gray, Generalkonsul a. D., mit 99 Abbildungen im Text und auf 24 Tafeln. Faksimile-Verlag Bremen 1992, unveränderter Nachdruck der Ausgabe Leipzig 1939).*

Das norwegische Archäologenehepaar Helge und Anne Stine Ingstad hat in L 'Anse aux Meadows auf Neufundland eine Wikingersiedlung aus dem Jahre 997 mit zahlreichen typisch nordischen Funden ausgegraben, wobei man feststellen konnte, daß jene tüchtigen Seefahrer schon damals Schiffe gebaut hatten, in denen sie sogar Vieh über den Ozean mit sich führen konnten. Spinnwirteln und allerlei Handwerkzeug, die auf dem nordamerikanischen Kontinent in den nordischen Mustern bis dahin unbekannt waren, ergaben weitere Beweise für den kolonisatorischen Einsatz der Wikinger.

In den letzten Jahrzehnten in den USA, insbesondere in Arizona, Utah, New Mexico und Colorado entdeckte Felsgravierungen von Labyrinthen verschiedenster Art, in den Gebieten der Hopi-Indianer, Navahos, Pimas und Papagos, weisen ihrerseits darauf hin, daß auch dieses Symbol einst - möglicherweise ebenfalls durch die Wikinger - dorthin aus Europa gekommen war.

Während einige Forscher - z. B. Paolo Santarcangeli - die phantastisch anmutende Ansicht vertreten haben, daß das Labyrinth durch buddhistische Missionare im Jahre 458 n. d. Ztr. aus dem Orient nach Kalifornien gelangt sei, führen andere wieder dieses Symbol auf phönizische, bzw. keltische Seefahrer zurück. Da einige im US-Staat Georgia entdeckte Felsritzungen durchaus den in diesem Buch genannten altbritischen Urlabyrinthen - beispielsweise in Roughting Linn (Northumberland) - entsprechen, kann man frühere Kontakte mit Europa auch keineswegs ausschließen.

Die vom britischen Vorgeschichtsforscher Barry Fell auf dem Felsen von Peterborough (Ontario, Kanada) entdeckten Inschriften weisen deutliche Parallelen mit solchen im bronzezeitlichen Skandinavien auf und können diese Kontakte bestätigen. Auch der französische Prähistoriker Jacques de Mahieu hat sich eingehend mit diesen Fragen beschäftigt und konnte sogar in Südamerika schlagende Beweise für Siedlungsspuren der Nordleute feststellen.

Jeder Labyrinthenfreund kann in den USA diese Symbole in ihren verschiedensten Stilrichtungen, vom 'Urlabyrinth' über die 'Sonnenspiralen' bis zu ausgeprägt klassischen Labyrinthmustern finden.

Die bekanntesten Fundstellen sind in der Nähe von *Oraibi* (Arizona). Dort gibt es zwei klassische in den Felsen gemeißelte Labyrinthe, das eine in rektangulärer Form, das in die Jahre zwischen 1100 und 1200 n. d. Ztr. datiert wird, und das andere, im Format 29,2 x 31,1 x 7,6 cm, das sich heute im Heard-Museum von Phoenix (Arizona) befindet. Beide stammen aus einstigen Wohngebieten der Hopi-Indianer.

Eine sehr interessante Steingravierung ist in *Shipalovi* (Arizona) zu besichtigen, sie hat einen Durchmesser von 23 cm und ist im typischen Trojaburgstil gehalten.

Einem Rundlabyrinth in *Cochiti* (New Mexico) an einem Felsen am Rio Grande, dem White Rock Canyon, spricht man heute sein hohes Alter ab, es wird in das 18. Jhdt. datiert. In *Arroyo Hondo* (Taos county, New Mexico) liegt eine etwa 700 Jahre alte Felsgravierung vor. In *Flagstaff* (Museum of Northern Arizona) befindet sich ein Labyrinthsymbol auf einem Textilgewebe der Navajo-Indianer in der Größe von 85 x 148 cm, wobei zwei rektanguläre Labyrinthe gegeneinander gestellt sind.

Weiters gibt es in den USA noch ein in einen Felsen bei *Santa Barbara* (Kalifornien) gemeißeltes Labyrinth, das in seinem Muster dem altbritischen 'Urlabyrinth' von Northumberland entspricht.

In jüngerer Zeit sind auch vermehrt in den USA moderne Labyrinthe angelegt worden, z. B. ein rundes, mit Ligustern gepflanztes, mit neun Gängen in *New Harmony* (Indiana). Es wurde 1941 für die Religionsgemeinschaft der 'Harmonisten' angelegt und soll den Weg zu einem seelischen Frieden erleichtern helfen, wie es zur Sinndeutung dieses Symbols in diesem Zusammenhang heißt.

In *Arkville* (New York) ist ein imposantes, 2,4 Meter hohes Labyrinth zu bewundern. Es wurde vom britischen Bildhauer Michael Ayrton entworfen und aus rotem Backstein - im oberen Rand verputzt - gebaut. In seinem Zentrum befindet sich eine den Minotauros und Ikaros darstellende Bronzeskulptur. Ikaros erhebt sich gerade von den Schultern seines Vaters Daedalos aus dem knossischen Labyrinth. Jene Schlingengänge sind als die erste 'Irrgangsanlage' bezeichnet worden, die in ihren monumentalen Maßen voll begehbar sei.

In *Vacaville* (Kalifornien) wurde ein Irrgarten angelegt, in dem der Besucher nicht weniger als vierzig Minuten für einen Durchgang benötigt, um dann den Zugang zu einem weiteren hier liegenden Labyrinth zu finden.

Nigel Pennick, einer der bekanntesten britischen Labyrinthenforscher unserer Zeit, ließ 1987 in *Ojai* (Kalifornien) eine Trojaburg - die erste aus größeren Steinen in den USA - im klassischen Muster legen, eine Kopie eines von ihm selbst errichteten Labyrinths in Pilton (Somerset, England). Die Trojaburg liegt auf dem Gelände der 'Ojai-Foundation', einem Zentrum und Sammelplatz esoterischer Lehren der ganzen Welt, wo nun zahlreiche suchende Menschen im Labyrinthe wandelnd zu meditieren pflegen.

1987 wurden noch zwei weitere Labyrinthe in den USA, beide im Trojaburgstil, aus Steinen gelegt, vom Labyrinthenforscher Stig Lonegren in *Greenboro* (Vermont) und von Richard Fleischner in *Chateau-sur-Mer* (Newport, Rhode Island).

Auch im selben Jahr ließ Alec Champion ein großes Labyrinth in der Nähe von *Navano* (Kalifornien) in den Rasen legen. Es ist ebenfalls im klassischen Trojaburgmuster geformt. Über seine Maße liegen mir leider keine näheren Angaben vor.

2. Südamerikanische Labyrinthe

An erster Stelle sind drei Symbolforscher zu nennen, die sich auf südamerikanischem Boden um die Erforschung der Labyrinthsymbolik verdient gemacht haben: der Amerikaner Carl Schuster, der Deutsche Oscar Menghin und der Italiener Paolo Santarcangali.

Schuster hat in seinen Schriften über alte labyrinthische Traditionen bei den Caduveo-Indianern im Matto Crosso (Brasilien) berichtet, wenn er auch leider keine Fundorte des Symbols angegeben hat. Menghin schrieb 1956 über vorgeschichtliche Labyrinth-Symbole aus Argentinien, speziell in der Provinz Santa Cruz, wo in *Piedra Museo* ein Labyrinth stehen soll, ohne jedoch dieses näher zu beschreiben. Vom Rio Negro schildert er einige mäanderhafte Labyrinthe.

Santarcangali bestätigt einige Labyrinthenfunde in der Provinz Santa Cruz, und zwar in *Nellguen* und erwähnt einige weitere in Córdoba, im Herzen von Argentinien, die - wie er sagt - „seltsamerweise den europäischen Typen des Neolithikums und der Bronzezeit ähneln." Auch hat er von einem auf *Haiti* (Zentralamerika) gefundenen Labyrinth berichtet, das nach Ansicht der Eingeborenen „das Böse bzw. die Seelen der Verstorbenen fesselt"[32] und somit eine Tradition schildert, die in Zusammenhang mit Labyrinthen auch in Malekula auf Neu Guinea waltet.

In *Pampa Ingenio* (Peru), liegt in der Nähe von Nasza - dem Lande der Inkas - ein fünfgängiges Labyrinth, das in die Jahre um 500 n. d. Ztr. datiert wird und einen Durchmesser von nicht weniger als 75 Fuß hat. Es ist in Sandstein geritzt und entspricht dem urtümlichen Muster der Labyrinthe von Peña de Mogor in Pontevedra (Spanien).

Da die beiden Labyrinthe von Piedra Museo und Pampa Ingenio große Ähnlichkeit mit den nordeuropäischen aus der Bronzezeit haben, hat der erst vor wenigen Jahren verstorbene Anthropologe und Prähistoriker Jacques de Mahieu berechtigterweise von starken Kultureinflüssen der (sogenannten) Trojaner auf (insbesondere) Zentral- und Sümerika sprechen können, zumal das Symbol von Pampa Ingenio ja 1000 Jahre älter ist als Kolumbus. Auch stützen die Arbeiten Barry Fells und Jürgen Spanuths diese Forschungsergebnisse, und es ist nicht so, daß man alles, was mit Kultureinflüssen aus dem alten Europa zusammenhängt, einfach als Spinnerei und Phantasie abtun kann.

Es sei hier noch einmal darauf hingewiesen, daß Jürgen Spanuth schon klar herausgearbeitet hat, wie die sehr hochstehende Schiffahrtskunde aus dem Norden nach Syrien gelangt ist und wie seetüchtig damals schon die Schiffe waren, die etwa von 1200 v. d. Ztr. an von Phönizien aus nicht nur das Mittelmeer, sondern auch weit darüber hinaus den Atlantik befuhren.

Jacques de Mahieu ging diesen Spuren in seinen Werken nach - genannt seien u. a. seine Bücher: 'Die Erben Trojas. Auf den Spuren der Megalithiker in Südamerika', 'Die Flucht der Trojaner. Wie ihre Hochkultur über Afrika und die Kanarischen Inseln nach Amerika gelangte', 'Des Sonnengottes Große Reise. Die Wikinger in Mexiko und Peru' sowie 'Des Sonnengottes heilige Steine. Die Wikinger in Brasilien'; alle erschienen bei Grabert-Verlag, Tübingen, z. T. dzt. leider vergriffen - und spricht darin nicht nur von 'Wikingern', sondern auch von 'Trojanern', die umfassende Spuren ihrer Kulturen auf amerikanischem Boden hinterlassen haben.

Ganz wie die nordischen Seevölker beispielsweise das Symbol der Volute (spiralförmig eingerolltes Bauglied, besonders am Kapitell der ionischen Säule) mit sich nach Hellas und Kleinasien geführt hatten, haben deren Nachkommen dann von Phönizien aus auch das Sinnbild des Hakenkreuzes und des Labyrinthes mit nach Südamerika gebracht, wo wir diesen Symbolen u. a. in Santiago del Estero als Zierat von Urnen und anderer Keramik neben zahlreichen Inschriften in Form 'hyperboräischer Runen' begegnen.

Einer Reihe dieser archaischer Runen, die von Barry Fell auf die nordisch-keltischen Tifinag- und Ogham-Alphabete zurückgeführt werden, finden wir in so gut wie identischer Form wie im Runenalphabet selbst in Südamerika auf Inschriften von Alvao und Santiago del Estero (Argentinien). Auch in Casa Grande, zwischen den Städten Phoenix und Tuscon (USA) existiert in einer alten Indianersiedlung ein Labyrinth mit ausgeprägtem Trojaburgmuster. Heilige Steine ein und desselben Sonnengottes und gleiche Megalithe in Nordeuropa wie auch in Nord- und Südamerika? - Jacques de Mahieu hat diese Rätsel mit großer Wahrscheinlichkeit zu lösen begonnen.

3. Die Labyrinthe der Inder und Indonesier

Auf unserer Reise zu den Labyrinthen kamen wir auch schon in die Ossetische Republik der ehemaligen Sowjetunion, wo wir im Kaukasus dem Labyrinth von Matschesk begegneten, das ganz dem Muster nordischer Trojaburgen entspricht und in das 2. Jtsd. v. d. Ztr. datiert wird.

Schließen wir uns Gustaf Kossinna und Colin Renfrew an und gehen davon aus, daß die Kultur der Megalithiker ('Großsteingrabsetzer') sich von West- und Nordeuropa aus nach Hellas und Kleinasien erstreckte. Halten wir auch fest, daß viele andere angesehene Forscher sehr schlüssig erkannten, daß auch die altpersische und altindische Kultur auf die einstigen Wanderzüge der sogenannten 'Indogermanen' zurückzuführen sei und tiefe Gemeinsamkeiten der nordisch-germanischen und altindischen Religionen und Mythen bestehen.

Abgesehen von zahlreichen Gleichartigkeiten zwischen den großen Göttern der Inder und der eddischen Götterwelt der Germanen und Nordleute gibt es ebenfalls starke Berührungspunkte im uralten Epos der Inder, im 'Ramayana', wo der Dämon 'Ramana' Sita die Gemahlin Ramas, des Helden der großen Dichtung, verführt und dann in einem dunklen Verlies des Schlosses Lanka gefangen hält. Hier fällt die starke Ähnlichkeit mit Ariadnes Einkerkerung im Palast von Knossos auf Kreta und der nordische Sagenkranz um Brynhild auf.

So wie Theseus auf Kreta und Sigurd im Norden die gefesselte Sonnenjungfrau befreiten, tat dies Rama in Indien, als er das Schloß angriff, die Dämonen tötete und Sita befreite. Dabei ist von besonderem Interesse, wie Nigel Pennick dies in 'Mazes and Labyrinths' (1980) hervorhebt, daß das Schloß 'Lanka' als ein ausgesprochen klassisches Labyrinth gilt, wobei Ramas siebenfache Umkreisung der Schloßwälle offensichtlich auf die sieben Wälle der Trojaburg hinweisen. Während dieses Epos des indischen Astronomen Al-Biruni auf das Jahr 1045 n. d. Ztr. zurückgeht, dürfte die labyrinthische Sonnenmythe selbst sich weit über zuvor liegende Zeiten erstrecken, als die so gut wie gleichartigen Göttergruppen in Europa, Persien und Indien in das Licht der Welt traten.

So wie bemerkenswerterweise auch in Indien die Sonne 'Surya' bzw. 'Suaria' (in Hellas 'Seirios', im Altlitauischen 'Saule', im Englischen 'Sulis-Sun' und im Lateinischen wie Nordischen 'Sol') weiblichen Geschlechtes ist wie bei den Germanen und die höchste Gottheit 'Varuna' 'Odin' entspricht, verhält sich auch 'Indra' gleich dem nordischen Donnergott 'Thor'.

Dazu kommt noch, daß das indische Nationalepos 'Mahabarata' inhaltlich ganz dem Nibelungenlied entspricht und im alten Indien die Sonne in der dort weitverbreiteten 'Svastika' das germanische Hakenkreuz widerspiegelt. Auch im Litauischen 'Swai-Sweistiks' findet sich die 'Swastika' wieder und hat sich bis weit in unsere Zeit hinein in Pommern, Holstein und auf Rügen als Kennzeichnung unseres wesentlichsten Lebenspenders erhalten.

So wie wir oben bereits von der etymologischen Herleitung des Wortes 'Troja', der Kennzeichnung der nordisch-germanischen Labyrinthe, vom Sanskritworte 'Druh' und dem indischen Gegenstück des Minosstieres, dem dreiköpfigen mythischen Drachen 'Druja' gesprochen haben, deuten ihrerseits noch einige in allem dem nordisch-germanischen Stil der Trojaburg entsprechende alte indische Labyrinthe auf weitere enge Zusammenhänge über diese großen räumlichen Entfernungen hinweg hin.

Das einzige in einen Felsen geritzte Labyrinth finden wir in *Padugala*, Südindien. Es stammt aus der Zeit um 1000 v. Chr. - In der Nähe von *Ranipur Sharial 64 Yogini Pitth*, ca. 50 Kilometer nordöstlich von Titlagarh, gibt es ein siebenkreisiges Steinlabyrinth skandinavischen Musters, das in das 7. Jhdt. v. d. Ztr. datiert wird. Im Dorfe *Kota* (Padugala) findet man in unmittelbarer Nähe eines megalithischen Grabes ein ebenfalls siebenkreisiges Labyrinth vom Trojaburgtyp, das mit seinen nur 16,5 Zentimetern im Durchmesser allerdings nicht gelegt, sondern auf einen Stein geritzt worden ist. Grab und Labyrinth fallen in die Zeit um 1000 v. Chr. In der engeren Umgebung liegen noch vier weitere kleinere und ebenfalls gravierte Labyrinthe vor.

In den *Nigiri-Bergen* (Padugala) existiert in einem Dorf ein Labyrinth an einer Hauswand, es hat dasselbe Muster, das hier für ein 'Kote' genanntes Labyrinthenspiel Verwendung fand und als ein Ariadnefaden gedeutet werden kann.

Es existiert weiters noch ein Labyrinth in *Tikla*, ca. 65 Kilometer südwestlich von *Gwalior* (Madya Pradesh) in Zentralindien; es ist an die Wände eines Kali-Tempels gemalt, neben einem Stier und einem sich in minoischer Art über dessen Hörner schwingenden Menschen, und fällt in die Zeit um 250 v. Chr. Südlich davon gibt es in *Kundani*, bei *Hosur Talug*, im Staat *Madras*, eine Trojaburg nordischen Typs von 8,5 Meter im Durchmesser mit 7 Kreisen. Auch in ihrer Umgebung liegen einige Megalithe.

In Paris und New York liegen einige alte indische Manuskripte, die weitere Labyrinthe zeigen und bestätigen, daß dieses Symbol bereits seit einigen Tausenden von Jahren weitverbreitet war.

Karl Kerényi ist auf seinen Weltreisen auf der Spurensuche nach den Labyrinthen auf der Insel *Ceram* auf einen labyrinthischen Kult gestoßen, der ihn in großes Staunen versetzte. Er fand hier den Kult um die Sonnenjungfrau Hainuwele noch sehr lebendig und ließ ihn unwillkürlich an die griechische Persephone denken. - Die Tochter Demeters, der Göttin der Fruchtbarkeit wurde durch Hades, den Gott der Unterwelt, in das Reich der Finsternis entführt, um dann im Frühling wieder an das Licht des Tages zu treten. Auch Hainuwele - die Verkörperung der Pflanzenwelt - kehrt jeden Frühling neu aus jener Unterwelt zurück ans Licht der Welt. Wie im griechischen Eleusis Persephone und Demeter durch Tanzfeste geehrt und gefeiert wurden, so tanzte man, wie Kerényi feststellen konnte, auch Hainuwele zu Ehren in Indonesien, wo der so genannte 'Maro-Tanz' volle neun Tage lang in neunfachen labyrinthischen Spiralen aufgeführt wurde. Auf Ceram pflegte das Landvolk durch ein Tor des Todes, errichtet von der Todesgöttin Mulua Satene, in neunfachen Spiralen zu tanzen, und wer diesen Tanz durch das Labyrinth vollzogen hatte, durfte vor die Todesgöttin treten, die ihm dann das Leben schenkte.

Das Symbol des Labyrinths scheint von Indien nach Indonesien gekommen zu sein. In der Universität von Leyden (Holland) liegt ein Manuskript aus dem 19. Jhdt., in dem ein indonesisches Labyrinth aus Sumatra dokumentiert ist, das mit sieben Kreisen im klassischen Stil gehalten ist. Einige weitere zu diesen Fragen interessante indonesische Manuskripte aus Java und Sumatra befinden sich heute in Amsterdam.

4. Labyrinthische Traditionen in der Südsee, in Australien und Neuseeland

Bevor wir noch einen kurzen Blick auf einige erst in der letzten Zeit gelegten 'moderne' Symbole dieser Art werfen und dann unsere Reise um die Welt auf der Suche nach den vorgeschichtlichen und anderen älteren Labyrinthen abschließen wollen, seien hiermit der Vollständigkeit halber auch noch die den südindischen und indonesischen sehr ähnlichen mythenhaften Zeremonien und labyrinthischen Spieltänze auf den *Neuen Hebriden* im Stillen Ozean sowie die Spirallabyrinthe und Spiraltatauierungen (Tätowierungen) bei den Maoris auf *Neu-Seeland* erwähnt, wo im übrigen in Rotorua vor einigen Jahren erst ein 'Fairbank-Maze' genanntes Labyrinth geschaffen wurde. Auch im zentralen Australien finden wir diese und ähnliche Zeugnisse labyrinthischer Überlieferung, z. B. bei den Tjuringas, die mit dem Zeichen der Spirale den Geistern der Ahnen helfen möchten, eine Wiedergeburt zu erlangen.

Wir sehen, daß auch in den entlegensten Weltgegenden, sogar bei den sogenannten 'primitiven' Stämmen und Eingeborenen auf den Pazifikinseln weitab von der derzeitigen abend- und morgenländischen 'Kultur' und Zivilisation, das Sinnbild der Sonne - von der Dante sprach - in allen möglichen Variationen in Zeichen und Symbolen vorkommt, in denen diese sich spiralhaft und damit 'labyrinthisch' bewegt und die Menschen geistig wie seelisch aus der Finsternis des Hades zu einem neuen Tage, einem neuen Licht, und damit zu einer Wiedergeburt zu führen vermag.

XV.

LABYRINTHE UNSERER TAGE...

1. 350 moderne Anlagen in aller Welt

Auch das Sinnbild des Labyrinthes hat - mit Nietzsche zu sprechen - eine 'Umwertung aller Werte' erfahren, eine Metamorphose, wie alle bisher seit Jahrhunderten geltenden ethischen, religiösen, moralischen und auch ästhetischen Grundsätze. Der Zeitgeist, besser: der 'Ungeist der Zeit' hat auch vor den altehrwürdigen Symbolen nicht Halt gemacht!

In unserem 20. Jahrhundert ist der Mensch im allgemeinen wurzellos geworden, sein Trachten ist jetzt aber zunehmend wieder auf 'Selbstfindung' gerichtet - leider oft wieder kanalisiert durch finstere Machtgruppierungen in Kirche und Politik. Die Suche nach einem tieferen Sinn des Lebens endet meist im Studium fremdartiger, oft orientalischer und asiatischer Religionen (Buddhismus, Zen u. a.) und sektiererischer Glaubensvorstellungen, was oft wieder im Frust endet, da die Seelenlage der Menschen unseres Kulturkreises nicht darauf abgestimmt ist. Auch diese 'New-Thought-Bewegungen' bedienen sich überall in der Welt des Labyrinths, um ihre Schüler (Schäflein) darin meditierend wandeln zu lassen. Heute kommt es auch schon vor, daß im Dienste des Kommerzes und des Materialismus rein zur Zerstreuung und Unterhaltung der Massen Labyrinthe errichtet werden, die dann einfach wieder der Zerstörung zum Opfer fallen. Ein Symbol kann also auch mißbraucht werden...

Großkaufhäuser, in der Hauptsache in USA und Japan, haben in den letzten Jahren begonnen, bewußt als Irrgärten angelegte Labyrinthe in ihren 'Shopping-Centers' einzurichten, deren Aufgabe teils darin besteht mit diesen seltsamen Anlagen neue Kunden anzulokken, teils dienen sie auch nur praktischen Zwecken: während die Mütter in Ruhe einkaufen können, haben die mitgekommenen Kinder und ihre sie betreuenden Väter Zeit zu spielen und sich zu unterhalten. Die Muße beim Einkauf bringt größere Summen...

Solche 'Shopping-Irrgärten' werden zur Zeit zu Hunderten angelegt und sind derartig großräumig, daß man sich hier und da schon genötigt sah, Kontrolleure einzusetzen und Signalsysteme installieren zu lassen, um Kindern behilflich sein zu können, wenn sie sich verlaufen haben und den Weg aus diesen Mastodont-Labyrinthen nicht mehr hinaus finden. Die Architekten dieser Anlagen sorgen dafür, daß immer neue exzentrische Muster konstruiert werden, so daß die Sackgassen immer verworrener werden und bei den Besuchern ständig wachsende Spannung erregen.

2. Moderne britische Mastodont-Irrgärten

England haben wir schon als das Land mit uralten labyrinthischen Traditionen kennengelernt, es ist auch heute das an neuangelegten Labyrinthen reichste und auch bahnbrechendste Land der Welt, was die Mannigfaltigkeit dieser Anlagen betrifft. Man tut nicht nur alles, um die bereits bestehenden alten Labyrinthe zu erhalten und zu restaurieren, sondern schafft auch darüber hinaus immer wieder neue Labyrinthe in allen Regionen des Inselstaates, wie Nigel Pennick in seinem Buch 'Mazes and Labyrinths' erwähnt. Bei diesen neuen 'Labyrinthen' handelt es sich in den meisten Fällen um eine weitere Entfaltung von Irrgärten aller Art, die immer größeren Menschenmassen und Touristenströmen in deren Freizeit zur Unterhaltung dienen. Als Vorbild dafür können die Schloßgärten aus früheren Jahrhunderten angesehen werden, die damals allerdings nur dem Adel zur Erbauung vorbehalten waren. Es ist aber nicht uninteressant, selber einmal solche unsere Zeit repräsentierende Labyrinthanlagen und Freizeit-Irrgärten zu besuchen, und sich darin für kurze Zeit 'gefangennehmen' zu lassen:

Unter den 88 jüngeren Irrgärten Großbritanniens zählt das 1977 zur Erinnerung an das Silberne Thronjubiläum der Königin Elisabeth II. angelegte 'Jubilee-Maze' bei *Ross-on-Wye* in der Grafschaft Hereford. Es ist mit Zypressen bepflanzt und beherbergt ein Tempelchen in seinem Herzstück. 1981 als Zentrum eines Vergnügungsparkes eröffnet, gehört es mit seinem Durchmesser von 41 Metern zu den bekanntesten des Landes, ein - wie es sich für England ziemt - 'nobles', oktanguläres Labyrinth.

In der Länge seiner Gänge wird heute der 1982 angelegte Irrgarten von *Margam* (South Wales), in dem 4000 Bäume gepflanzt wurden, nur noch vom *'Willen Park Peace Pagode Maze'* genannten Irrgarten in Milton Keynes mit seinen 3,2 Kilometern Weglänge übertroffen, wenn wir jetzt einmal das Berglabyrinth von 'Glastonbury Tor' unberücksichtigt lassen, das in seiner Art für sich als Heiligtum der Briten steht.

Wer mit dem Auto unterwegs in England und an den neuen Irrgartenanlagen interessiert ist, dem können wir noch folgende Hinweise geben:

Ragney Hall, *Alcester* (Warwickshire) und *Traquair House* (Peebleshire); beide wurden 1980 angelegt.

Cawdor Castle (Nairnshire) wurde 1981 in Form eines Doppelmäanders gelegt.

Der Irrgarten von *Canolfan Y Dechnoleg Amgen* - 4 km nördlich von *Machnylleth* in *Powys* stammt aus dem Jahr 1982. (Er sei als eine Ironie staatlicher Umweltplanung genannt.)

1975 wurde der erste Minotauros-Irrgarten in *Throop, Bournemouth* (Dorset) in den Maßen von 32 x 22 Metern errichtet.

1982 entstand das Lappa Labyrinth von Lappa Valley Railway in *St. Newton East* (Cornwall) mit Ziegelgängen und 49 x 31 Meter Durchmesser. Vorlage dafür war das Muster der ersten Dampflokomotive von 1804.

Das oktagonale Labyrinth des Herzogs von Roxborough in *Floor Castle* (Roxburgshire) wurde 1983 gebaut.

1984 wurde das Heckenlabyrinth 'Dragon Maze' in *Newquay Zoo* (Cornwall) in den Maßen von 64 x 29,5 Metern gepflanzt, worin zehn Skulpturen die Evolution der Erde darstellen sollen.

Neben diesen als 'symbolistisch' zu nennenden Labyrinthen kann auch noch der 1984 konstruierte 69 x 23 Meter große Irrgarten von Thorpe Park in *Chertsey* (Surrey) - als Kuriosität - erwähnt werden, der um eine Reihe von plastischen Modellen verschiedener Länder angelegt wurde und dessen Ziegelgänge magnetische Felder um die Strukturen spiegeln sollen, wobei sich etliche Brücken miteinander schneiden. Auch der Irrgarten von *Kentwell Hall* bei *Long Melford* (Suffolk), der 1985 zum 500. Jahresjubiläum der Regentschaft der Tudor

Dynastie ganz aus Ziegeln in drei Farben angelegt wurde, gehört hierzu. Die Anlage heißt 'Rose Maze' und wurde von 'Minotaur Designs' konstruiert. Bei der recht eigenwilligen Bauweise - das Wasser wird stufenweise an die Basis hinuntergeführt - fanden nicht weniger als 200.000 Ziegelsteine Verwendung.

Im Bestreben, immer mehr Neugierige und Besucher anzulocken, wetteifern heute nicht nur in England die Stadtverwaltungen und Regierungsbezirke bei den Ausschreibungen an ihre Konstrukteure und Architekten, die ausgefallensten Labyrinthanlagen bauen zu lassen. - In *Leicester* wurde ein in Farben ausgelegtes Labyrinth fertiggestellt, das besonders Kinder und Jugendliche anlockt und - wie sich eine große Zeitschrift ausdrückte - 'eine Herausforderung wie beim Schachspiel' darbietet.

Ein im Zentrum der Stadt *Worksop* angelegtes Mosaik-Labyrinth bringt mit seinem Mäandermuster und einem mächtigen Minotauros im Mittelpunkt ein Schema, das als 'eine Reise ins Unterbewußtsein' bezeichnet worden ist. - Auch der Herzog von Marlborough hat auf dem Gelände seines vielbesuchten historischen Schlosses in *Blenheim* (der Stammsitz der Familie Churchill) ein Heckenlabyrinth in Mäanderform pflanzen lassen, das die Massen anziehen soll. Es heißt, es sei das größte Heckenlabyrinth überhaupt.

Das 'Britannia Maze' von *Rugeley* bei *Birmingham* schließlich, mit einem Areal von 7500 Quadratmetern, stellt die - geographische - Gestalt des Vereinigten Königreiches dar, so daß der Besucher hier, in Form eines Irrgartens, eine Reise durch sein Land machen kann, ähnlich wie dies bei einem zur Zeit noch im Bau befindlichen Labyrinth in *Dorset* der Fall sein wird, wo man für Kinder ein ganzes Märchenland in labyrinthischer Form mit Motiven aus 'Alice im Wunderland' baut.

Welch außergewöhnliche Ideen das Spiel mit den Labyrinthen gebiert, sehen wir auch aus dem Beispiel des vor sechs Jahren von Lord Conway, dem Besitzer des südenglischen *Leeds Castle* - er bezeichnet sein Schloß als das lieblichste der Welt - aus 2400 Eiben gepflanzten Labyrinthes, bei dem derjenige, der die Mitte der Anlage erreicht hat, in eine unterirdische Höhle mit einer rauschenden Wasserkaskade steigen darf, die mit steinernen skulptierten Vögeln ausgestattet ist. Im tiefsten Winkel dieser Grotte befindet sich eine Eremitennische sowie ein sogenannter Geheimausgang aus dem Irrgarten für diejenigen, die sich eventuell die Suche nach dem Ausgang ersparen wollen. Wenn auch diese Anlage ungefähr 750.000 DM gekostet haben soll, so hat sie sich offensichtlich doch gelohnt, da 1990 bereits 430.000 Besucher gezählt worden sind, ein Zeichen dafür, daß die Menschen immer für Attraktionen zu begeistern sind, wenn diese auch kaum noch irgendwelche geistige Verwandtschaft mit dem Ursinn des Labyrinthes an sich zu tun haben.

3. Japan und England sind tonangebend bei Design-Labyrinthen

So wie Japan in der Entwicklung der modernen Technik heute zu den führenden Ländern der Welt geworden ist, zeigt es neuerdings auch - mit einem selten geschäftstüchtigen Instinkt ausgestattet - ein wachsendes Interesse auf einem so abstrakten Gebiet wie demjenigen des Labyrinthsymboles. - Nachdem bereits in Japan selbst eine Anzahl in jeder Hinsicht äußerst phantasievoller Irrgärten, in der Hauptsache um große Kaufhauszentren, zur Kundenanimation errichtet wurden, gehen die Japaner nun auch dazu über auch in anderen Ländern, vorwiegend in den USA, Labyrinthe dieses 'kommerziellen Musters' anzulegen. Diese dienen aber jetzt nicht mehr der Selbstfindung und seelischen Vertiefung des Menschen, sondern sind Ausdruck der Unterhaltungs- und Konsumbranche geworden.

Weil sich aber Rasen- und Heckenlabyrinthe für große Besuchermassen nicht eignen, sie sind zu empfindlich, leicht zerstörbar, und außerdem wachsen die Pflanzen zu langsam, ist man dazu übergegangen, die Anlagen aus hölzernen Stellwänden, Plastikplatten oder auch ganz einfach nur aus Drahtgeflechten zu konstruieren. Dies hat in unserer schnellebigen Zeit auch den Vorteil, daß sie kurzfristig in Puzzle-Manier umgestellt werden können und sich der Besucher - auch wenn dieser schon öfters seinen Kauftempel betreten hat - nicht zu langweilen braucht.

Wer heute als Tourist oder Geschäftsreisender nach Japan kommt, kann sich bald von diesen gigantischen Kunststoff- oder Holzlabyrinthen eine Vorstellung machen, und man sieht, daß sie nicht nur als Konsumdroge oder zum Zeitvertreib dienen, sondern auch regelrechte Objekte des Wettkampfes unter den Architekten sind, denn die rührigen Japaner können auch in Ihrer Freizeit nur schwer von ihrem Berufsstreß ablassen und suchen den Erfolg noch im Siege über die Zeit und ihre Freunde. Ein Besuch solch eines großangelegten Irrgartens wird oft zum Wettkampf bei ihnen, wobei schon vielfach eingebaute Steckuhren den Weg von einem Checkpoint zum anderen weisen. Kein Wunder, daß europäische Besucher diesbezüglich schon vom 'furor japonicus labyrinthicos' gesprochen haben.

In *Funasbashi*, in der *Tokyo-Bucht*, liegt ein 'Landsborough' genanntes Labyrinth als Beispiel jener Großanlagen von Einkaufszentren. Es kann weit mehr als tausend Menschen in seiner riesigen dreidimensionalen Anlage aufnehmen. Auf Brücken plazierte Wächter weisen mit Megaphonen den Ausgang, wenn sich jemand verirrt hat und schon dem Verzweifeln nahe ist, oder öffnen Notausgänge.

Abb. 24: Hecken-Labyrinth „Hampton Court Maze" (bei London): In jedem Fall Symbole eines matriarchalischen Bewußtseins. DER SPIEGEL, Nr. 13/1991

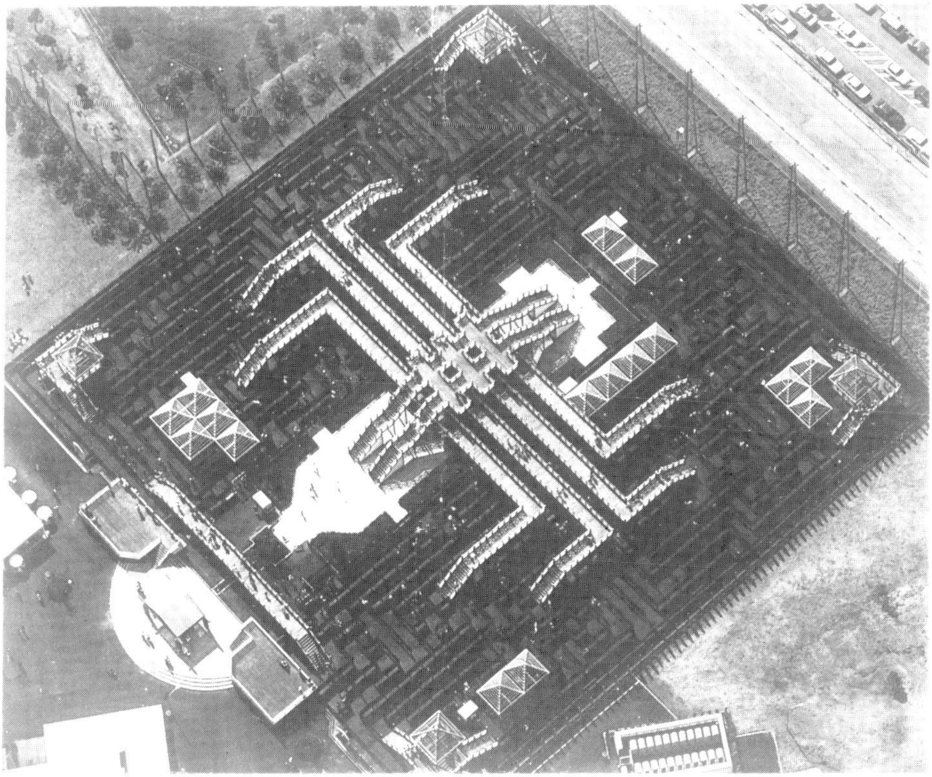

Abb. 25: Holz-Labyrinth in Funasbashi, Japan: „Durch die Nottür von der Innenwelt in die Außenwelt“
DER SPIEGEL; Nr. 13/1991

In *Noda City* bei *Tokyo* und *Urawa*, in der Provinz Saitama - an der Expreßstraße Nr. 17 - gibt es ähnliche Anlagen mit Stempeluhren und Checkpoints, und auf den Inseln *Honschu, Kiuschu* und *Hokkaido* finden wir weitere acht solcher Irrgärten bei Einkaufshäusern, in Freizeitparkanlagen und auf Rummelplätzen. Insgesamt sind es heute schon etwa 100 an der Zahl, alle aus Stellwänden gefertigte 'Sofort-Labyrinthe' mit raschen Umstellmöglichkeiten in die verschiedensten Variationen.

Das Landsborough-Labyrinth von Tokyo hat seinen Namen vom Erfinder dieser kommerziellen Irrgärten, dem Neuseeländer Stuart Landsborough, erhalten, von dessen 'Labyrinthen-Gesellschaft' in Osaka - neben anderen Exportfirmen - nicht nur ein großer Teil der japanischen Anlagen, sondern darüber hinaus auch Irrgärten neuester Modelle nach Amerika geliefert werden.

Japan hat in den letzten Jahren Verträge zu nicht weniger als 60 riesigen Irrgärten mit Einkaufszentren mit den USA abgeschlossen, die dort errichtet werden sollen. Die erste Anlage ist jetzt in der Stadt Vacaville (Kalifornien) bereits fertiggestellt worden; es ist ein äußerst kompliziertes Labyrinth. Wer für den ersten Teil nicht mehr als 40 Minuten benötigt, gewinnt den freien Zugang zum zweiten Teil.

Die britische 'Minotaur-Designs-Gesellschaft', die bereits in England eine Reihe von Irrgärten entworfen und aufgebaut hat, ist jetzt dabei, drei Dutzend weitere solcher Anlagen in verschiedenen Ländern zu errichten. Zählt man die in den letzten Jahren gebauten Labyrinthe traditionellen Musters zu den modernen Design-Labyrinthen vom Irrgartentyp, haben wir heute etwa insgesamt 350 neuangelegte Labyrinthe in aller Welt - mit steigender Nachfrage!

Das Labyrinth als Droge und Wegweiser zur Lebensmeisterung

Angesichts der Vielzahl heute bestehender Irrgärten sprechen Kulturkritiker oft schon von einer Neugeburt des Irrationalismus und vom Labyrinth als Massendroge. Das ist durchaus verständlich, wenn man bedenkt, daß auch uralte Symbole keine Ausnahme bilden, hat sie einmal nihilistischer und anarchistischer Zeitgeist kurzfristig erfaßt, wenn es gilt moralische und seelische Werte aufzulösen oder umzuwerten, vielleicht aber auch nur neu zu gestalten und anzupassen im plasmatischen Sinne. Schlußendlich ist ja auch die kommerzielle Variante mit allen Innovationsmöglichkeiten der modernen Kaufhaustempel nichts anderes als Ausdruck und Mittel zur Befriedigung eines menschlichen Spieltriebes. Auch hier wird letzten Endes das kindliche unverbrauchte Gemüt angesprochen, leider aber mißbraucht zur Erfüllung der Profitgier einiger Materialisten.

Vielleicht hat dieser Irrationalismus und das Ausnützen des menschlichen Spieltriebes, bei dem das Volk und die Massen in endlose Sackgassen geführt werden, aus denen man kaum noch den Weg herausfinden kann, als Synthese zu Irrweg und Irrsinn eine Neubesinnung, die sich völkerweit und 'kollektiv' im Unterbewußtsein der Seelen vollzieht?

Menschen, die beim Betrachten eines modernen Kunstwerkes nicht mehr den dort dargebotenen Abstraktionen folgen können, kehren dann oft umso lieber und bewußter zur 'normalen', begreifbaren, erbaulichen Kunst zurück, die ihrem Leben Wegweisung, Kraft und einen neuen, tieferen Sinn zu geben vermögen. Genauso wird es sich auch beim Symbol des Labyrinthes verhalten.

Der schon mehrfach erwähnte deutsche Forscher Hermann Kern hat die Situation im Leben eines Menschen bereits einmal als 'labyrinthisch' bezeichnet, die mit der Vorstellung eines Schwierigen, Unübersichtlichen und Verwirrenden verknüpft wird. Auf diesen Vorstellungen basiert letztendlich auch jeder Irrgarten. Kern erkannte aber auch gleichzeitig deutlich die psychischen Hintergründe, die hier vorliegen, wobei er dann immer stärker auf den tiefen und ursprünglichen Sinn des Symbols in Gestalt der nordisch-germanischen Trojaburg mit ihren kultisch-ethisch-astronomischen Hintergründen hinwies.

Das Labyrinth stellt in diesem ethischen Sinne dann ein Symbol dar, das dem Menschen den Weg zu einer tieferen Einsicht und zum Sinn seines Daseins zu eröffnen vermag, oder - zeitgemäß ausgedrückt - einen Weg zur Selbstverwirklichung und Besinnung weisen kann.

Kern hat einmal in einem Zeitungsartikel diesen ursprünglichen Sinn des Labyrinthenmythos sehr deutlich unterstrichen und gemeint, daß der Mensch sich im Labyrinth nicht verlieren, sondern finden soll, da man dort sich selbst begegne. „Eine psychische Belastung," betonte er, „liegt in der Erfahrung, daß man sich dem Ziel immer wieder bis zum Greifen nähert, aber mehrmals wieder weggeführt wird. Der Weg zum Zentrum läßt keine Wahl; wer die Belastung durchhält, kommt zwangsläufig zur Mitte. Sein Erlebnis ist also ein Sinnbild einer Gesetzmäßigkeit, beschränkt sich jedoch nicht nur auf eine subjektiv-beliebige Erfahrung. Die Umkehr im Zentrum bedeutet nämlich Aufgeben der bisherigen Existenz, sie bedeutet aber auch Neubeginn. Wer das Labyrinth verläßt, verläßt es nicht als alter Adam, sondern wiedergeboren in einer neuen Existenzfolge (phase, -ebene): Im Zentrum geschieht Tod und Wiedergeburt. Aber auch die Vorstellung rettungslosen Irregehens ist nur denkbar vor dem Hintergrund von Gewißheit, Ordnung und Orientierung, sie ist nur erklärbar als Ausdruck und Form einer Suche nach Einheit und Ganzheit. Beides haben wir angesichts der Unübersichtlichkeit, der Zersplitterung unserer Lebensumstände in tausend Einzelaspekte dringend nötig.

In einem echten Labyrinth verlieren wir uns auch nicht, wir finden uns. Diese magische Bewegungsfigur führt nicht in die Irre, sie dient als ganzheitsstiftendes Sinnbild der Selbstfindung und führt zum Kern unserer Existenz. Im Gegensatz zum Irrgarten bietet nämlich das Labyrinth dem Besucher nur einen einzigen Weg zum Zentrum an. Diese Vorstellung ist viel älter als das Irrgang-Motiv.

In der Mitte des Labyrinths ist unser Proband allein mit sich. Er begegnet sich selbst, einem göttlichen Prinzip, oder wofür auch immer 'Mitte' stehen mag. Jedenfalls sind damit auch der Ort und die Möglichkeit gemeint für eine Erkenntnis, die so grundlegend ist, daß sie einen grundsätzlichen Richtungswechsel verlangt. Wer aus dem Labyrinth wieder herauskommen will, muß auf dem Absatz kehrtmachen und auf demselben Wege zurückgehen, den er gekommen ist. Eine Richtungsänderung von 180 Grad bedeutet größtmögliche Distanzierung von der eigenen Vergangenheit. Die Umkehr im Zentrum bedeutet Aufgeben der bisherigen Existenz, sie bedeutet aber auch Neubeginn.

Beide Vorstellungen - Labyrinth und Irrgarten - sind allerdings nicht so unvereinbar, wie aus ihrer Gegenüberstellung zu vermuten. In beiden Fällen handelt es sich um eine besondere Formulierung der 'Orientierungsfigur' schlechthin: einmal positiv, als eindeutige Weg-Weisung, einmal negativ, als Orientierungslosigkeit. Das Labyrinth ist demnach ein Ausdruck der Hoffnung auf Rückkehr, auf Wiedergeburt, und als magische Sicherstellung der Erfüllung dieser Hoffnung.“ [34)]

Der schwedische Schriftsteller Carl-Göran Ekerwald kam zu einer ähnlichen Einsicht über das tiefere Wesen des Labyrinths wie Hermann Kern. In einem Brief an mich schreibt er dazu: „Das Labyrinth läßt uns deutlich Wege - Lebenswege - erkennen und zwischen verschiedenen Alternativen wählen. Beim habituellen Labyrinth liegen Gänge vor, die einen zur Umkehr zwingen. Behende Zirkelbewegungen erwecken dabei Schwindelgefühle, ein langsamer Takt dagegen weist einen sinnvollen Weg, wobei einige Wanderer, die auf dem Pfade des Lebens die Hoffnung aufgegeben haben, einen Weg hinaus zu finden, in den eigenen Spuren zurückwenden, um dadurch den richtigen Eingang zum Leben zu entdecken.“

Diese Worte lassen uns auch an Goethe denken, der in seinem 'Faust' vom *labyrinthischen wirren Lauf des menschlichen Lebens* gesprochen hat. Mit großer Wahrscheinlichkeit hat Goethe die in der Nähe von Dornburg, wo er sich des öfteren aufhielt, liegenden beiden alten deutschen Labyrinthe in Steigra und Graitschen gekannt und sich auch mit ihnen beschäftigt. Das Labyrinth war für ihn keineswegs nur ein Irrgang, sondern eine Spiralbahn tieferen Sinnes, die - wie schon für Dante - als eine Spiegelung von Leben und Tod, Geburtsmagie, Astralmystik, Unterwelt und Wiedergeburt, zu einem Lehrmeister des Menschen geworden war. Ein Gedicht in seinem 'West-östlichen Divan' läßt uns eindeutig Goethes Einsichten über den tieferen hinter dem Labyrinth verborgenen Sinn verstehen:

In Lebensfluten, im Tatensturm
wall ich auf und ab
webe hin und her
ein ewiges Meer
ein wechselnd Weben.

Das Labyrinth ist für Goethe ein Symbol, das sowohl das Leben wie den Tod, aber auch eine Wiedergeburt beinhaltet. An einer anderen Stelle im 'West-östlichen Divan' heißt es denn:

Und so lang du das nicht hast
Dieses Stirb und werde!
Bist du nur ein trüber Gast
Auf der dunklen Erde.

Quellennachweis

1) Kern Hermann: Labyrinthe. München 1982 (Prestel-Verlag); Seite 48.
2) Schwabe Julius: Archetyp und Tierkreis. Basel 1951 (Benno Schwabe-Verlag); Seite 528.
3) Montegu John F.: Notes on the Labyrinth of Didyma. (In: American Journal of Archaeology; New Vol. 80 Nr. Summer 1976; New York).
4) Kerényi Karl: Der göttliche Arzt. Studien über Asklepios und seine Kultstätten. Darmstadt (H. Gunther-Verlag) 1956; Seite 44.
5) Kern Hermann: a. a. O.; Seite 105.
6) ebda.
7) Zur Frage der sogenannten ‘slawischen’ Völker siehe vor allem: Jochen Wittman: Die Daglinger/“Piasten“ und die germanische Kontinuität. Ardagger 1990; sowie: Lothar Greil: Slawenlegende - Die Deutschen Opfer einer irrigen Geschichtsbetrachtung. Aufklärungsdokumentation. Eschweiler 1988, 4. Aufl.
8) J. H. Schlender: Germanische Mythologie - Religion und Leben unserer Urväter. Dresden 1925 (Verlag A. Köhler); Seite 27.
9) Hermann Tügel: Germanischer Glaube. Leipzig 1926 (J. Klinkhardts Verlagsbuchhandlung); Seite 57.
10) Otto Hauser: Germanischer Glaube. Weimer (um 1940 bei Alexander Duncker Verlag); Seite 92.
11) Jürgen Spanuth: Die Philister das unbekannte Volk. Osnabrück (Otto Zeller Verlag); 1980; Seite 125.
12) Ernst Krause: Die Trojaburgen Nordeuropas. Glogau (Verlag von Carl Flaming); 1893; Seiten 251f.
13) Vgl. dazu: Roland und Prangerhansl - Geschichte und Mythologie eines Sinnbilds. In: PEN DRAGON - Briefe für deutsche Heiden - Bausteine zur Volkskunde. A-3321Ardagger (Österreich); Folge 13/Ostermond 1989
14) Magdalinski: Die Windelbahn von Stolp in Pommern. In: Mannus; Nr. 13, 1921, Seiten 197 - 205.
15) Karl Kerényi: Labyrinthen-Studien, Bd. I: Antike Religion. München-Wien (Langen-Müller Verlag); 1971, Seiten 267f.
16) Anatolij A. Kuratov: Stenlabyrinter i Solovetskij-Arkipelagen i Vita havet (USSR). In: Finskt Museum, Helsingfors 1972.
17) Lars-Ivar Ringbom: Trojalek och tranedans. In: Finskt Museum, XLV, Helsingfors 1938.
18) Friedrich Hirsch: Der Sonnwendbogen. (In Kommission bei Ernst Kaufmann, Schwarzwald); 1965, Seite 80.
19) ebda, Seiten 91f.
20) ebda, Seite 81.
21) Otto Sigfrid Reuter: Germanische Himmelskunde. (J. F. Bruckmann Verlag); München 1934.
22) Vgl. dazu: Der Heilige Georg. In: PEN DRAGON (siehe Anm. 13); Folge 5/Lenzmond 1987
23) Colin Renfrew: Before Civilisation. The Radiocarbon Revolution and Prehistoric Europe. Jonathan Cape; London 1975, Seiten 121 - 123.
24) Jürgen Spanuth: Das enträtselte Atlantis. Union Deutsche Verlagsanstalt, Stuttgart 1953, Seite 127
25) Otfried Kastner: Der Neue Bund. Folge 2/ 28. Jahrg. 1979; Seite 63
26) Ernst Krause: a. a. O., Seite 35 f.
27) Willy Pastor: Altgermanische Monumentalkunst. Leipzig 1910 (Fritz Eckardt Verlag); Seiten 83 - 89
28) A. Meier-Böke: GERMANIEN. Heft 6, Berlin 1933; Seiten 173 - 174

29) Otto Uebel: Heilige Berge im Elsaß. GERMANIEN. Heft 11, Berlin 1941;
Seiten 428 - 433
30) Forrer: Der Odilienberg. Straßburg 1899; Seiten 50 - 77
31) Paul Liebeskind: Die Trojaburgen von Thüringen. Zeitz 1922 (SiS Verlag)
32) Siehe dazu: Colin Renfrew, wie Anm. 23
33) A. Götze/ P. Höfer/ P. Zschiesche (Hrsg.): Die vor- und frühgeschichtlichen
Altertümer Thüringens. 1909; Seite 336
34) Kern Hermann: „Labyrinthe"; in: Süddeutsche Zeitung, 24. 12. 1982

Bildnachweis:
Abb. 1: knossische Münzen des 4. u. 5. Jhdts. v. d. Ztr.; Kern, Seite 65/Abb. 2: Das ägyptische Labyrinth gemäß Athansius Kircher (1602 - 1680); Kern, Seite 75/Abb. 3: Motiv vom Krug von Tragliatella, Rom; Kern, Seite 105/Abb. 4: Nordische Trojaburg-Tanz-Motive; Lars-Ivar Ringbom: Trojalek och tranedans. Finskt Museum, XLV, 1938, Seiten 95 u. 102/Abb. 5: Ur-Labyrinthentypen von England, Ernst Krause: Die Trojaburgen Nordeuropas, Glogau 1893, Seite 55 und Hans Biedermann: Wellenkreise,1977, Seite 69/Abb. 6: Die Trojaburg von Visby, Gotland, Schweden; Pastor: Der Zug vom Norden, 1906, Seite 1/Abb. 7 - 9: Die Kunst des Labyrinthenzeichnens; Stjernström, Dokumentation och Klassificering, Stockholm, Jan. 1982/ Abb. 10: Die Windelbahn von Stolp in Pommern; G. Magdalinski, Seite 198/Abb. 11: Österreichische Wallburgen; Pastor: Altgermanische Monumentalkunst, 1910, Seiten 85 und 92/Abb. 12: Das Labyrinth von Glastonbury Tor, Cornwall, England, CAERDROIA, Nr. 14/ 1984/Abb. 13: Die Trojaburg von Stockholm-Gubbängen; CAERDROIA, 1992, Seite 3/Abb. 14: Die Trojaburg von Svenska Högarna; Schwedisches Pressebild/Abb. 15: Römisches Fußboden-Labyrinth von Tigirt-Sur-Mer (Algerien); Kern (ital. Ausg.), Seite 121/Abb. 16: Römisches Fußboden-Labyrinth von Loig bei Salzburg; Kern, Seite 137/Abb. 17: Kirchen-Labyrinth im Kölner Dom; Kern, Seite 229/Abb. 18: Kirchen-Labyrinth von St. Mary Redcliffe, Bristol; Kern, Seite 223/Abb. 19: Kirchen-Labyrinth von Chartres (Kathedrale) nach einem Stich aus dem 18. Jhdt. und Schema; Kern, Seite 226/Abb. 20: Park-Labyrinth von Herrenhausen bei Hannover (Ursprung 17. Jhdt.); Kern, Seite 382/Abb. 21: Schemen britischer Rasen-Labyrinthe; Hallman 1988, Seiten 159 und 165, CAERDROIA/Abb. 22: Die Trojaburgen von Graitschen und Steigra, Thüringen; „Vorland" - Zeitschrift für Europäische Vorgeschichte, Nr. 7/1973, Seite 172/Abb. 23: Die Trojaburg von Bünde, Westfalen; CAERDROIA, Nr. 20/1987/ Abb. 24: Hecken-Labyrinth „Hampton Court Maze"; DER SPIEGEL, Nr. 13/1991/Abb.: 25: Holz-Labyrinth von Funasbashi, Japan; DER SPIEGEL, Nr. 13/1991.

Henning Eichberg ?

Literaturverzeichnis

Akurgal, Ekrem: Ancient Civilizations and Ruins of Turkey, 1978
Anati, Emanuel: La Civilisation de Val Camonica, Paris 1960
Atkinson, R. J. C.: Stonehenge and Avebury, London 1971
Bäcksbacka, Christina: Stenlabyrinter i Finland, Finskt Museum 1972
Becker, J.: Steintänze und Steinkreise, in: „Mecklenburg", Zeitschrift des Heimatbundes Mecklenburg, 1939
Bergquist, Nils-Olof: Ymdogat-Atlantis, Ängelholm 1971
Biedermann, Hans: Wellenkreise. Mysterien um Tod und Wiedergeburt in den Ritzbildern des Megalithikums, Hallein 1977
Blegen, Carl W.: Troy and the Troyans, 1963
Bord, Janet: Mazes and Labyrinths of the World, London 1976
Breasted, J. H.: Geschichte Ägyptens, Zürich 1954
Bremer, W.: Note on the Holywood Stone. The Journal of the Royal Society of Antiquaries of Ireland, Dublin 1922
Briusov, A. I.: Istoria drevnei Karelii.
Caoliano, Azevedo, M. de: Saggio sul labirinto, Milano 1958
Canby, Thomas Y.: The Anasazi Riddles in the Ruins. National Geographic Magazine, Washington 1982
Castrén, A. u. Cavallius: Vorlesungen über finnische Mythologie. 1853
Claassen, Oswald: Weltwissen im Hakenkreuz. Von Labyrinthen, Runen und Religionen, Krefeld 1934
Colton, Harold S.: Troy Town on Hopi Mesas. The Scientific Monthly, 1944
Cox, George W.: The Mythology of the Aryan Nations. London 1870
Cummings: History of the Isle of Man.
Dante: Göttliche Komödie
Dames, Michael: The Avebury Cycle, London 1977
Deedes, C. W.: The Labyrinth, in: S. H. Hooke's The Labyrinth, London 1935
Edda: Die Lieder des Codex Regius nebst verwandten Denkmälern, Heidelberg 1914
Evans, Arthur: The Palace of Minos. Vol. I.
Goethe, J. W. von: Faust, West-östlicher Divan.
Gibson, Ackroyd: Rock Carvings which link Tintagel with Knossos. Illustr. London News, London 1954 (9. 1. 1954)
Gordon, Cyrus H.: Before Columbus. Links between the Old World and Ancient America, London 1971
Gorsleben, John: Hoch-Zeit der Menschheit, Leipzig 1930
Gourina, N. N.: O datirovke kemmenich labrintov. Belogo i Barentzova morei, 1953
Grant, C.: Rock Art of Baja California, Los Angeles 1974
Grimm, Jacob: Deutsche Mythologie. Bd. 1 - 3, Gütersloh 1875
Grundtvig: Danmarks gamle Folkeviser. Nr. 3
Hall, H. R.: The Two Labyrinths, in: Journal of Hellenic Studies, Vol. 25, 1905
Hallberg: Den fornisländska poesien, Stockholm 1962
Hallman, Frithjof: Labyrinthe und Trojaburgen. Mannus Bibliothek, Bonn 1988
- The Labyrinth, in: Essays in Memory of Karl Kerényi, Washington 1984
- Zur frühesten schwedischen Geschichte, in: Festschrift für Dieter Korell, Bonn 1987
- Die Labyrinthe Nordeuropas, in: 75 Jahre Mannus und Deutsche Vorgeschichte, Bonn 1984
- London's Labyrinth Lore, in: Caerdroia, Thundersley, Benfleet 1984
- Stockholm's Two Labyrinths, Caerdroia, 1989
- Stockholm, the Labyrinthic Capital, Caerdroia, 1990
- Urgestalten in Brauchtum und Mythos, in: Mensch und Maß, Pähl 1988
- Hohe Nordische Sternkunde vor Hipparchos und Ptolemaios, in: Mensch und Maß, Pähl 1989

Hallman, Frithjof: Geschichtsfälschungen der Antike. Und: Die Nordleute als Schöpfer der phönizischen und griechischen Kultur, in: Mensch und Maß, Pähl 1991
- Das Rätsel von Atlantis, in: Mensch und Maß, Pähl 1992
- Labyrinth und Trojaburg, in: Mensch und Maß, Pähl 1992
- Nordische Labyrinthe, in: Kosmische Wahrheit, Herborn 1987
- Nordische Seevölker, in: Kosmische Wahrheit, Herborn 1990
- Nordische Götter auf bronzezeitlichen Felsbildern, in: Kosmische Wahrheit, Herborn 1991
- Ein verschwiegenes deutsches Labyrinth, in: Kosmische Wahrheit, Herborn 1992
- Die Welt der Symbole, in: Kosmische Wahrheit, Herborn 1991
- Die Welt der Wikinger, in: Deutschland in Geschichte und Gegenwart, Tübingen 1980
- Götter am Morgenhimmel. Zur Neubewertung der nordischen Vorzeit, in: Deutschland in Geschichte und Gegenwart, Tübingen 1984
- Die Urheimat der Goten, in: Deutschland in Geschichte und Gegenwart, Tübingen 1986
- Uralte nordische Astronomie vor den Griechen, in: Deutschland in Geschichte und Gegenwart, Tübingen 1989
- Schwedens geheimnisvolle Felsritzungen, in: Deutschland in Geschichte und Gegenwart, Tübingen 1991
- Labyrinth und Trojaburg, in: Kultur und Leben, Baden-Baden 1979
- Labyrinter, trojaborgar, jungfrudanser, in: Kustbon, Stockholm 1978

Hawkins, G. S.: Stonehenge Decodes, 1965

Heimskringla Saga

Henderson, Joseph L., Maud Oakes: The Wisdom of the Serpent. The Myths of Death, Rebirth and Resurrection, New York 1963

Hentschel, Willibald: Walburgen und Tanzberge, Zeitz 1921

Hirsch, Friedrich: Der Sonnwendbogen, 1965

Homer: Ilias und Odyssee

Hommel, Eberhard: zur Geschichte des Labyrinths. Orientalische Literaturzeitung, Leipzig 1919

Ivanov, A. I.: O raskopah kurgana na Bol shom Solovetskom ostrove. Solovki 1925

Izaguirre: Historia de las Misiones Franciscanes en el Oriente del Peru, Lima 1925

Kalevipoeg: öks ennemuistne jutt kahekümnes laulus, Toronto 1954

Kallimachos: Hymnus auf Delos

Kerényi, Karl: Humanistische Seelenforschung. Labyrinthstudien, München-Wien 1966

Kern, Hermann: Labyrinthe. Erscheinungsformen und Deutungen. 5000 Jahre Gegenwart eines Urbilds, München 1982

Kern, Maximilian: Das Licht des Ostens

Keyserling, Arnold: Das Rosenkreuz, Wien 1956

Kirchner, Ernst: Thors Donnerkeil und die steinernen Opfergeräte des nordgermanischen Heidentums, Neustrelitz 1853

Kirsten, Ernst u. Kraiker, Wilhelm: Griechenlandkunde. Ein Führer zu klassischen Stätten, 1967

Knight, W. F.: Maze Symbolism and Trojan Games, in: Antiquity, Southampton 1932

Koppermann, K.: Hansische Wisbyfahrt, 1883

Kossinna, Gustaf: Ursprung und Verbreitung der Germanen in vor- und frühgeschichtlicher Zeit, Leipzig 1926

Kraft, John: Labyrint och trojalek, in: Fornvännen, 1972
- Trojeborgar, kultplatser och städer, in: Östergötland 1980, Linköping 1981
- Aldrig vilse i en labyrint, in: Norrbotten 1980-81, Luleå 1982
- Labyrintmagi på Kuggören? In: Hälsingerunor, 1981
- Labyrinter på svenska västkusten och norska sydkusten, in: Fyndrapporter, 1983
- The Goddess in the Labyrinth, Åbo Akademi 1985
- Labyrintnamn - från Troja till Trelleborg, Lund 1986

Krause, Ernst: Die Trojaburgen Nordeuropas. Die nordische Herkunft der Trojasage, Glogau 1893
- Tuisko-Land, Glogau 1891
Kuratov, Anatolij A.: Stenlabyrintor i Solovetskij-Arkipelagen i Vita havet, in: Finskt Mu-seum, Helsingfors 1972
Kålund, Kristian: Bidrag til en historisk-topografisk Beskrivelse af Island, Kopenhagen 1879 -1882
Lechler, Jörg: Vom Hakenkreuz. Die Geschichte eines Symbols, Leipzig 1921
Leuschner, Friedrich: Eine Kultstätte im Elbsandsteinsgebirge, in: Germanien, Heft 2, 1941
Liebeskind, Paul: Die Trojaburgen in Thüringen, Zeitz 1922
Löwis of Menar, August: Burgen- Lexikon für Alt-Livland.
- Trojaburgen, in: Jahrbuch des Vereins für Heimatkunde in Livland, 1911/1912
Magdalinski: Die Windelbahn von Stolp in Pommern, in: Mannus, Nr. 13/1921
Mahieu, Jacques de: Der weiße König von Ipir. Die Wikinger in Amambay, Tübingen 1978
- Des Sonnenkönigs Todeskampf, Tübingen 1978
- Die Wikinger in Mexico und Peru, Tübingen 1972
- Des Sonnengottes Große Reise, Tübingen 1972
Massmann, H. F.: Wunderkreis und Irrgarten, Leipzig 1844
Mathioulakis, C. Z.: Knossos. Der Palast von Minos, Athen 1974
Menghin, Oscar: Labyrinthe, Volvenbilder und Figurenrapporte in der Alten und Neuen Welt, in: Festschrift für Franz Altheim, Berlin 1969
Montegu, John C.: Note on the Labyrinths of Didyma, in: American Journal of Archaeology, Vol. 80, 1976
Newham, C. A.: The Astronomical Significance of Stonehenge, 1972
Oldenberg, Hermann: Die indische Religion, in: Die Religionen des Orients, Leipzig-Berlin 1913
Obermaier, Hugo: Der Mensch der Vorzeit, München-Wien 1912
Paris, Louis: Notice sur le dedaleou labyrinthe de l'église de Reims, 1856
Pastor, Willy: Aus germanischer Vorzeit, Wittenberg 1913
- Altgermanische Monumentalkunst, Leipzig 1910
Platon: Kritias
Plinius: Geographie VIII
Plutarch: Cato Minor III
Price, Jill: The Mystic Spiral. Journal of the Soul, Avon 1974
Renfrew, Colin: Before Civilization. The Radiocarbon Revolution a. Prehistoric Europa, London 1975
Reuter, Otto Sigfrid: Germanische Himmelskunde, München 1934
- Das Rätsel der Edda, Sontra 1922
Richthofen, Bolko von: Kaukasische Holzgefäße der Gegenwart als vorgeschichtliche Ueberlieferung, in: Germanien, 1943
Ringbom, Lars-Ivar: Trojalek och tranedans, in: Finskt Museum, Helsingfors 1938
Rudbeck, Olaus: Atland eller Manheim. Atlantica sive Manheim, Upsala 1675 - 1698
Santarcangeli, Paolo: Le Livre des labyrinthes, Paris
Schachermeyer, Franz: Griechenland im Zeitalter der Wanderungen, Wien 1890
Schroeter-Bieler, Lisa: Skandinavien. Der Himmel über Europas Wiege
Schuchardt, Carl: Alteuropa. Die Entwicklung seiner Kulturen und Völker, Berlin 1944
Schuster, Carl: Catalogue of Indonesian Manuscripts, Copenhagen 1975
Schwabe, Julius: Archetyp und Tierkreis, Basel 1951
Sieber, Siegfried: Eine Trojaburg in Pommern, in: Germanien, Heft 3, 1936
Schwantes, Gustav: Die Vorgeschichte Schleswig-Holsteins, Neumünster 1939
Simonsen, Poul: Ottar-Glött fra Tromsö Museum, Tromsö 1975
Spanuth, Jürgen: Das enträtselte Atlantis, Stuttgart 1953
- Atlantis, Tübingen 1976

Spanuth, Jürgen: Die Rückkehr der Herakliden. Das Erbe der Atlanter - der Norden als Ursprung der griechischen Kultur, Tübingen 1989
- Die Philister - das unbekannte Volk, Osnabrück 1980
- Die Phönizier. Ein Nordmeervolk im Libanon, Osnabrück 1985
Stjernström, Bo: Kustlabyrinter. Dokumentation och klassificering, Tyresö 1982
- Ålands labyrinter, in: Åländsk Odling. Museibyrån, Mariehamn 1989
Strabon: Geographie
Tacitus: Annalen
Tallgren, A. M.: Die Kupfer- und Bronzezeit in Nord- und Ostrußland, in: Finska Fornminnesföreningens tidskrift, Nr. 25, Helsingfors 1911
Tate, George: The Ancient British sculptured Rocks of Northumberland and the Eastern Borders, in: Proceedings of the Berwickshire Naturalists Club, Vol. V
Teudt, Wilhelm: Die Bedeutung der germanischen Burgen, in: Germanien, Heft 7, 1934
Trollops, Edward: Notices of Ancient and Medieval Labyrinths, in: The Archaeological Journal, London 1858
Uebel, Otto: Heilige Berge im Elsaß, in: Germanien, Heft 11, 1941
Vandenberg, Philipp: Das Geheimnis der Orakel, München 1979
Vedanta: Die Veden des Vedanta
Velikovski, Immanuel: Worlds in Collision
Vergil: Aeneis
Viik, Tõnu: Kivilabürindid Eestis, in: Eesti Loodus, Tallinn, 1978
Villette, Jean: Chartres und die Kathedrale, Paris 1962
Vinogradov, N. N.: Solovetskie labyrinty, Soloki 1927
Virchow, Rudolf: Steinkreise der Mark Brandenburg, in: Zeitschrift für Ethnologie, Berlin 1877
Vollmer, Dieter: Sonnenspiegel, Rotenburg 1983
Wisclicenus, Hugo: Die Symbolik von Sonne und Tag in der germanischen Mythologie, Zürich 1867
Wood, Eric S.: Collins Field Guide to Archaeology, London
Worm, Ole: Danicorum Monumenti Libri Sex., 1651

Personenregister

Ortsregister

Ortsregister

U

V

Frithjof Hallman

Verzeichnis volkskundlicher Schriften in Büchern, Zeitschriften und Zeitungen:

In Büchern:

Labyrinthe und Trojaburgen. Mannus-Bibliothek, Band XXIX NF, 1988, 167 Seiten
Die Labyrinthe Nordeuropas. In: 75 Jahre Mannus und Deutsche Vorgeschichte, Mannus-Verlag, Bonn 1984, Seiten 94 - 97
The Labyrinth. In: Essays in Memory of Karl Kerényi, Journal of Indo-European Studies, Nr. 4, Washington (USA) 1984, Seiten 39 - 47

In Zeitschriften:

KOSMISCHE WAHRHEIT, Godische Schriften zur Pflege persönlichen Lebens.
Hrsgg. in Herborn (Deutschland):

Das Labyrinth von Wisby. Ein Nordisches Troja auf Gotland. Nr. 11/1974
Sonnenboote, Hünengräber und Thors Burg auf Gotland, der Insel der Goten in der Ostsee. Nr. 4/1977
Labyrinthe, Trojaburgen, Wunderberge. Nr. 6/1978
Die Trojaburg als älteste germanisch-nordische Kultstätte. Nr. 9/1978
Stand die Weltenesche in Gotland, Schweden? Nr. 5/1984
Gautland - Eine urnordische Kulturprovinz. Nr. 7/1984
Nordische Labyrinthe. Nr. 5/1987
Das Vermächtnis der Schildungskönige. Nr. 4/1989
Nordische Seevölker als Kulturträger. Nr. 5/1990
Die uralte nordische Sternkunde. Nr. 9/1990
Der Sonnenspiegel (zu Dieter Vollmers gleichnamigem Buch). Nr. 12/1990
Nordische Götter auf bronzezeitlichen Felsbildern. Nr. 6/1991
Die Welt der Symbole. Nr. 9/1991
Germanische Ethik in neuer Sicht (Eine Deutung des Huldbegriffs). Nr. 4/1992
Ein verschwiegenes deutsches Labyrinth. Nr. 6/1992

MENSCH UND MASS - Drängende Lebensfragen in neuer Sicht.
Hrsgg. in Pähl, Oberbayern

Das Nibelungenlied ist Geschichte, keine Sage. Nr. 20/1984, Seiten 927 - 932
Das Kalevala-Epos, eine Mythe der Urzeit. Nr. 3/1986, Seiten 111 - 115
Die uralten nordischen Felsbilder endlich entziffert? Nr. 11/1988, Seiten 500 - 503
Urgestalten im Brauchtum und Mythos. Nr. 18/1988, Seiten 851f.
Hohe nordische Sternkunde vor Hipparchos und Ptolemaios. Nr. 2/1989, Seiten 65 -68
Geschichtsfälschungen der Antike. (Die Nordleute als Schöpfer der phönizischen und griechischen Kultur). Nr. 20/1991, Seiten 955 f.
Das Rätsel von Atlantis. Nr. 2/1992, Seiten 70 ff.
Labyrinth und Trojaburg. Nr. 4/1992, Seiten 159 - 162

DEUTSCHLAND IN GESCHICHTE UND GEGENWART. Hrsgg. in Tübingen

Londoner Großausstellung rehabilitiert die Kulturbringer aus dem Norden. Die Welt der Wikinger. Nr. 2/1980, Seiten 25 - 29
Eine Renaissance des Heidentums? Nr. 1/1983, Seiten 38 - 41
Götter am Morgenhimmel. Zur Neubewertung der nordischen Vorzeit. Nr. 2/1984, Seiten 34 - 39
Die Urheimat der Goten I. Nr. 3/1986, Seiten 32 -35
Die Urheimat der Goten II. Nr. 4/1986, Seiten 36 -39
Uralte nordische Astronomie vor den Griechen. Nr. 2/1989
Schwedens geheimnisvolle Felsritzungen. Nr. 1/1992, Seiten 34 -37

SCHWEIZER RUNDSCHAU

Die Frithjofsage. Zum 150. Jahrestag der schwedischen Nationalsage. Nr. 8/1978, Seiten 14 f.
König Arthur von England. Eine Legende wird zur Wirklichkeit. Nr. 6/1978; Seiten 6 ff.

KULTUR UND LEBEN

Labyrinth und Trojaburg. Okt. 1979, Seiten 18 f.

KUSTBON (Stockholm)

Labyrinter, trojaborgar, jungfrudanser. Två labyrinter i västra Estlands övärld. Sept. 1978, Seiten 4 ff.

CAERDROIA (Thundersley, Benfleet, England)

Stockholm's Two Labyrinths. Folge 1989, Seiten 22 f.
Stockholm, the Labyrinth Capital. Folge 1990, Seite 38

METAMORFOS (Stockholm)

Labyrinten. Nr. 4/1975

In Zeitungen:

GOTLANDS ALLEHANDA. Visby, Schweden

Det var nordborna som konstruerade „trojeborgarna!" (Die Nordleute konstruierten die Trojaburgen). 13. 10. 1975
Gotland - labyrintön. Nio trojaborgar kvar? (Gotland - die Labyrintheninsel. Neun Trojaburgen übrig?). 15. 5. 1976
Gotlänningarna kan vara stolta över labyrinterna. (Die Gotländer können stolz über die Labyrinthe sein.) 21. 11. 1977

MORGENBLADET (Stockholm)

Norske labyrinter. (Die norwegischen Labyrinthe). 24. 8. 1977

FRIA ORD (Stockholm)

Frithjofs saga. Några tankar till diktens 150-årsdag. (Die Frithjof-Sage. Einige Gedanken zum 150. Jahrestag der Sage.). 6. 12. 1975
Svenska labyrinter. 25. 9. 1976
Atlantis - en sagoö i Nordsjön? (Atlantis - eine Sageninsel in der Nordsee?). 24. 12. 1977

VÄSTERBOTTEN-KURIREN (Schweden)

Jungfrudansar i Västerbotten. (Jungferntänze in Västerbotten). 1. 7. 1976

ÖRNSKÖLDSVIKS ALLEHANDS (Schweden)

14 trojaborgar i Västernorrland. (14 Trojaburgen in Västernorrland). 12. 7. 1976

SUNDSVALLS TIDNINGEN

Labyrinten på Svenskskäret. (Das Labyrinth auf dem Svenskskäret.). 21. 7. 1976

NORRLANDS-KURIREN (Schweden)

Tio labyrinter finns i Norrbotten. (Es gibt zehn Labyrinthe in Norrbotten.). 24. 7. 1976

BORÅS TIDNING (Schweden)

Västgötalabyrinter. (Die Västgötalabyrinthe). 24. 7. 1976

SÖDERMANLANDS NYHETER (Schweden)

Labyrintens olösta gåta. (Das ungelöste Rätsel des Labyrinths.) 19. 7. 1976

ARBETARBLADET (Schweden)

Tio labyrinter i Gävleborg. (Zehn Labyrinthe in Gävleborg). 5. 8. 1976

BOHUSLÄNNINGEN (Schweden)

Bohuslänska labyrinter före Kreta? (Bohuslänsche Labyrinthe vor Kreta?). 10. 8. 1976

GÖTEBORGS HANDELS- OCH SJÖFARTSTIDNING (Schweden)

Labyrinter och trojaborgar. (Labyrinthe und Trojaburgen). 13. 8. 1976
Atlantis - en sagoö i Nordsjön? (Atlantis - eine Sageninsel der Nordsee?). 16. 6. 1978

VASABLADET (Finnland)

Europa labyrintrikast. (Europa am labyrinthenreichsten.). 17. 10. 1976
Nycklar till fornnordisk kultur. (Schlüssel zur urnordischen Kultur). 25. 7. 1986
En hjälte kriminaliseras. (Ein Held wird kriminalisiert./Siegfried). 7. 8. 1986
Låg Atlantis på Helgoalnd? (Lag Atlantis auf Helgoland?). 16. 4. 1988

HALLANDS JUL 1976 (Schweden)

Labyrinter, „trojaborgar", i Halland. (Labyrinthe, „Trojaburgen" in Halland.) Weihnachtsnummer 1976

VÄSTMANLANDS NYHETER (Schweden)

Labyrintens historia: Det finns två i Västerås omgivning. (Die Geschichte des Labyrinths. Es gibt zwei von ihnen in der Umgebung von Västerås.). 3. 3. 1977

NORRBOTTEN-KURIREN (Schweden)

Norrbotten det labyrintrikaste länet. (Norrbotten, die labyrinthenreichste Landschaft.). 22. 6. 1978

POMMERSCHE ZEITUNG

Die Windelburg von Stolp. Eines der schönsten Labyrinthe Europas. 10. 5. 1980

DAGENS NYHETER (Schweden)

„Nibelungensagan" flyttar. (Die Nibelungensage verändert ihre Orte.). 16. 8. 1984

RHEINISCHER MERKUR

Die Sonne im Labyrinth. Der Mythus von Ariadne, Gerda und Brünhilde. 19. 1. 1979

DEUTSCHE WOCHEN-ZEITUNG (München)

Das Labyrinth von Wisby. Ein nordisches Troja auf Gotland. 15. 2. 1974
Gotland - Insel im Norden. Eine Reise in die Vorzeit. 21. 3. 1975
Die Frithofsage. Zum 150. Jahrestage der schwedischen Nationalsage. 7. 5. 1976
Deutsche Trojaburgen und Wunderberge. Ein Blick in die Vergangenheit. 28. 7. 1978

Das Labyrinth - ältestes Symbol der Menschheit. 25. 8. 1978
Die Nibelungen zogen nordwärts. Ihr Weg führte nicht nach Ungarn. 26. 10. 1984
Mitteleuropa als Ursprung der abendländischen Kultur. Geschichtliche Entwicklungen und ihre Ursprünge. 12. 10. 1984
Wikinger in Zentral- und Südamerika. Reiche Ernte wissenschaftlicher Forschung. 30. 5. 1986
Die Brüder Grimm. Märchen und Volksgut. 21. 2. 1986
Wächst die deutsche Sprache? 7. 3. 1986
Auch Held Siegfried jetzt umgewertet. Bedeutung auch für unsere Zeit. 5. 9. 1986
Söhne der Sonne. Zusammenhänge und Lebensgrundlagen. 12. 9. 1986
Wikingfahrt. Auf den Spuren gemeinschaftlicher Vergangenheit. 19. 9. 1986
Das Geheimnis des Goldenen Vlieses gelöst? Deutungen werden zu Beweisen. 18. 12. 1987
Ein verschwiegenes Labyrinth. Symbol deutscher Kultur. 26. 2. 1988
Das Geheimnis der Urrunenschrift. Ein Brite entfacht weltweites Aufsehen. 8. 7. 1988
Deutsch wieder Weltsprache. Konsequenzen der Einheit. 16. 1. 1991

Verlagsanzeige

Claudia Tauchhammer: ALLE ZEIT DER WELT.

Island-Roman. Ganzleinen, Schutzumschlag, 504 Seiten, öS 398.--/DM/SFr. 49,80

Die einsame, herbe und doch wunderschöne Landschaft Islands bildet den Hintergrund zu dieser Geschichte. Während des 2. Weltkrieges wird die Insel von amerikanischenTruppen besetzt. Das Leben verändert sich, der moderne Fortschritt hält seinen Einzug. Viele junge Menschen verlassen ihre Heimathöfe, ziehen in die Hauptstadt in der Hoffnung auf das schnelle und leicht verdiente Geld.
Im Herbst 1941 geht Ingvar Thorsson vom Hof Hlidskjalf im Ostland ebenfalls nach Reykjavik. Zurück bleibt seine Schwester Freya, die von nun an den Hof unter Mithilfe von ein paar Knechten und der Magd Dagnhild allein bewirtschaftet. Der Nachbarssohn Hallgrimur mag Freya schon seit Kindertagen. Als er ihr einen Heiratsantrag macht, lehnt sie diesen ab, weil von ihrer Seite die nötige Liebe fehlt.
Im Sommer 1942 kommt Ingolfur Johansson auf den Hof. Nur Freya weiß von seiner Herkunft. Er ist Amerikaner isländischer Abstammung und war auf der Suche nach dem Sinn des Lebens zur US-Armee gegangen. Das Inferno von Pearl Harbour überlebt er schwerverletzt. Er wird als Dolmetscher nach Island geschickt, von einem Kameraden denunziert und der Spionage verdächtigt. Hals über Kopf flieht er unter Mithilfe seines Freundes Ingvar nach Hlidskjalf.
Langsam kommen sich Freya und Ingolfur näher. Aber erst im nächsten Sommer werden sie zu Liebenden. Hallgrimur muß traurig und eifersüchtig zur Kenntnis nehmen, daß ihm der Fremde zuvorgekommen ist.
Das Schicksal vergönnt ihnen kein langes, ungetrübtes Glück. Zwei amerikanische Sergeants kommen in das Dorf auf der Suche nach Ingolfur. Sie finden wenig Entgegenkommen bei den Dorfbewohnern, doch der Alkoholiker Thorbjörn verrät Ingolfur schließlich für zwei Flaschen Whisky. In letzter Minute gelingt es Freya, Ingolfur in einer verfallenen Hütte zu verbergen.
Nach einem letzten Treffen der beiden um die Zeit der Mittsommerwende kommt einer der Sergeants, Bill Sanders, noch einmal zurück, um auf eigene Faust nach Ingolfur zu forschen. Er findet Freya, die es ihm angetan hat, allein im Schafstall und vergewaltigt sie. In ihrer Angst und Panik erschlägt sie ihn. Hallgrimur hilft ihr nach langen Überlegungen, den Toten in einer brüchigen Höhle verschwinden zu lassen. Man sucht erfolglos nach Bill, aber keiner weiß, daß Thorbjörn zum Mitwisser wurde.
Freya fliegt nach Reykjavik zu Ingvar, der dort mit Edda verheiratet ist und eine Tochter hat. Sie hilft im Krankenhaus bei der Pflege verwundeter amerikanischer Soldaten. Da merkt sie, daß sie schwanger ist und daß sowohl Ingolfur als auch Bill als Vater in Frage kommen. Als Hallgrimur sie in der Stadt besucht und berichtet, daß Ingolfur verschwunden sei, willigt sie in die Heirat mit ihm ein, damit das Kind einen Namen und einen Vater bekommt.
Sie führen eine Pro-forma-Ehe auf Hlidskjalf. Freyas Sohn Thorir kommt während eines Schneesturmes unter Mithilfe von Hallgrimur und Dagnhild zur Welt. Das Kind ist blond, und Freya ist sich sicher, daß der tote Amerikaner der Vater ist.
Kurz nach Kriegsende kommt ein Brief von Ingolfur, und sie treffen sich noch einmal am Myvatn. Sie erzählt ihm von ihrer Ehe, und er stürzt Hals über Kopf davon, weil er sich von ihr verraten glaubt.
Ingolfur stellt sich endlich den Behörden, geht noch einmal zurück in den Krieg und kommt im Februar 1946 endlich wieder heim zu seinen Eltern nach Oregon.
Freya gelingt es, mit Hallgrimur eine richtige Ehe zu führen. Als alles gut zu werden scheint, verrät Thorbjörn sie ein zweites Mal. Freya und Hallgrimur werden gemeinsam verdächtigt, den Amerikaner getötet zu haben. Bei der Augenscheinnahme der Höhle kommt es zu einem Erdbeben, dabei kommen Hallgrimur und ein Amerikaner ums Leben. Freya kann nun nichts mehr nachgewiesen werden.
Ein schlimmer Winter folgt für die junge Witwe. Hallgrimurs Eltern geben ihr die Schuld am Tod des Sohnes. Nur der kleine Thorir ist ein letzter Halt für sie. Erst allmählich lockert sich die Beziehung. Ingvars Frau ist es schließlich, die einen Brief an Ingolfur nach Amerika schreibt, der ihn dazu veranlaßt, zu einem letzten Gespräch nach Island zurückzukommen.
An einem warmen Sommertag findet er Freya auf der Wiese hinter dem Hof. Sie sprechen sich aus, die Liebe zwischen ihnen flammt wieder auf. Als Ingolfur ein altes Versprechen einlöst und ihr ein Bild von sich als Kind zeigt, erkennt sie, daß Thorir Ingolfurs Sohn ist. Glücklich schließen sie sich in die Arme und beschließen, für 'alle Zeit der Welt' zusammenzubleiben.

Ein Buch für alle Liebhaber des hohen Nordens und solche, die der Faszination Natur, Einfühlsamkeit, menschliche Wärme und Freiheit zugetan sind.

Hans Fischer: WEISTUM UND WISSEN

Unsere eigenständige Religion in Märchen der Brüder Grimm.

304 Seiten, 27 s/w-Abb., Leinen mit 7-farb. Schutzumschlag. öS 348,--/DM/SFr. 48,--

Allerleirauh / Aschenputtel / Die Bienenkönigin / Brüderchen und Schwesterchen / Die zwölf Brüder / Die sechs Diener / Der Eisenhans / Fitchers Vogel / Fundevogel / Der Froschkönig oder der eiserne Heinrich / Die Gänsehirtin am Brunnen / Der goldene Vogel / Hans im Glück / Der gläserne Sarg / Der Vogel Greif / Hänsel und Gretel / Jorinde und Joringel / Die Kristallkugel / Die Lebenszeit / Vom Machandelbaum / Die drei Männlein im Walde / Marienkind / Die Nixe im Teich / Die Rabe / Die sieben Raben / Rapunzel / Rumpelstilzchen / Schneeweißchen und Rosenrot / Der Teufel mit den drei goldenen Haaren / Der Trommler / Das Wasser des Lebens / Der Wolf und die sieben Geißlein / Die weiße Schlange.

Diese ausgewählten dreißig Märchen der Brüder Grimm und die einfühlsame Deutung Hans Fischers können uns in besonders schöner Weise ein Wesensbild vom Menschen germanischer Art vermitteln. Der Blick dafür geht uns im Alltag, wo das politische Gezänk besteht und das Bemühen, uns von den Wurzeln arteigener Kultur abzuschneiden, leicht verloren...

Wenn der Herbstwind über die Bäume pfeift und das bunte Gewirr der Blätter vor sich hertreibt, haben die Bäume damit aufgehört zu atmen und sind in einen tiefen Schlaf verfallen. Nur noch in den erdnahen Wurzeln regt sich geheimnisvolles Leben und bereitet sich auf den neuen Daseinskampf, aber auch auf die Lust am Leben im nächsten Frühling und Sommer vor. Unsere germanischen Vorfahren, die noch ganz in der Natur lebten, sahen die seelischen Kräfte, die in ihr wirkten, mit hellsichtigen Augen...

Dem Buch vorangestellt ist eine wesentliche Einführung in die germanische Götterwelt. Welche Aufgaben hat der Mensch in dieser Welt? Wie verläuft sein Schicksalsweg und welchen Sinn hat er? Die Daseinsbereiche, die Idee der Wiedergeburt, der Erkenntnisweg, die menschlichen Erlebnisformen und Lebensstufen, die 'Erlösung' in vorchristlicher Zeit und das Karma-Gesetz...? Auf alle diese Fragen können uns die Märchen eine befreiende Antwort geben und eine Lebenshilfe sein.

Das Buch ist illustriert mit Bildern der Künstlerin Sulamith Wülfing